对本书的赞誉

仍然是学习 Perl 的最佳伴侣：友好、准确且循徇善诱。

——Nathan Torkington，*Perl Cookbook* 的合著者

当谈到 Perl 语言的介绍性书籍时，我认为"小骆驼书"是事实标准。它连贯，易于使用，并且广泛涵盖了从历史遗迹到最前沿的语言特性。

——Grzegorz Szpetkowski，软件工程师，

英特尔技术（波兰）

《Perl 语言入门》是一项聪明的投资，将有助于释放这一强大编程语言的全部潜力。作者很有洞察力，因为他们有条不紊地展示了令人兴奋的语言概念，理解这些概念应该能帮助每个人熟练使用 Perl。

——André Philipp，自由软件工程师

本书最经典的第 4 版非常著名，理所当然地被视为 Perl 程序员在其职业生涯中至少要通读一遍的经典书籍之一。这本书充满了有用的信息，即使是经验丰富的 Perl 编码人员至少也应该翻阅一下本书的范例来帮助他们编写代码。

——Craig Maloney，Slashdot 评论员

第8版

Perl语言入门

兰德尔·L. 施瓦茨 (Randal L. Schwartz)
布赖恩·d·福瓦 (brian d foy)
汤姆·菲尼克斯 (Tom Phoenix) 著

蒋永清 译

Beijing · Boston · Farnham · Sebastopol · Tokyo

O'Reilly Media, Inc. 授权东南大学出版社出版

东南大学出版社
南 京

图书在版编目（CIP）数据

Perl语言入门：第8版/（美）兰德尔·L.施瓦茨（Randal L. Schwartz），（美）布赖恩·d·福瓦（brian d foy），（美）汤姆·菲尼克斯（Tom Phoenix）著；蒋永清译. — 南京：东南大学出版社，2022.10

书名原文：Learning Perl, 8E

ISBN 978-7-5766-0203-6

I. P… II. ①兰… ②布… ③汤… ④蒋… III.①Perl语言－程序设计 IV. ①TP312.8

中国版本图书馆CIP数据核字（2022）第147896号

江苏省版权局著作权合同登记

图字：10-2021-502号

Perl语言入门（第8版）

著　　者：　兰德尔·L.施瓦茨（Randal L. Schwartz），布赖恩·d·福瓦（brian d foy），汤姆·菲尼克斯（Tom Phoenix）

译　　者：　蒋永清

责任编辑：　张烨　　封面设计：Karen Montgomery 张健　　责任印制：周荣虎

出版发行：　东南大学出版社

社　　址：　南京四牌楼2号　　邮编：210096　　电话：025-83793330

网　　址：　http://www.seupress.com

电子邮件：　press@seupress.com

经　　销：　全国各地新华书店

印　　刷：　常州市武进第三印刷有限公司

开　　本：　787毫米×980毫米　16开本　　印张：24.25　　字数：475千字

版　　次：　2022年10月第1版

印　　次：　2022年10月第1次印刷

书　　号：　ISBN 978-7-5766-0203-6

定　　价：　88.00元（册）

本社图书若有印装质量问题，请直接与营销部联系。电话（传真）：025-83791830

O'Reilly Media, Inc.介绍

O'Reilly以"分享创新知识、改变世界"为己任。40多年来我们一直向企业、个人提供成功所必需之技能及思想，激励他们创新并做得更好。

O'Reilly业务的核心是独特的专家及创新者网络，众多专家及创新者通过我们分享知识。我们的在线学习（Online Learning）平台提供独家的直播培训、互动学习、认证体验、图书、视频等等，使客户更容易获取业务成功所需的专业知识。几十年来O'Reilly图书一直被视为学习开创未来之技术的权威资料。我们所做的一切是为了帮助各领域的专业人士学习最佳实践，发现并塑造科技行业未来的新趋势。

我们的客户渴望做出推动世界前进的创新之举，我们希望能助他们一臂之力。

业界评论

"O'Reilly Radar博客有口皆碑。"

——Wired

"O'Reilly凭借一系列非凡想法（真希望当初我也想到了）建立了数百万美元的业务。"

——Business 2.0

"O'Reilly Conference是聚集关键思想领袖的绝对典范。"

——CRN

"一本O'Reilly的书就代表一个有用、有前途、需要学习的主题。"

——Irish Times

"Tim是位特立独行的商人，他不光放眼于最长远、最广阔的领域，并且切实地按照Yogi Berra的建议去做了：'如果你在路上遇到岔路口，那就走小路。'回顾过去，Tim似乎每一次都选择了小路，而且有几次都是一闪即逝的机会，尽管大路也不错。"

——Linux Journal

目录

前言 1

第 1 章 简介 11

问题与答案 11

　　这本书适合你吗？ 11

　　关于习题和解答？ 12

　　如果我是 Perl 讲师？ 13

"Perl"这个词表示什么意思？ 14

　　Larry 为什么要创造 Perl？ 14

　　Larry 干嘛不用其他语言？ 14

　　Perl 算容易，还是算难？ 15

Perl 怎么流行起来的？ 17

　　现在的 Perl 有何进展？ 17

　　Perl 擅长做哪些事？ 18

　　Perl 不适合做哪些事？ 18

如何取得 Perl？ 18

　　CPAN 是什么？ 19

　　有没有技术支持？ 19

　　如果发现 Perl 有 bug 该怎么办？ 20

我该怎么编写 Perl 程序？ 21

　　一个简单的程序 22

　　程序里写的是什么？ 23

我该如何编译 Perl 程序? 26

走马观花 26

习题 28

第 2 章 标量数据 29

数字 30

所有数字的内部格式都相同 30

整数直接量 30

非十进制整数的直接量 31

浮点数直接量 32

数字操作符 32

字符串 33

单引号内的字符串直接量 34

双引号内的字符串直接量 34

字符串操作符 36

数字与字符串之间的自动转换 36

Perl 的内置警告信息 37

非十进制数字的转换 39

标量变量 39

给变量取个好名字 40

标量的赋值 41

复合赋值操作符 41

用 print 输出结果 42

字符串中的标量变量内插 43

用代码点创建字符 44

操作符的优先级与结合性 45

比较操作符 46

if 控制结构 47

布尔值 48

获取用户输入 49

chomp 操作符 49

while 控制结构 50

undef 值 51

defined 函数 52

习题 52

第 3 章 列表与数组 53

访问数组中的元素 54

特殊的数组索引 55

列表直接量 56

    qw 简写 56

    列表的赋值 58

    pop 和 push 操作符 59

    shift 和 unshift 操作符 60

    splice 操作符 60

字符串中的数组内插 61

foreach 控制结构 62

    Perl 最喜欢用的默认变量：$_ 64

    reverse 操作符 64

    sort 操作符 64

    each 操作符 65

标量上下文与列表上下文 66

    在标量上下文中使用产生列表的表达式 67

    在列表上下文中使用产生标量的表达式 68

    强制指定标量上下文 69

列表上下文中的 <STDIN> 69

习题 70

第 4 章 子程序 71

定义子程序 71

调用子程序 72

返回值 72

参数 74

子程序中的私有变量 76

变长参数列表 76

 改进版的 &max 子程序 77

 空参数列表 78

用 my 声明的词法变量 79

use strict 编译指令 80

return 操作符 81

 省略 & 82

非标量返回值 84

持久化私有变量 84

子程序签名 86

 原型 88

习题 89

第 5 章 输入与输出 91

读取标准输入 91

来自钻石操作符的输入 93

 双钻石操作符 95

调用参数 95

输出到标准输出 96

用 printf 格式化输出 99

 数组和 printf 101

文件句柄 102

打开文件句柄 104

 以二进制方式读写文件句柄 106

 异常文件句柄的处理 107

 关闭文件句柄 108

用 die 处理致命错误 108

 用 warn 发出警告信息 110

 自动检测致命错误 110

使用文件句柄 111

 更改用于输出的默认文件句柄 111

重新打开标准文件句柄 112

用 say 来输出 112

标量变量中的文件句柄 113

习题 115

第 6 章 哈希 117

什么是哈希？ 117

    为何使用哈希？ 119

访问哈希元素 120

    访问整个哈希 121

    哈希赋值 122

    胖箭头 123

哈希操作函数 124

    keys 和 values 函数 124

    each 函数 125

哈希的典型应用 127

    exists 函数 127

    delete 函数 127

    哈希元素内插 128

特殊哈希 %ENV 128

习题 129

第 7 章 正则表达式 130

序列 130

动手实践不同模式 133

    通配符 134

量词 136

模式分组 140

择一匹配 143

字符集 145

    字符集的简写 146

    简写的反义形式 147

Unicode 字符属性 148

锚位 149

 单词锚位 150

习题 151

第 8 章 用正则表达式进行匹配 152

用 m// 进行匹配 152

模式匹配修饰符 153

 用 /i 进行大小写无关的匹配 153

 用 /s 匹配任意字符 153

 用 /x 加入辅助空白字符 154

 联合使用修饰符 156

 选择字符的解释方式 156

 行首和行末锚位 159

 其他选项 160

绑定操作符 =~ 160

捕获变量 161

 捕获变量的存续期 162

 择一捕获 163

 禁用捕获的括号 164

 命名捕获 166

 自动捕获变量 168

优先级 169

 优先级示例 170

 还有更多 171

模式测试程序 171

习题 172

第 9 章 用正则表达式处理文本 173

用 s/// 进行替换操作 173

 用 /g 进行全局替换 174

 不同的定界符 175

 替换操作的修饰符 175

　　　　绑定操作符 175

　　　　非破坏性替换 175

　　　　大小写转换 176

　　　　元字符转义 178

　　split 操作符 179

　　join 函数 180

　　列表上下文中的 m// 181

　　更强大的正则表达式 182

　　　　非贪婪量词 182

　　　　更为别致的单词边界符 183

　　　　跨行模式匹配 184

　　　　一次更新多个文件 185

　　　　从命令行直接替换文件内容 187

　　习题 189

第 10 章 其他控制结构 190

　　unless 控制结构 190

　　　　伴随 unless 的 else 子句 191

　　until 控制结构 191

　　表达式修饰符 192

　　裸块控制结构 193

　　elsif 子句 194

　　自增与自减 195

　　　　自增的值 195

　　for 控制结构 196

　　　　foreach 和 for 之间的秘密关系 198

　　循环控制 199

　　　　last 操作符 199

　　　　next 操作符 200

　　　　redo 操作符 201

　　　　带标签的块 202

　　条件操作符 203

逻辑操作符 204

　　短路操作符的返回值 205

　　定义或操作符 206

　　使用部分求值操作符的控制结构 207

习题 209

第 11 章 Perl 模块 210

寻找模块 210

安装模块 211

　　安装到自己的目录 212

使用简易模块 214

　　File::Basename 模块 215

　　仅选用模块中的部分函数 216

　　File::Spec 模块 217

　　Path::Class 模块 218

　　数据库和 DBI 模块 219

　　处理日期和时间的模块 220

习题 221

第 12 章 文件测试 222

文件测试操作符 222

　　同一文件的多项属性测试 227

　　栈式文件测试操作符 228

stat 和 lstat 函数 229

localtime 函数 231

位运算操作符 232

　　使用位字符串 233

习题 236

第 13 章 目录操作 237

当前工作目录 237

修改工作目录 238

文件名通配 239

文件名通配的隐式语法 241

目录句柄 242

文件和目录的操作 244

删除文件 244

重命名文件 245

链接与文件 247

创建和删除目录 251

修改权限 253

修改文件属主 253

修改时间戳 254

习题 254

第 14 章 字符串与排序 256

用 index 查找子字符串 256

用 substr 操作子字符串 258

用 sprintf 格式化字符串 259

用 sprintf 格式化金额数字 260

高级排序 261

按哈希值排序 265

按多个键排序 266

习题 267

第 15 章 进程管理 268

system 函数 268

避免使用 Shell 271

环境变量 273

exec 函数 274

用反引号捕获输出结果 275

在列表上下文中使用反引号 277

用 IPC::System::Simple 执行外部进程 279

通过文件句柄执行外部进程 280

用 fork 开展地下工作 282

发送及接收信号 283

习题 286

第 16 章 高级 Perl 技巧 287

切片 287

    数组切片 289

    哈希切片 291

    键 - 值对切片 292

捕获错误 293

    eval 的使用 293

    更高级的错误处理 297

用 grep 筛选列表 299

用 map 把列表数据变形 300

更棒的列表工具 301

习题 304

附录 A 习题解答 305

附录 B 超越 "小骆驼" 341

附录 C Unicode 入门 350

附录 D 实验特性 361

前言

欢迎阅读《Perl语言入门》第8版，此版本根据 Perl 5.34 及其后续版本的新特性而更新。即使你还在用 Perl 5.8（这个版本已经发布很久了，你没想过升级？），本书仍然是你的最佳选择。

假如你正在寻找用 30 到 45 小时就能掌握 Perl 语言编程的最佳方式，那么你已经找到了！在后面的章节里，我们会精心安排入门指引，介绍这个在互联网中担负重任的程序语言。它也是备受全世界的系统管理员、网络黑客以及聪明随性的程序员所青睐的编程语言。我们是按照线下授课的纲要设计本书的，所以基本上一周左右的时间就能学完，然后上手。

我们希望你在购买本书之前阅读这篇前言，因为有一个历史遗留问题可能引起一些困惑。还有另外一种语言 Perl 6，它最初是作为 Perl 5 的替代品，但后来以新名称"Raku"独立出来（尽管brian关于该语言的书仍然命名为*Learning Perl 6*）。

与此同时，目前正在制定一个新的 Perl 主要版本 Perl 7。这其实就是 Perl 5.34，但采用不同的默认值，作为语言改进的一小步。由于它基本上是 Perl 5，所以应该能够运行 Perl 5 程序，尽管可能需要微调兼容性开关。在我们写这本书时，还不确定这个项目将如何发展。读完这本书后，你可能想阅读brian的另一本书*Preparing for Perl 7*。由于书中的大部分建议其实只是编码现代化的最佳实践，我们将尝试在本书中为你提供相同的建议。

在我们撰写本书时，Perl 5 可能是你想要的版本。当人们简单地说"Perl"时，是指一种广泛安装和使用的语言，也将是很长一段时间内最有趣和最常用的版本。如果你不知道这一段在说什么，那大概率 Perl 5 就是你想要的。

我们不可能只花几小时就把 Perl 的全部知识传授给你，会这么保证的书大概都撒了一点谎。相对地，我们谨慎甄选了 Perl 中完整且实用的部分供你学习。这些材料足以编写 128 行以内的小程序，而大约 90% 的 Perl 程序都不需要超过这个长度的篇幅。当你准备继续深入时，建议阅读 *Intermediate Perl* 这本书，该书涵盖了许多本书略去不讲的深入部分。此外我们还会纳入许多相关的知识点，方便读者延伸阅读和学习。

实际上每章的内容并不多，我们把它控制在一两个小时内能够读完的篇幅。每章后面都附有若干习题，帮助你巩固刚学到的知识，在附录A中还附有习题解答，供你比对参考。因此本书可说是相当适合作为"Perl 入门"的课堂教材来使用。我们对此有第一手的实践经验，几乎所有内容都是逐字逐句从我们的"Learning Perl"课程教学中萃取出来的，这门招牌课程已经经过了世界各地的数千名学生的实践检验。当然，除了课堂教学以外，本书用来自学也是非常不错的。 brian 在另一本配套书籍 *Learning Perl Exercises* 中提供了额外的练习和详细解答。

虽然 Perl 是活生生的"Unix 工具箱"，但你并不需要成为 Unix 大师，甚至也不必精通 Unix 就可以使用本书。除非特别注明，否则我们所提到的一切都可以应用到 Windows 上可以安装的ActiveState 公司出品的ActivePerl（*http://www.activestate.com/activeperl*）和Strawberry Perl（*http://www.strawberryperl.com/*）以及许多其他流行的 Perl 版本。

虽然你在阅读本书之前无须具备任何 Perl 基础，但我们还是衷心希望你能够对编写程序的基本概念有所了解，像变量（variable）、循环（loop）、子程序（subroutine）和数组（array）以及最重要的"用你最熟悉的文本编辑器来编辑源代码"这类事情。我们不会花时间说明这些概念。有些人学的第一个程序语言就是 Perl，并因学习本书而获得成功。我们很高兴能看到这样的事例，但无法保证每个人都一样，请不用多虑，只管去学去用。

排版约定

本书使用以下的字体惯例：

等宽字（Constant width）
　　用于方法名称（method name）、函数名称（function name）、变量（variable）、属性（attribute）以及程序代码范例。

等宽黑体字（**Constant width bold**）
　　用于指示用户输入的内容。

等宽斜体字（*Constant width italic*）

用于程序代码中可被替换的项目（例如：*filename*，表示应该将它替换成实际的文件名）。

斜体字（*Italic*）

用于正文所提到的文件名称、URL、主机名称、第一次提及的重要词汇以及命令。

中括号内数字，如[37]

用于每项习题开头，表示完成该题目大致需要多少分钟。这只是我们非常粗略的估算，供参考。

代码范例

本书的使命是帮助你解决实际问题。我们欢迎你复制本书中的代码并根据自己的需要对其进行调整。虽然手工键入代码也不失为一种练习方式，但我们还是欢迎你到本书的配套网站*http://www.learning-perl.com*下载代码。基本上，你不用事先联络我们就可以使用本书所提供的程序源代码及文件，除非是大量复制。举例来说，在你的程序中，若用到几段本书中的程序代码，无需征求我们的同意；但若做成光盘发布、销售O'Reilly书籍中的例子，则必须经过授权。回答别人的问题时，引用本书的文字和程序代码，也无需经过我们的同意；但在你的产品文件中，若大量加入本书的文字与程序代码，则必须经过授权。

虽非必要，但我们会十分感谢你在引用本书的内容和范例时提到出处。完整的信息通常包括书名、作者、出版商及ISBN编号。例如："*Learning Perl*, 8th edition, by Randal Schwartz, brian d foy, and Tom Phoenix（O'Reilly）.Copytght 2021 Randal Schwartz, brian d foy, and Tom Phoenix, 978-1-491-95432-4。"。如果你的情况有别于上述情形，请随时通过*permissions@oreilly.com*联系我们。

如何与我们联系

本书内容都已经过测试，尽管我们做了最大努力，但错误和疏忽仍在所难免。如果你发现有什么错误，或对将来的版本有什么建议，请通过下面的地址告诉我们：

美国：

O'Reilly Media, Inc.

1005 Gravenstein Highway North

Sebastopol, CA 95472

中国：

北京市西城区西直门南大街2号成铭大厦C座807室（100035）
奥莱利技术咨询（北京）有限公司

我们为本书建立了一个专门的网页，提供代码范例、勘误表以及其他相关信息。你可以通过 *https://oreil.ly/learning-perl-8e* 访问这个页面。

如要询问技术问题或对本书进行评论，请发送邮件到：*bookquestions@oreilly.com*。

更多关于书籍和课程的新闻和信息，请访问O'Reilly官方网站：*http://oreilly.com*。

可以在 Facebook 上找到我们：*http://facebook.com/oreilly*。

欢迎在 Twitter 上关注我们：*http://twitter.com/oreillymedia*。

同样欢迎观看我们在 YouTube 上发布的视频：*http://www.youtube.com/oreillymedia*。

本书历史

为了满足读者的好奇心，Randal 在这里告诉你这本书的来历：

1991 年我跟 Larry Wall 写完第一本*Programming Perl*之后，硅谷的 Taos Mountain Software 公司跟我联络，要我准备一些培训课程，内容包含 12 节左右的课程，并培训他们的员工继续开课。我就按约[注1]写了这个课程给他们。

在课程进行了三四次之后（1991 年底），有个人走到面前跟我说："不瞒你说，我真的很喜欢*Programming Perl*这本书，但这门课程的教材更容易吸收，你真的应该写一本像这个课程的书。"这听起来像是个好机会，所以我开始认真地考虑这个想法。

我写信给 Tim O'Reilly，附上了一份计划书。其中以我为 Taos 所做的课程纲要为基础，再根据课堂上的观察调整并修改了一些章节。这可能是有史以来我的计划书最快被接受的记录 —— 我在 15 分钟后收到了 Tim 的回信："我们一直在等待你的第二本书。*Programming Perl*太畅销了。"接下来的一年半时间里，我就努力完成了第1版的《Perl 语言入门》。

注1：　在合约中，我对习题保留所有权，我希望有一天能以不同方式来使用它们，比如说我以前曾经写过的杂志专栏。习题是 Taos 公司的课程里唯一还能在本书中出现的东西。

在那段时间里，我找到了在硅谷以外的地方教授 Perl 的机会[注2]，所以我就以正在编写阶段的《Perl 语言入门》为蓝本制作了一套课程。我为许多不同的客户教课（包括我的主要签约人 Intel Oregon），并利用上课所得到的反馈进一步微调本书的草稿。

第1版在1993年11月1日[注3]问世，销售空前成功，甚至很快就追上了 *Programming Perl* 的销量。

在第1版的封底上这么写着："由卓越的 Perl 讲师所著"。事后证明这是正确的预言。随后的几个月里，我收到了来自美国各地的电子邮件，邀请我到他们那里教Perl。接下来的 7 年中，我的公司成了全球领先的 Perl 现场培训公司，我个人的飞行里程数也飙升到了百万英里。之后互联网的兴起更是锦上添花，许多网站管理员都采用 Perl 作为内容管理、交互式 CGI 及网站维护的语言。

我跟 Stonehenge 的首席培训师兼内容经理 Tom Phoenix 密切合作了两年。我请他对"Llama"课程做实验，把某些东西移来移去，再打散一些内容。当他带着我们认为是最好的修订本出现时，我就联络 O'Reilly，说："是该有本新书的时候了！"于是第3版就这么诞生了。

在"小骆驼书"第3版问世的两年后，我和 Tom 决定把一些"高级"的课程移出来成为一本独立的、专门给需要写"100 到 10000 行代码"的人看的书，那就是在 2003 年完成的"羊驼书"（*Learning Perl Objects, Reference, and Modules*）。

不过，同为讲师的 brian d foy 注意到了，教材必须进一步适应普通学生不断变化的需求，因此这两本书都应该适当地改写。于是他对 O'Reilly 提出了这个想法，由他重写"小骆驼书"与"羊驼书"。而此版本的"小骆驼书"的确反映了那些变化的需求。我很少需要给 brian 什么建议，他一向都是顶尖的作者，在写作团队里面他给人的感觉就像是尽责的英国管家。

2007 年 12 月 18 日，Perl 5核心开发者（Perl 5 Porters）发布了 Perl 5.10，一个标志性的版本，融入了众多新特性。之前的 5.8 版专注于 Perl 的基础架构改良和 Unicode 支持。而最新的版本以稳固的 5.8 版为基础，增加了一系列崭新的特性，特别是那些

注2： 我与 Taos 公司的合约有条独特的条款，因此不能在硅谷教授类似的课程，我也遵守了此条款很多年。

注3： 这个日期我记得很清楚，因为那也是我由于围绕我与Intel公司的合约的一些跟计算机有关的活动在家被逮捕的日子，后来我被判有罪。

取自正在开发中的 Perl 6 的一些理念。其中某些特性，诸如正则表达式里的命名捕获，比起传统做法来要好很多，对 Perl 初学者来说也更容易掌握。我们未曾想过本书会有第5版，但 Perl 5.10 实在是太有趣了，我们无法故步不前。

此后，Perl 一直处于稳定的持续发展阶段。每个新的 Perl 版本都带来了令人兴奋的新特性，其中许多特性是数年来开发者期待已久的。我们会跟进这些变化，不断更新本书内容。

新版更新

本书新版内容已按照最新的 Perl 5.34 作了相应的修订，其中有些代码仅限于在该版本的 Perl 中运行。当然，在讨论 Perl 5.34 的特性时，我们会在行文中加以提示说明。对于那些代码片段，我们也一律用特殊的 use 语句加以区别，提示你使用正确的版本，比如：

```
use v5.34; # 该脚本需要 Perl 5.34 或以上版本才能正常运行
```

如果在代码范例中没有看到use v5.34（或者使用其他版本的相似语句）的话，就说明这段代码可以在 Perl 5.8 以上版本中运行。要查看你当前所用的 Perl 版本号，可以在命令行使用 -v 选项查看：

```
$ perl -v
```

在某些代码范例中，我们会列出新特性被引入时的最低 Perl 版本号。比如 say 这个命令是在 Perl 5.10 中被引入的：

```
use v5.10;
say "Howdy, Fred!";
```

大部分情况下，我们为了兼顾各种 Perl 版本环境，尽量不将特定版本的新特性用于示例代码。但这不是说你不该使用新特性或新语法来写代码，也不是说我们不鼓励使用新语法，只是本书受众广大，简单为上。

我们会在行文中涉及 Unicode 的地方对该特性作一些说明。如果你从未接触过Unicode，不妨先读一下附录 C 中的简要介绍。不过这块硬骨头迟早是要啃的，不如现在就去读一下。Unicode 的内容穿插在本书的各个角落，特别是关于标量（第 2章）、输入与输出（第 5 章）以及排序（第 14 章）的章节。

我们来看下这次新版更新内容的简要汇总：

- 我们更新了对 Perl 6 的命名，以它的新名字"Raku"来称呼它。

- *search.cpan.org* 站点被纳入MetaCPAN，因此我们删除了对旧站点的引用。

- ActiveState已停止使用其 Perl 包管理器（PPM），因此我们删除了对它的引用。

致谢

来自 Randal

我想要感谢 Stonehenge 过去与现在的讲师们（Joseph Hall、Tom Phoenix、Chip Salzenberg、brian d foy 与 Tad McClellan），谢谢他们愿意每周到教室授课并带回自己的笔记，注明哪部分有用（以及没用），如此我们才能精准地调整本书内容。我要重点感谢 Tom Phoenix，我的共同作者与事业伙伴，他花了大量时间改进 Stonehenge 的"Llama"课程，也为本书注入了最为核心的原始内容。还有 brian d foy，他在第4版中担任了主要的写作任务，从而帮我完成了收件箱中无数的待办事项。

此外，我还要感谢 O'Reilly 的每一位人员，尤其是富有耐心和眼光的前任编辑 Allison Randal（不是我的亲戚，但她的姓氏拼法很棒），以及现任编辑 Simon St.Laurent。还有 Tim O'Reilly 本人，是他让我在一开始就有了写作"小骆驼书"与"大骆驼书"这两本书的机会。

我由衷感谢过去购买本书的上千名读者，这些钱让我免于流浪街头与夜宿囚牢；感谢我班上的学生，他们把我训练成为一名更好的讲师；还有过去购买过我们的课程并将在未来继续捧场的《财富》1000强客户们。

和以前一样，我得特别感谢 Lyle 与 Jack，他们教会了我几乎所有关于写作的知识，我永远不会忘记你们。

来自 brian

我必须先谢谢 Randal，因为我就是从本书的第1版开始学习 Perl 的。而在 1998 年他邀我进入 Stonehenge 开始讲课时，我又得再仔细读一遍！学好一件事的最好办法就是教别人学。在那之后，只要他认为我该学的，Randal 都会指点我，不管是 Perl 还是其他方面的事，比如在一次网络会议上，他决定我们应该用 Smalltalk 来展示，不要用 Perl。我总是很惊讶于他渊博的知识。一开始就是他建议我写与 Perl 有关的东西。而现在，我也开始协助编写本书了。谢谢你 Randal，能参与此事我感到非常荣幸。

在任职于 Stonehenge 的期间，跟 Tom Phoneix 见面的时间恐怕还不到两星期，但我多年来都是用他的教材上我们的"Learning Perl"课程。他的版本后来成为本书的第3版。在使用他的教材时，我也学到了解释某些概念的新方式，也深入了 Perl 的更多领域。

说服 Randal 让我参与"小骆驼书"的改版之后，我负责给出版社写计划书、维护全书大纲以及进行版本控制。我们的编辑 Allison Randal 不但在这些事情上给予了很多帮助，在收到我发出的大量邮件后也毫无怨言。在 Allison 转向其他工作后，我们的新任编辑 Simon St. Laurent 也极其负责地扮演着编辑和 O'Reilly 公司内部人员的双重角色，相当有耐性地一直等到合宜之时，才开始向我提出新的修改意见。来自 O'Reilly 的 Xan McQuade 和 Jill Leonard 为出版当前版本提供了热情的支持。

来自 Tom

我必须附和 Randal 对 O'Reilly 的每个人的感谢。在第3版的时候，我们的编辑是 Linda Mui，她细心地指出书中过火的玩笑和脚注，当然留下来的那些也不是她的错。她与 Randal 在整个写作过程中不断指导我，我非常感激。第5版的编辑是 Allison Randal，现在则由 Simon St. Laurent 担任我们新版图书的编辑。在此，我要向两位表示由衷的感谢，感谢他们付出的无可替代的贡献。

另一些跟 Randal 一样要感谢的是 Stonehenge 的讲师们，当我临时更新课程教材以尝试新的教学技巧时，他们几乎不曾抱怨过。在教学方法上，你们提出了许多我未曾想过的主意。

多年来，我在俄勒冈科学与工业博物馆（Oregon Museum of Science and Industry，OMSI）工作，我要感谢那里的人们，他们迫使我磨练自己的教学技巧，让我学着在每个活动、展示与讲解中插入一两个笑话。

谢谢新闻组（Usenet）上的伙伴们，你们对我的每次努力都给予了赞赏与鼓励。如同以往，希望这些对各位有所帮助。

谢谢我的众多学生，在我尝试变换角度来解释某个概念的时候，他们能提出疑问（以及一脸迷惑）。希望本书的新版可以解除剩下的难题。

当然，最诚挚的感谢特别留给与我共同创作的作者，Randal。你给予我高度自由，让我可以在课堂上（以及书中）尝试各种讲述方法，而且时刻敦促我将这些阐述写入书中。还有一点务必要和 Randal 说：我被你深深感动，你热心劝勉他人，避免像你一样因官司而耗费大量的时间与精力，你是良好的典范。

谢谢我的妻子 Jenna，谢谢你如此温柔体贴，为生活中大大小小的事感谢你。

来自我们大家

感谢所有的"修正者"。O'Reilly Media 系统是一个持续发布系统，我们可以用它立即修正大家找到的错误。在付印更多图书或发布新版电子书前，这个系统可以帮助我们避免出版后的勘误。此外，我们还要感谢 Egon Choroba、Cody Cziesler、Kieren Diment、Charles Evans、Keith Howanitz、Susan Malter、Enrique Nell、Peter O'Neill、Povl Ole Haarlev Olsen、Flavio Poletti、Rob Reed、Alan Rocker、Dylan Scott、Peter Scott、Shaun Smiley、John Trammel、Emma Urquhart、John Wiersba、Danny Woods 和 Zhenyo Zhou。此外，David Farrell、André Philipp、Grzegorz Szpetkowski 和 Ali Sinan Ünür 非常仔细地通读了整本书，并找出了所有错误（期望是所有吧），我们从他们身上学到很多。

感谢我们的众多学生，这些年来让我们知道这个课程的哪些内容需要调整改善。正因为有你们，我们今天才得以对本书如此自豪。

感谢诸多 Perl 推广组（Perl Mongers）在我们访问各位的城市时给我们宾至如归的招待。期待着与你们再次相见。

最后，向我们的朋友 Larry Wall 送上最诚挚的谢意，感谢你与大家慷慨分享这个新颖又强大的工具（也是玩具），让我们能够更快、更简单并且更有趣地完成工作。

## 第1章

简介

欢迎阅读这本"小骆驼书"（Llama book），请允许我们用这个亲切的称呼，"小骆驼书"就是学习 Perl 5 的书。

这是本书第8版了，自1993年首次出版至今，我们已有超过百万的读者。相信大家都很喜欢本书，我们编改时也是乐在其中。特别是完成提交，等待上架的那几个月。当然，我们所说的上架，是指上线发布。

这是Perl 6 发布以来我们广受欢迎的关于Perl 5 的书籍的第二版，Perl 6 最初是一种基于 Perl 的语言，但现在有了新名字"Raku"，开始了自己的演化之路。不幸的是，那段历史意味着这两种语言的名称中都有"Perl"，即使它们之间的关系并不密切。你很可能想要学习 Perl 5，也就是这本书的主题，除非你很确定自己需要学习的是另一种语言。从这一点来说，"Perl"这个名字意味着 Perl 5，也就是那个几十年来我们一直在用的 Perl。

问题与答案

你可能会有一些关于 Perl 的问题，并且在快速浏览过本书后，可能还会提出一些有关本书的问题。所以，我们打算先用第 1 章予以回答。至于那些没有解答的问题，我们会告诉你如何获取答案。

这本书适合你吗？

这不是一本参考书。这只是一本非常初级的教授 Perl 基础的教材，用里面的知识写点自己用的小程序应该不在话下。我们对于每一个主题都不会深入到所有细节，会将有些主题贯穿在几个章节中，结合相关内容做进一步介绍，你可以根据自己的需要选择。

我们希望读者至少能有一点基本的编程概念，并且确实是出于实际需要来学 Perl 语言的。你应该至少用过命令行终端，编辑过文件，运行过一些哪怕不是用 Perl 写的程序。你也应该知道变量、子程序等相关概念，而你现在要做的就是看看 Perl 是怎么做的。

但这也绝不是说如果你从未接触过命令行程序，或者从来没写过一行代码，就一定会茫然无措。第一次阅读这本书时，你可能会有些不太理解的东西，不过许多初学者在使用这本书时只会碰到些小磕小绊的麻烦，其实关键在于不要一开始就担心那些你不太明白的东西，只管专注于我们向你阐述的内容，以后你慢慢地就会明白。要成为经验丰富的程序员还有很长的路要走，迈出第一步才是至关重要的。

我们希望你了解一些有关Unicode的知识，这样本书就不用讨论其中繁复的细节，专注于问题本身。但作为基础铺垫，我们仍在附录 C 中稍加阐述。开始阅读正文前，你可以先细读这部分内容，便于之后涉及相关概念时拿来参考。

我们已经包含了一个关于实验特性的附录（附录 D）。一些令人兴奋的新事物等待着你，但我们不会强迫你使用它们。只要有可能，我们将尝试向你展示如何以旧的无聊方式做同样令人惊奇的事情。

而且，这不应该是你读过的唯一一本 Perl 图书。本书只是入门指引，无法包罗万象。本书的目的是帮助你迈出第一步，走对路，接下来再读我们的其他书，比如 *Intermediate Perl* 和 *Mastering Perl* 。当然，完整而全面的 Perl 参考书还是非 *Programming Perl* 莫属，此书人称"大骆驼书（Camel book）"。

另外需要明确的一点是，虽然本书谈及最新的 Perl 5.34，但对老版本来讲，绝大多数内容都是适用的。如果你用的是 Perl 之前的版本，可能会错过一些很棒的新特性，但并不会影响你学习 Perl 的基础概念。我们所涵盖的最低版本是 Perl 5.8，这是 20 年前的版本，所以不用担心兼容性问题。

关于习题和解答？

我们在每章结尾都提供了一些习题，因为我们三人用这份教材教过上千名学生，我们非常清楚，在实践中犯错并改正是最好的学习方式。所以我们精心设计了这些习题，让你有机会体验一下多数人容易犯的错误。

并不是我们希望你犯错，而是你需要这样的机会。大部分错误在你的 Perl 编程生涯中迟早都会出现，所以不如提前经历一下，好有所准备。一旦有过前车之鉴，那么在你完成实际任务时，就算赶进度也不会再犯相同的错误了。如果做习题时碰到困难，也不必担心，随时都可以查阅附录 A 里的说明，我们会对习题做示范解答，并提示一些相关的内容，比如其中易犯的错误等。当你做完习题后，可以到这里核对一下答案。

在你努力尝试解决问题前，请尽量不要偷看答案。通过自己探寻答案并完成习题，学习效果要比直接看答案好得多。就算一直想不出头绪来，也不必反复碰壁，先跳过它，翻到下一章好了，没关系的。

即便你没犯任何错误，在做完习题后也应该看一下解答。有些细节你可能未曾注意，看看答案或许能让你眼睛一亮。

注意，查阅习题答案时你心里要明白一点，同样的任务可以有不同的写法来实现，答案提供的只是其中之一。所以你的答案没必要和我们给出的完全一致。不过有时候，我们会给出多种解决方案，以便辨析比较。不止于此，通读本书你会发现，实际上每章习题的答案都刻意只用学习进度以内的知识点来写，所以到了后续章节，原先的写法可以用新介绍的特性更优雅地实现。

每道习题开头都带个有方括号的数字，像这样：

• [37] 当方括里的数字 37 出现在题目前面时，表示什么意思？

这个数字的量纲是分钟，这是我们估算你完成这道题目大致需要花费的时间。这个估算是比较粗略的，所以如果你只花了一半时间就全部完成（包括编写、测试和调试），或者花了两倍时间还没完成，都不要惊讶。不过就算你真的被难倒了，我们也不会多嘴，哪怕答案是偷看附录 A 得来的。

想要额外练习的话，可以翻翻*Learning Perl Exercises*这本书，它针对每个章节都补充了更多习题。

如果我是 Perl 讲师？

如果你想在自己的课程里使用本书作为教材（历年来都有不少人这么做），请留意我们对各章习题的设计是尽量让大部分学生在 45 分钟到 1 小时内完成，再留出一些休息时间。某些章节的习题需要的时间会少一些，某些章节则要多一些。之所以会出现这种情况，是因为填完方括号里的数字后，我们才发现自己竟然不太会做加法（还好我们知道怎么让计算机帮我们做这件事）。

我们还有一本辅导用书*Learning Perl Exercises*，它针对每个章节都额外增加了若干习题。如果你手里的这本工具书是之前版本的话，注意调整一下章节顺序就好了。

"Perl"这个词表示什么意思？

Perl 有时候被称为"实用摘录与报表语言（Practical Extraction and Report Language）"，但也会被称为"病态折中式垃圾列表器（Pathologically Eclectic Rubbish Lister）"。除此之外，这个词的缩写还可以展开为其他不同的名称来诠释。Perl 是个溯写字（backronym），而不是缩写词（acronym），这是因为 Larry Wall，也就是 Perl 的缔造者，是先想出要用这个词，然后再考虑如何展开解释的。要争论哪种全名才是正确的并无太大意义，无论哪种 Larry 都认可。

你可能会在某些技术文章里看到以小写p来表示"perl"。一般来说大写 P 表示的"Perl"指的是 Perl 这种语言，而小写 p 表示的"perl"指的是编译并运行程序的perl 解释器。

Larry 为什么要创造 Perl？

20 世纪 80 年代中期，Larry 想要为类似新闻组的文件体系写一个 bug（缺陷）汇报系统，当时用的是 *awk*，但马上发现无法满足需求。于是，作为一名以懒惰为美德的程序员，Larry 决定从根本上解决这类问题，写一个通用工具，让它不仅能解决眼下碰到的问题，将来也能在别的地方派上用场。于是，Perl 第零版就这样诞生了。

我们说 Larry 懒惰，并不是说他的坏话，懒惰其实是一种美德。不耐烦和傲慢同样也是美德。Larry 编写*Programming Perl*第1版的时候就这样说过。回看历史，手推车是由懒得扛东西的人发明的，书写是由懒得记忆的人发明的，Perl 的创造者也是懒人，若不发明一个新语言就懒得干活。

Larry 干嘛不用其他语言？

世界上不缺乏程序语言，不是吗？但在当时，Larry 却找不到任何一种真正符合他需要的语言。如果时下某种语言在当年就能够出现的话，Larry 或许就会直接用它了。他当时需要的是在 shell 环境下能快速编码或类似 *awk* 一样可以编程的工具，又具有类似 *grep*、*cut*、*sort* 和 *sed* 等高级工具的功能，而不必回头使用像 C 这种类型的语言。

Perl 试图填补低级语言（如 C、C++ 或汇编语言）和高级语言（如 shell 编程）之间的空白。低级语言通常既难写又丑陋，但运行速度很快且不受限制。不管在哪台机器上，要想赢过写得好的低级程序的运行速度，恐怕难于登天。它们几乎可以做所有工作。而高级语言则是另一个极端，相对来说，它们通常速度缓慢、难写又丑陋，且限制重重。如果操作系统不提供执行某些必要功能的接口，那么 shell 程序会有很多工作无法完成。Perl 则介于两者之间，容易使用，几乎不受限制，速度又很快，只是代码看起来有点古怪。

好吧，现在让我们来细数一下上面提到的 Perl 的四大特点。

首先，Perl 易于使用。注意，这里说的是容易使用，但 Perl 的学习曲线并不平坦。如果你会开车，你一定是花了好几周或好几个月的时间来慢慢学习并熟悉，最后开起来才会驾轻就熟。道理相通，当你刻意花费一定时间潜心学习和练习，慢慢地写 Perl 程序对你而言就是很轻松的事了。

Perl 几乎不受限制，几乎没什么事是 Perl 办不到的。你大概不会想用 Perl 来编写中断 - 微内核层次（interrupt-microkernel-level）的设备驱动程序（尽管已经有人这么做了），但一般用来处理日常琐事的程序，不管是临时需要完成某项任务的小程序，还是企业级的大型应用程序，都可以用 Perl 来完成。

Perl 的运行速度还是很快的。这是因为所有 Perl 开发者自己就是 Perl 用户，当然会在一开始就把快速运行作为设计目标之一去实现。如果有人提议为 Perl 加上某个很酷但可能拖慢其他程序的特性，Perl 开发者绝对会驳回，除非找出让它变快的解决办法。

Perl 代码看起来很丑，这是事实。Perl 的标志是骆驼，这来自于值得尊敬的"大骆驼书"（即 *Programming Perl*）的封面，这本"小骆驼书"（以及另一本姐妹书，"羊驼书"）算是该书的表亲。骆驼长得也有点丑，但它们努力工作，就算在严酷环境下也一样不辞辛劳。骆驼能在种种不利的条件下帮你把事情搞定，尽管它长相丑陋，气味难闻，偶尔冷不丁还会对你吐上几口口水。怎么说呢，Perl 有时候确实有点像它。

Perl 算容易，还是算难？

Perl 容易使用，但确实不太好学。当然，这只是一般而言。在 Larry 设计 Perl 时，他必须作出许多权衡取舍。每当有机会可以让程序员用起来无比痛快但会让初学 Perl 的人觉得难以理解的时候，他几乎总是站在程序员这边。原因很简单，学只学一次，用却是一辈子可以用下去的。

如果你每周或每月只花几分钟的时间在程序设计上，容易学习的语言会比较合适，否则一段时间不用，语法什么的很容易看过用过就忘。Perl 是为每天至少花20分钟写程序并且主要以 Perl 语言编写的程序员设计的。

Perl 有一大堆约定俗成的写法，可以让程序员节省大量时间。比如，大部分函数都具有默认行为，而这种默认行为也是绝大多数人在使用该函数时想要采取的操作。所以你会看到这样的 Perl 代码：

```
while (<>) {
  chomp;
  print join("\t", (split /:/)[0, 2, 1, 5] ), "\n";
}
```

如果看不明白不用担心。上面的代码按默认方式工作，看起来相当言简意赅。但如果换种写法，事无巨细地都明确说明的话，就会变得啰嗦且无信息量，代码量也会增加十多倍吧，相应地，阅读和编写的时间也会变长。如果用到的变量增加，调试和维护代码的工作量也会相应变多。如果你已经简单了解过 Perl，就会明白即便上述代码中并未出现什么变量，但实际上 Perl 使用了默认变量，存储需要的数据，完成相同的工作。能这么做，前提是初学者要了解内部的约定规范，务必明确这里面隐含的变量和工作方式。

在英语中，我们不难发现这种常用可缩减的情况比比皆是。我们都知道"will not"意即"won't"，但所有人都会选择使用后者，少一个音节，说起来也快，又不影响表达的意思，为什么不呢？所以类似地，Perl 也把这类常用的情况刻意压缩为默认工作方式，就像成语一样，一旦你明白了，用起来便四两拨千斤。

一旦熟悉 Perl 之后，你就可以花更少时间去摆弄 shell 的各类引用（或 C 语言的声明），腾出更多时间去浏览网站。这是因为 Perl 能让你事半功倍。Perl 简明的语法让你能够（毫不费力地）写出很酷并且流畅自然的代码，或是用途广泛的工具程序。由于 Perl 既跨平台又随处可用，所以今天写的工具以后在别的地方也能拿来就用，节约出来的时间多做些其他有益的事情，不是很好么。

Perl 是非常高阶的语言。这意味着 Perl 代码的密度和信息量也相当高。Perl 程序代码的长度大约是等效 C 程序代码的 25% 到 75% 左右。随之而来，编写、阅读、调试和维护 Perl 程序的效率也非常高。哪怕只写过一点程序的人都明白，当子程序小到能够放进一个屏幕时，编写时就不用上下滚动来回查看。此外，既然程序里的 bug 数量大致与源代码长度成正比（而不是与程序的功能成正比），那么较短的 Perl 程序代码平均起来含有 bug 的数量也会少很多。

像其他任何一种语言一样，Perl 也能写出叫人看不懂的程序，有人说它是"只写的（write-only）"代码，能写出来但无法看明白。其实只要你稍加注意，就可以避免。没错，Perl 程序对门外汉来说，看起来可能像天书；但对经验丰富的 Perl 程序员来说，它就像大型交响乐团的总谱。你只要遵照书里的指引，就能写出易于阅读和维护的程序。当然，用这些循规蹈矩写出来的程序是赢不了戏玩 Perl 代码大赛（Obfuscated Perl Contest）的。

Perl 怎么流行起来的？

Larry 捣鼓了一阵子后，就把 Perl 发布到 Usenet 读者社群，当时人们称之为"网络（Net.）"。这个社群里散居世界各处的上万名用户给了他诸多反馈，提出想要 Perl 支持的各种新特性，而其中有许多都是 Larry 一开始未曾想过要用他的 Perl 去处理的。

然后，Perl 就不断成长，功能变得越来越丰富，可以执行它的操作系统也在不断增加。这个开始只能在少数几种 Unix 系统上执行的小语言，慢慢地成长为如今具有上千页在线自由文档、成打书籍、数个拥有无数读者的主流 Usenet 新闻组（以及主流之外的成堆新闻组与邮件列表）、近乎所有系统皆可使用的语言。当然在这个过程中，还衍生出了这本"小骆驼书"。

现在的 Perl 有何进展？

Perl 5 的开发经历了多年演变，在各个方面都有长足进步。与此同时，开发者们翘首以盼它的继任者，全面革新的 Perl 6。经过多年的尝试和磨砺之后，Perl 6 脱离了原来 Perl 5 的框架，发展出新的体系，成了一门全新的语言Raku（尽管brian写的关于该语言的书仍然被命名为*Learning Perl 6*）。

从 5.10 版开始，Perl 具备了一种不用升级核心体系就能使用新特性的能力。我们后续会教你如何开启并使用这些新特性，其实就和开启某些实验特性是一样的。请参考附录D。

Perl 5 核心开发者（Perl 5 Porters）现在开始采取官方支持政策。过去的 20 多年来，Perl 的核心开发一直时快时慢，现在大家都觉得要保持一定的节奏，并开始提供最新的两个稳定版本的技术支持。在我们成书之时，应该要发布 Perl 5.32和 Perl 5.34 了吧。小数点后面的奇数版本号保留用作开发版本的发布。

2019 年，Perl 开发开始用 GitHub 了。这意味着现在任何人可以轻松提交问题、发送拉取请求并查看"前沿"资源。这简化了以前用于维护老旧基础设施的大量工作。

本书还谈到了 Perl 的新主要版本 Perl 7，它将主要是开启了不同默认值的 v5.34。学习最新版本的 Perl 意味着你提前为 Perl 7 做好了准备。brian 在 *Preparing for Perl 7* 这本书中介绍了一些可以期待的内容，我们将在可能的情况下在本书中添加注释。

Perl 擅长做哪些事？

Perl 很适合用来在几分钟内写出虽难看但够用的一次性程序，也适合用来编写需要经年累月地由众多开发者共同努力才能完成的大型应用。当然，其实大部分 Perl 程序从构思到完成测试，一般只需花费不到一小时的时间。

Perl 擅长大部分与文字处理有关的问题。如今，其实各式各样的开发任务归根结底，都是对文字的各种变形和处理。虽然理论上每一个项目都有一个最适合它的开发语言，但大多数时候用 Perl 就可以了。

Perl 不适合做哪些事？

Perl 适合做的事情很多，那么不适合做的有哪些？比如封闭式二进制可执行文件（opaque binary），请不要用 Perl 来制作。所谓的"封闭式"，指的是取得或购得你程序的人无法阅读程序里的秘密算法，因此也就无法协助你维护或调试。当你把 Perl 程序交给某人时，通常交付的都是源代码，而非封闭式二进制可执行文件。

如果你仍然希望只提供封闭式二进制可执行文件的话，很遗憾，我们必须说，其实并没有这种东西。只要有人能安装并运行你的程序，他就能将它还原成各种程序语言的源代码。当然，通过这种方法取得的代码肯定和你原来的不一样，但差别应该也不大。如果真要保护你的秘密算法，办法只有一个：花够钱，请够律师。他们能写出一份授权条款，声明"你可以用这个程序做这件事，但是不能做那件事。要是你违反了我们的规定，我们有足够多的律师会叫你后悔莫及。"

如何取得 Perl？

你的机器上应该已经安装好 Perl 了。至少从我们的经验来看，几乎都是如此。大部分操作系统都默认安装 Perl，即便不是，系统管理员也会在他管理维护的设备上安装好免费下载的 Perl。基本上 Linux 体系或者 *BSD 系统、Mac OS X 等都会预装 Perl。还有一些第三方公司提供 Perl 的专属版本，像 ActiveState 公司提供各种预编译版本，包括用在 Windows 系统上的 ActivePerl。还有 Strawberry Perl for Windows，不仅包含常规的基础工具，还附带用于编译与安装许多常用第三方模块的工具。

Perl 有两种授权条款。对大部分开发者而言，一般不会去改 Perl 的内核，所以两种条款都一样，放心随便用就是了。但如果修改了 Perl 的内核代码，就请仔细阅读两种条款，其中有一些约束和限制。所以对于一般开发者而言，条款的意思就是："免费的，随便用！只要你开心。"

不单是免费，Perl 可以运行在几乎所有附带 C 编译器的 Unix 系统上。你只要下载它，键入一两条命令，Perl 就能自行配置、编译并安装；或者，直接请系统管理员帮你编译并安装。除了 Unix 和类 Unix 系统外，Perl 忠实拥护者还把它移植到了其他平台比如 VMS、OS/2 甚至 MS/DOS 和各种 Windows 版本上。这些 Perl 的移植版本一般都会自带安装程序，使用起来简单方便。具体可到 CPAN 上查阅 "ports" 部分中列出的链接。

在 Unix 系统上我们推荐采用从源代码编译的方式安装。有些操作系统并不提供 C 编译器以及相关的工具程序，那就从 CPAN 上直接下载预编译好的二进制版本用。如果使用操作系统的包管理器安装 Perl，可能会替换系统中默认环境下 *perl* 命令的版本，而系统中可能还有其他软件依赖原先的版本，所以尽可能不要这么做，以免混淆。我们推荐你安装一个自己用的 *perl* 命令版本，比如借助 *perlbrew* 这样的工具维护多个版本的 Perl 开发使用环境。本书不展开介绍，请自行查阅学习。

CPAN 是什么？

CPAN 就是 Perl 综合典藏网（Comprehensive Perl Archive Network），可以说是非常方便的 Perl 一站式大卖场。里面有 Perl 本身的源代码、各种非 Unix 系统的安装程序、示例程序、说明文档、扩展模块以及跟 Perl 相关的历史邮件存档。简单来说，CPAN 无所不包。

CPAN 在全世界有数百个镜像站点，请访问 metacpan 浏览或查找需要的模块或资源。

有没有技术支持？

当然有啊。其中我们最喜欢的是 Perl Mongers。 这是世界范围内基于城市的用户社群。可能你身边就有一个这样的社群组织。如果还没有，你可以自己筹建一个。

谈到技术支持，第一件要做的事就是自己查阅技术文档。除了安装后附带的文档，也可以查阅 CPAN、MetaCPAN 或者其他拥有 Perl 核心说明文档的网站上的在线文档，以及最新版的 perlfaq。

也可以阅读 Perl 的权威著作*Programming Perl*，此书因为封面动物而被称为"大骆驼书"，就像本书被称为"小骆驼书"。"大骆驼书"涵盖了非常详尽的参考信息、各种教程以及许多细致入微的枝节。还有一本 Johan Vromans 编著的口袋书*Perl 5 Pocket Reference*，同样由 O'Reilly 出版，很适合于碎片时间拿来翻阅，享受发现的乐趣。

如果你有问题要问的话，可以去各式邮件列表提问，它们大多列在 *http://lists.perl.org* 上。还有两个网站，一个是有关 Perl 的问答社区 The Perl Monastery，另一个是不限于 Perl 的技术问答社区 Stack Overflow。不管白天黑夜，总有醒着的 Perl 专家活跃在网上，所以你的提问会很快得到解答。但要是你不查文档或 FAQ 就提基础问题的话，也会很快被人冷落。

你也可以访问*http://learn.perl.org*，订阅它的邮件列表*beginners@perl.org*。许多知名 Perl 程序员都会在自己的博客上发表技术文章，你可以在 Reddit 上通过 /r/perl 来查看其中的大多数文档。

另外还有一些商业技术支持公司，你可以向其付费来获取定制的技术支持服务。除此以外，所有的技术支持都是免费的，基本上也足够大家使用了。

如果发现 Perl 有 bug 该怎么办？

还是初学者的你，碰到奇怪的运行结果时往往会想，是不是 Perl 有 bug 啊？当然，这种可能性其实很小。刚接触这样一种独立特行的新语言时，遇到这种情况多半是因为你对它了解得还不够透彻，而语言设计上一般不会有错。

如果你确信是 Perl 的 bug，请再一次阅读相关文档，甚至反复多读几遍。我们往往在浏览文档中某个异常状况的线索时会发现新的细节，而这些细节最后都成了讲座或专栏文章里面的有趣花絮。Perl 有许多有趣的特性、别出心裁的用法，所以很多时候人们会把某些特性或者另类的用法误以为是 bug。另外，请确定当前安装的是最新版 Perl，老版本的 bug 多半已在新版中被清除干净。

如果你 99% 确定自己找到了真正的 bug，请再问问周围的朋友、公司的同事，或者在参加当地 Perl 推广组活动或 Perl 聚会时提问。它很可能仍旧是某项特性，而非 bug。

要是你 100% 确定找到了一个真正的 bug 的话，写一个针对它的测试用例（什么？

难道你从没写过测试用例么？）。 一个写得好的测试用例应该是任何一个 Perl 用户都能运行并重现你所找到的问题的。有了能清楚重现 bug 的测试用例后，可以通过 GitHub 链接*https://github.com/Perl/perl5/issues* 提交问题。

如果一切顺利，bug 报告发送后不出几分钟，你就会收到来自开发团队的回应。如果问题已经解决，他们会给你发送一个补丁文件，然后你可以自己打上补丁，继续手头的工作。当然，最坏的情况下也可能完全没有回应，Perl 开发者并不是非得要立即处理收到的 bug 报告，严格来说他们没有这样的义务。不过既然我们大家都这么热爱 Perl 语言，谁也不会坐等 bug 在自己眼皮底下逍遥法外的。

我该怎么编写 Perl 程序？

差不多是问这个问题的时候了（即使你还没问）。Perl 程序只是一个纯文本文件，你可以用任何一个自己喜欢的文本编辑器来创建或编辑 Perl 程序。Perl 不需要特殊的开发环境，虽然也有厂商提供专门的商业软件。我们从未用过这类软件，所以没有发言权，无法向你推荐（相反，我们倒是有一堆理由可以说明根本没必要用这类商业软件）。不过，你自己的开发环境归根结底还是你自己说了算。随便问三个程序员他们用什么开发环境写程序，或许会得到八种不同答案。

一般来说，你应该使用程序员专用的文本编辑器，而不是普通的编辑软件。两者有什么不同呢？程序员专用的文本编辑器可以快速方便地执行写程序时常用的那些操作，比如调整一段代码的缩排，或是查找并定位成对的括号。

在 Unix 系统上最受欢迎的两种程序员专用编辑器是 *emacs* 和 *vi*（以及它们的衍生版本），而 BBEdit、TextMate 和 Sublime Text 则是 Mac OS X 系统上优秀的编辑器。在 Windows 系统上许多人都喜欢用 UltraEdit、SciTE、Komodo Edit 和 PFE (Programmer's File Editor)。perlfaq3 文档中也列出了各种其他编辑器。如果你的系统比较特殊，问问身边的专家，看选择哪种文本编辑器更合适。

本书习题需要编写简单的程序，但长度都不超过二三十行，所以你用哪种文本编辑器都没问题。

有些初学者会尝试使用文字处理器来代替文本编辑器。我们不建议这种做法——往好了说是不方便，往坏了说是根本无法写出可以运行的代码。我们不会强制你作何选择，不过至少请确认文字处理器以"纯文本"格式保存文件，以免采用默认保存格式而导致无法运行程序。几乎所有的文字处理器都会提醒你，你正在编辑的 Perl 程序有一大堆拼写错误，而且你还应该少用一点分号。

在某些情况下，你可能需要在一台机器上写程序，再传送到另一台机器上运行。这个时候，请使用"文本模式（text mode）"或者"ASCII 模式（ASCII mode）"来传输程序。记住，千万不能是"二进制模式（binary mode）"。这一步是必需的，因为即便是文本文件，不同系统对待换行符的方式也有所不同，所以碰到无法理解的换行符时，某些老旧的 Perl 还可能会中断运行。

一个简单的程序

按历来的习惯，任何一门根植于 Unix 文化的程序语言入门书都会以"Hello, World"这个程序作为开头。所以，下面是它在 Perl 里面的写法：

```
#!/usr/bin/perl
print "Hello, world!\n";
```

假设我们已经将上面两行代码输入到文本编辑器里了（暂且别管程序各部分是什么意思，我们很快就会讨论到）。一般来说，程序可以用任何文件名保存。Perl 程序并不需要用什么特殊的文件名或扩展名命名，甚至能不用扩展名就最好不要用。不过，在某些 Unix 以外的系统上也许必须使用 .plx（代表 PerL eXecutable）之类的扩展名。

接下来，你可能还需要告诉系统，该文件是一个可执行程序（也就是一个命令）。不同的系统需要的操作方式也会有所不同，也许只需要将程序文件存储到某个地方就行了（多数时候在你当前的工作目录也行）。在 Unix 系统上，你可以使用 chmod 命令将程序文件的属性修改为可执行，如下所示：

```
$ chmod a+x my_program
```

其中，最前面的美元符号（以及空白）代表命令行提示符（shell prompt），在你的系统上可能会不同。如果执行 chmod 时习惯用 755 之类的数值而不是 a+x 这样的符号来代表权限，效果是相同的。不管用哪种写法，它都能告诉系统，这个文件现在已经是一个可以执行的程序了。

现在可以运行这个程序了：

```
$ ./my_program
```

该命令开头的点号与斜线表示要在当前工作目录（current working directory）里查找这个程序，而不是通过环境变量中的 PATH 指定的路径去搜索。并不一定每次都需要这么写，但在完全了解它们的意义之前，每次执行命令时加上它总归不会有错的。

你也可以显式声明 *perl* 命令的路径。如果在 Windows 系统上，就必须明确给出 *perl* 命令所在的路径，因为 Windows 没有相应的工具程序帮你自动定位：

```
C:\> perl my_program
```

如果写完程序第一次运行就能如期运行，那简直就是奇迹。一般多少会有些低级错误导致的 bug，简单修整一下，再运行一次就好了。不必每次运行前都用 *chmod*，因为一旦设定文件的可执行属性后，这个状态会一直保留，不会发生变化。（当然，如果因为运行 *chmod* 时没有赋予程序文件可执行权限，那么运行该程序时，shell 会报告"无权运行（permission denied）"这样的错误信息。）

这个简单的程序在 Perl 5.10 及其后续版本里还可以有另外一种不同的写法。这次不用 print，改用 say，它的效果基本相同，但却不需要输入换行符，并且减少了键入次数。由于这是个新特性，而你可能还没安装 Perl 5.10，所以加入一条 use v5.10 语句来告诉 Perl，我们需要引入该版本中的新特性：

```
#!/usr/bin/perl
use v5.10;

say "Hello World!";
```

这个程序只能在 Perl 5.10 及其后续版本中运行，在本书介绍到 Perl 5.10 及其后续版本的新特性时，我们都会明确告诉你这一点，并且使用 use v5.10 语句作为提醒。

一般我们会按照最早引入该特性的版本号来声明。但本书按最新的 5.34 版更新，所以谈到新特性时，会用下面这行提示：

```
use v5.34;
```

这里的 v 可以省略，但如果省略的话，小数点后面就必须写成三位数字的形式：

```
use 5.034;
```

本书统一采用带 v 的写法，这样够简单，也够清楚。

程序里写的是什么？

和其他"形式自由（free-form）"的语言一样，Perl 通常可以随意加上空白字符（如空格、制表符与换行符等），使程序代码更易阅读。不过多数 Perl 程序都会选择使用比较统一的格式标准，本书也不例外。在 perlstyle 文档中介绍了一些通用的缩进建议（但不是硬性规定哦）。我们强烈建议并鼓励使用适当的缩进，因为它能有效增加程序的可读性。缩排工作并不麻烦，许多专业的文本编辑器都能帮你自动处理。此外，好的注释也能改善程序的可读性，从而快速直观地理解程序要做的事。Perl 里的注释是从井号（#）开始到行尾结束的部分。

Perl 没有"注释块"的写法，但有许多效果相同的变通写法。请参阅 perlfaq 文档。

我们不会在本书示范的程序中使用很多注释，因为代码本身就能自我解释。但在你的程序里，请尽量补充详尽的注释，以方便未来的你。

如果不管格式，仍以之前"Hello, World"来说，写成下面这样虽能运行，但着实太过诡异：

```
#!/usr/bin/perl
    print    # 这里的文字就是注释
"Hello, world!\n"
;        # 不要把 Perl 代码写成这个样子！
```

第一行其实是个具有特殊意义的注释。在 Unix 系统里，如果文本文件开头的最前两个字符是 #!（发音为"sh-bang"，或者对于字典爱好者来说，是 SHəˈbaNG），那么后面跟着的就是用来执行这个文件的程序路径。在上例中，该程序就存储在 */usr/bin/perl*。

事实上，Perl 程序里最缺乏可移植性的就是 #! 那行了，因为你必须确定在每台机器上 *perl* 解释器是放在什么路径下的。幸好多数情况下不外乎 */usr/bin/perl* 和 */usr/local/bin/perl* 这两种。如果不是，你就得找出系统上的 *perl* 解释器程序究竟是藏在哪个路径下，然后改用此路径。在 Unix 系统上，还可以写成下面这种样子，通过在 shebang 行上执行外部命令自动帮你定位 *perl* 解释器的路径：

```
#!/usr/bin/env perl
```

但请记住，这仅仅是定位所能找到的第一个 *perl*，而它未必就是你希望使用的那个版本。如果在所有可查找的目录下都找不到 *perl* 解释器，就近请教一下系统管理员或是使用同样系统的朋友吧。

在非 Unix 系统中，传统上第一行会写成 #!perl（其实这也是有用的）。至少，它能让维护人员在着手修正程序时，马上知道这是个 Perl 程序。

要是 #! 行写错了，shell 通常会给出错误信息。它的内容可能会出乎意料，比如"file not found（找不到文件）"或"bad interpreter（错误的解释器）"。这并不是说 shell 找不到你要运行的程序，而是说 */usr/bin/perl* 不是它应该在的地方。如果可以的话，我们也很想把这个报错信息改得更清楚明确些，但它不是 Perl 发出的，发出抱怨的是 shell。

另一个你可能碰到的问题是，你的操作系统不支持 #! 行的写法。这样的操作系统直接把 shebang 行当作注释，按照自己的约定行为来解释执行程序，所以有可能带来某些意外的结果。如果你不明白提示的错误信息，请查阅 perldiag 文档。

"main"程序由普通的 Perl 语句构成（我们不是说子程序中的语句，稍后会介绍）。和 C 或 Java 之类的语言不同，Perl 里面没有所谓的"main"子程序。实际上很多 Perl 程序是直接写就的，不用子程序。

另外，Perl 程序并不需要变量声明的部分，这点和其他语言不同。如果过去你一直习惯声明所有变量，那现在可能会有点不安。不过，这种特性使得我们可以编写"虽然有点难看但马上就能运行"的 Perl 程序。如果程序的长度只有两行，却将其中一行耗费在声明变量上，似乎不太值得。如果真的想声明变量的话，那也是一件好事情，我们会在第 4 章里讨论怎么做。

Perl 语言的大部分语句都是表达式后面紧接着一个分号。下面的语句我们已经看到过好几次了：

```
print "Hello, world!\n";
```

分号的作用是隔离每段语句，而非表示语句的结束。如果后续没有语句（或者它是作用域中的最后一个语句），那么不用分号也没关系：

```
print "Hello, world!\n"
```

你大概已经猜到了，上面这行会输出 Hello, world!。接在这两个词后面的是转义写法的 \n，其含义对于熟悉 C、C++ 和 Java 的用户来说应该不陌生：它就是换行符（newline character）。当它跟在某些字符串后面打印出来时，光标位置会从行末移到下一行的开头，这样结束运行后，shell 的提示符就可以在新的一行开始，而不必跟在程序输出的信息后面，所以在写这样的程序时，最好在每一行输出的信息后面都加上换行符作为结尾。下一章，我们将会看到更多关于换行符的转义写法以及其他各式"反斜线转义（backslash escape）"的介绍。

我该如何编译 Perl 程序？

只需要直接运行它就可以了。只此一步，`perl` 解释器能一次完成编译和运行这两个动作：

```
$ perl my_program
```

运行程序时，Perl 内部的编译器会先载入整个源程序，将之转换成内部使用的 *bytecodes*（字节码），这是一种 Perl 在内部用来表示程序语法树的数据结构。然后交给 Perl 的字节码引擎执行。所以，如果在第 200 行有个语法错误，那么在开始运行第二行代码之前，Perl 就会报告这个错误。如果你的程序中有一个运行 5 000 次的循环，它只会被编译一次，然后每次循环都以最快的速度运行。除此之外，为了提高易读性，不论你用多少注释和空白，它们都不会影响运行时（runtime）的速度。你甚至可以使用完全由常量组成的算式，它的值只会在程序开始时被计算一次，哪怕它是在某个循环中，也只被计算一次，然后在后续的执行中复用计算结果。

不用说，编译是要花时间的——所以如果只是为了迅捷地完成某个简短任务而去运行一个冗长的包含其他各种任务代码的 Perl 程序，会显得效率低下，因为花在编译上的时间可能会比运行时间还要长。不过 Perl 编译器的运行速度非常快，通常编译时间只占运行时间的极少部分而已。

要是把编译后的字节码存储起来，能否节省编译时间？或者更进一步说，能否将字节码转换成另一种语言，比如C语言，然后再进行编译？好吧，其实以上两种做法在某些情况下都是可行的，不过老实说这么做并没什么好处，程序不会因此变得更易于使用、维护、调试或安装，甚至（由于某些技术性因素）还会让程序运行得更慢。

走马观花

读到这里，你一定想看看可以派上实际用场的 Perl 程序到底是什么样子（要是你不想，麻烦暂时配合一下嘛）。请看：

```
#!/usr/bin/perl
@lines = `perldoc -u -f atan2`;
foreach (@lines) {
  s/\w<(.+?)>/\U$1/g;
  print;
}
```

如果无法调用 *perldoc* 命令，请确认你的系统是否支持调用外部命令以及该命令是否在可搜寻到的路径中。

如果你第一次看到这样的 Perl 代码，可能会觉得有点怪异（事实上，每次读到这样的 Perl 代码都会让你觉着挺奇怪的）。不过，我们会逐行讲解这段程序，看看它到底做了些什么（下面的介绍会非常简略，毕竟这一节只是"走马观花"。程序里用到的所有功能在后面的章节中都会详加说明，你不需要现在就把程序彻底搞懂）。

第一行是我们介绍过的 #! 行。在你自己的系统上可能需要修改下，确认使用的是正确的路径，具体请参考前文所述。

第二行运行了一个外部命令，通过一对反引号（` `）来调用（反引号的按键在全尺寸的美式键盘上数字键 1 的左边。请注意，不要把反引号和单引号"'"搞混了）。我们要运行的外部命令是 *perldoc -u -f atan2*。请在命令行上键入这条命令，看看它会输出什么。*perldoc* 命令在大部分系统上都有，可以用它来阅读和显示 Perl 及其相关扩展和工具程序的说明文档。这个命令告诉你关于三角函数 atan2 的信息，我们在这里使用这个命令只是作为我们希望处理其输出的外部命令的一个示例。

当反引号里的命令执行完毕后，输出结果会一行行依次存储在 @lines 这个数组变量中。后面一行代码会启动一个循环，依次对每行数据进行处理。循环里的代码是缩排过的，虽然 Perl 并不强迫你这么做，但好的程序员都会如此要求自己。

循环里的第一行代码看起来最恐怖：s/\w<(.+?)>/\U$1/g;。此处不会深入讨论细节，它的大概意思就是：对每个包含一对尖括号（< >）的行进行相应的数据替换操作。而在 *perldoc* 命令的输出结果里，应该至少有一行符合此操作条件。

至于循环内的第二行代码则来了个大变样，一下简洁不少，它直接输出每行的内容（有可能被上面的替换操作修改过）。最后的输出结果看起来应该和 *perldoc -u -f atan2* 的执行结果差不多，只是其中出现尖括号的地方有所不同。

就这样，在短短数行代码中，我们调用了别的程序并将它的输出结果放到内存，然后更新内存里的数据，最后输出。很多时候，我们都是用 Perl 来做这种数据转换工作的。

习题

我们会在每章结束提供一些习题，参考答案在附录 A中。本章习题中的程序不用自己写，我们将借用之前的示例程序。

如果在你的机器上无法完成这些习题，请再检查一遍你的开发环境或者找身边的专家帮忙。另外需要说明一点，写程序时可以按照题目要求稍作修改：

1. [7] 输入之前的"Hello, world"程序并保存为可执行的 Perl 文件，然后让它运行。程序文件取什么名字都行，或者直接按照习题序号命名，如 *ex1-1*，表示第 1 章的第 1 题。就算不是新手的开发者也会写这样简单的程序，用作测试开发环境是否可用。如果运行正常，就说明 *perl* 是可以使用的。

2. [5] 在命令行输入 *perldoc -u -f atan2* 并运行，注意观察输出的内容。如果出现异常，请找系统管理员帮忙，或者查下你安装的 Perl 版本的说明文档，看看应该以何方式调用 *perldoc* 命令。后面的练习也需要用到。

3. [6] 输入第二个示例程序（之前一小节），看看会输出什么内容。提示：输入标点符号字符的时候要小心，别弄错了。运行程序，看到输出内容的变化了吗？

第2章

标量数据

Perl 的数据类型非常简单。第一种数据类型我们称作 *scalar*（标量），表示一个东西。数学、物理或其他学科也有 scalar（标量）的概念，但它在 Perl 中的意思是不同的。再强调一次，标量表示一个东西，至于是什么东西，不加限定。因为对 Perl 来说，一个标量就是一个独立东西，对其的处理统一按照标量的要求去做，对于东西本身是什么形式，并不关心。

标量是 Perl 里面最简单的一种数据类型。一般用于表示数字（比如 255 或 3.25e20），或者字符串（比如 hello 或林肯著名的葛底斯堡演说全文）。可能你会觉得数字和字符串是很不一样的东西，但对 Perl 来说，标量在内部是可以相应切换的。

如果你熟悉其他编程语言，可能已经习惯于把数字和字符串按照不同类型来处理的方式。比如 C 语言就用 char 声明字符型数据，用 int 声明整型数据。Perl 不严格区分两者，所以反而让很多人不太适应。没有关系，本书后续会逐步向你展示在处理数据的过程中，这种松散的定义带来的灵活性和优越性。

本章我们会展示两种标量的使用：一种是标量数据，表示数据的内容，也就是值；一种是标量变量，表示存储标量数据的容器。请注意，这是两个完全不同的概念，务必不要混淆。说到数据，我们指的是数据本身的内容，也就是值，它被写入内存后就是固定的，无法再改变。但是对于变量，正如其名，我们可以修改其中存储的数据，就像门牌号，租客在变而门牌号不变。开发者往往为了省事，都简单将其统称为标量。如无特别我们也简单统称为标量，但到后面的第 3 章中我们会加以区分，说明清楚。

数字

虽然标量不外乎数字和字符串这两种情况，但我们还是分别讨论，这样比较容易厘清头绪。我们先讨论数字类型的标量，然后再来讨论字符串类型的标量。

所有数字的内部格式都相同

实际上，Perl 处理数字时用的是底层 C 库，且统一使用双精度浮点值来存储数据。我们不用关心内部具体的处理和转换方式，但要知道这个依赖关系，所以编译与安装 Perl 的时候，选择了怎样的编译参数决定了最终 Perl 能达到的计算精度和大小范围，这是由底层库决定的，而不是 *perl* 解释器本身的限制。但 Perl 会在做数学计算时根据当前平台和库做最大限度的优化，以便快速运行。

后续章节中你会看到定义整型数字（不带小数点的数字，比如 255 和 2 001）和浮点数字（带小数点的数字，比如 3.141 59 或者 $1.35 \times 1\,025$）的具体方式。但就内部而言，Perl 都将它们统一转换为双精度浮点值来存储和计算。

也就是说，Perl 内部是没有整型值的，程序中的整型常量本质上还是双精度浮点值。所以在 Perl 里面，数字就是数字，不像其他语言，还要你事先确定数字的大小和类型。

整数直接量

所谓直接量（literal），就是在源代码中直接写成数据内容的形式。直接量不是某项计算的结果，也不是某次 I/O 操作后的结果，它是你直接写入程序代码的数据内容。整数直接量的定义相当直白，写法如下：

```
0
2001
-40
137
61298040283768
```

最后一个数字读起来有些费力。Perl 允许你在整数直接量中加入下划线，将若干位数分开，写成下面这样看起来就很清楚了：

```
61_298_040_283_768
```

两种写法对计算机来说都表示同一个数字，只不过为了可读性，让人看起来不吃力，加了辅助的视觉分隔符号。可能有人会说，干嘛不用逗号，就像生活里使用的那样。

要知道，逗号在 Perl 里还有更加重要的作用（请阅读第 3 章），所以为了避免歧义，我们改用下划线。再说了，也不是所有国家和地区都用逗号分隔千位的。

非十进制整数的直接量

和许多其他编程语言一样，除了十进制（decimal，基数为10）以外，Perl 也可以用其他进制来表示数字直接量。八进制（octal，基数为8）直接量以 0 开头，后跟数字 0 到 7：

```
0377        # 等于十进制的 255
```

从 v5.34 开始，还可以用 0o 作为八进制数的前导标志，这使八进制数与你将要看到的其他基数保持一致：

```
0o377          # 等于十进制的 255
```

十六进制（hexadecimal，基数为16）直接量以 0x 开头，后跟数字 0 到 9 以及字母 A 到 F（或者小写字母 a 到 f）表示十进制中 0 到 15 的值：

```
0xff        # 或者用大写 FF，也等于十进制的 255
```

二进制（binary，基数为2）直接量以 0b 开头，后跟数字 0 或 1：

```
0b11111111 # 等于十进制的 255
```

虽然这三个数字的写法不同，但对 Perl 来说都是同一个数字。所以写成 0377 也好，写成 0xFF 也罢，都表示数字 255。选择哪种书写形式，取决于参与运算的需要。例如许多 Unix 系统中的 shell 命令惯用八进制数字，所以在第 12 章和第 13 章会看到 Perl 里面八进制数字形式的示例。

前导0的写法只用于表示数字直接量，不能用于字符串和数字间的自动转换。具体细节请阅读第36页的 "数字与字符串之间的自动转换" 一节。

非十进制数字直接量的长度如果超过 4 个字符将会难以阅读，可以用之前介绍的补充下划线的写法：

```
0x1377_0B77
0x50_65_72_7C
```

浮点数直接量

Perl 的浮点数写法接近于我们平时的书写习惯。比如数字前面的加减号、小数点，也可以用以 10 为幂的科学计数法表示，以字母 E 标记次方（或者称为指数表示法）。

比如：

```
1.25
255.000
255.0
7.25e45   # 7.25 乘以 10 的 45 次方（一个非常大的数）
-6.5e24   # 负 6.5 乘以 10 的 24 次方
          # （一个非常大的负数）
-12e-24   # 负 12 乘以 10 的 -24 次方
          # （一个非常小的负数）
-1.2E-23  # 另一个种写法，E 换做大写
```

Perl 5.22 新增了十六进制浮点数直接量的写法。 和用 e 表示以 10 为幂的写法类似，用 p 表示以 2 为幂。和十六进制整型数字一样，以 0x 开头：

```
0x1f.0p3
```

十六进制浮点数直接量其实就是 Perl 内部保存数字时所使用的形式。所以就取值大小来说，完全不存在转换带来的近似问题。如果用十进制表示，Perl（或 C 语言，或其他使用双精度的语言）则无法完全精确表示以 2 为幂的浮点数。可能大部分人从未关注过这个细节，但因此产生的进位舍入（round-off）带来的计算偏差一直困惑着相当一部分人。通过这种写法我们能够自然规避这个问题。

数字操作符

操作符相当于语言中的动词。操作符决定了处理名词的方式。Perl 提供各种常见的运算操作符，加减乘除一个不少，我们用相应的字符来表示这些运算符号。数字操作符总是把处理对象看作数字：

```
2 + 3      # 2 加 3，得 5
5.1 - 2.4  # 5.1 减 2.4，得 2.7
3 * 12     # 3 乘以 12，得 36
14 / 2     # 14 除以 2，得 7
10.2 / 0.3 # 10.2 除以 0.3，得 34
10 / 3     # 计算结果是浮点数 3.3333333...
```

Perl 的数字操作符返回的结果和用普通计算器得到的一样。计算出来的结果就是一个值，而不是什么数学中的记法，所有没有整数、分数的概念，统统都是浮点数。这一点常常让那些用惯其他语言的人困惑，比如按整数进行除法运算，希望 10/3 得到同数据类型的计算结果整数 3，但 Perl 返回的却是浮点数。

Perl 支持取模运算，用符号 % 表示。表达式 10 % 3 的结果是 1，也就是 10 除以 3 的余数。注意，取模操作符先取整，再求余数。所以 10.5 % 3.2 和 10 % 3 的计算结果是相同的。

当取模操作符两边有一边（或两边）是负数的时候，在不同 Perl 版本中的计算结果可能会有所出入。因为人们对负数进位的方式一直存在争论，所以 Perl 依赖的底层库的行为飘忽不定，造成负数取模运算的结果不总是一致的。比如 -10 % 3，如果按距离 -12 来说，还差两步，答案是 2；如果按距离 -9 来说，又多了一步，所以余 -1。哪种结果才算正确？最好还是避免这种意义不明的计算。

Perl 还提供一种类似 FORTRAN 语言的乘幂（exponentiation）操作符，写作两个星号 **，比如 2**3，表示 2 的 3 次方，结果是 8。除了这里介绍的，还有一些数字操作符，后续我们会在讨论相应例子时具体介绍。

字符串

字符串就是一连串的字符序列，比如 hello 或者 ☺★ⓒⓦ.。字符串可以是任意字符的接续序列。最短的字符串不包含任何字符，所以也叫空字符串。最长的字符串的长度没有限制，它甚至可以填满所有内存（与此同时你也无法再对它进行任何操作）。这符合 Perl 尽可能遵循的"无内置限制（no built-in limits）"的原则。字符串通常是由字母、数字、标点符号和空格组成的可输出序列。不过，因为字符串能够包含任何字符，所以可用它来创建、扫描或操控二进制数据，这是许多其他工具语言望尘莫及的。比如，你可以将一个图形文件或编译过的可执行文件读进 Perl 的字符串变量，修改它的内容后再写回去。

Perl 完全支持 Unicode，所以在字符串中可以使用任意一个合法的 Unicode 字符。不过由于 Perl 的历史原因，它不会自动将程序源代码当作 Unicode 编码的文本文件读入，所以如果你想要在源代码中使用 Unicode 书写直接量的话，得手工加上 utf8 编译指令。最好养成习惯始终加上这句，除非有明确原因指出不该这么做：

    use utf8;

在本书后续的章节，我们都假设你使用这条编译指令。对有些代码来说这实际上没啥影响，不过要是看到源代码中出现 ASCII 字符范围以外的字符，则说明必须加上这条编译指令。此外，你还得确保以 UTF-8 编码的方式保存文件。如果之前跳过了第 1 章中有关 Unicode 的建议说明的话，现在不妨去读一下附录 C 中更多与 Unicode 相关的内容。

所谓的编译指令（*pragma*），是指告诉 Perl 编译器该如何行动的指令。

和数字一样，字符串也可以写作直接量。这其实就是在 Perl 程序中书写字符串的方式：单引号圈引的字符串直接量以及双引号圈引的字符串直接量。

单引号内的字符串直接量

单引号内的字符串直接量就是写在一对单引号（ ' ）内的一串字符。前后两个单引号并不是字符串的内容，只是边界，用于让 Perl 判断字符串的开头与结尾：

```
'fred'      # 总共 4 个字符：f、r、e 和 d
'barney'    # 总共 6 个字符
''          # 空字符串（没有字符）
'%∞☺☃' # 某些"宽" Unicode 字符
```

除了单引号和反斜线字符外，单引号内所有字符都代表它们自己。如果要在字符串中使用单引号和反斜线，需要添加一个反斜线进行转义：

```
'Don\'t let an apostrophe end this string prematurely!'
'the last character is a backslash: \\'
'\'\\'    # 两个字符，一个是单引号，一个是反斜线
```

一个字符串如果太长，可以分成多行书写。两个单引号之间输入的换行符就表示字符串中的换行：

```
'hello
there'    # hello，换行符，there（总共 11 个字符）
```

注意，单引号内看似转义的写法 \n 并不会解释为换行符，而只是字面上的两个字符，一个是反斜线本身，一个是字母 n：

```
'hello\nthere'    # hellonthere
```

单引号圈引的字符串中，反斜线后面跟的只有反斜线或单引号时才表示转义。其实不用强记，道理很简单，为了边界字符能同时用作内容，需要引入转义符号作为区别，而因此引入的转义符号也需要转义以避免歧义。

双引号内的字符串直接量

双引号内的字符串直接量同样也是字符序列，只不过这次换成用双引号表示首尾。不过双引号中的反斜线更为强大，可以转义许多控制字符，或是用八进制或十六进制写

法来表示任何字符。还是来看一些具体例子：

```
"barney"          # 和 'barney' 写法一样的效果
"hello world\n"   # hello world，后面接着换行符
"The last character of this string is a quote mark: \""
"coke\tsprite"    # coke、制表符（tab）和 sprite
"\x{2668}"        # Unicode 中名为 HOT SPRINGS 的字符的代码点（code point）
"\N{SNOWMAN}"     # Unicode 中按名字 Snowman 定义的字符串
```

请注意，对 Perl 来说双引号内的字符串直接量 "barney" 和单引号内的字符串直接量 'barney' 是相同的，都是代表那6个字符组成的字符串。

反斜线后面跟上不同字符，可以表示各种不同的意义（一般我们把这种借助反斜线组合表示特殊字符的方法称作反斜线转义）。双引号内的字符串直接量内允许使用的比较完整的转义字符清单如表2-1所示。

表2-1：双引号内字符串的反斜线转义

组合	意义
\007	八进制表示的 ASCII 值（此例中 007 表示系统响铃）
\a	系统响铃
\b	退格
\cC	控制符，也就是 Control 键的代码（此例表示同时按下 Ctrl 键和 C 键的返回码）
\e	跳出（ASCII 编码的转义字符）
\E	结束 \L、\U 和 \Q 开始的作用范围
\f	换页符
\F	对后面的字母执行 Unicode 首字母大写，直到 \E 为止
\l	将下个字母转为小写
\L	将它后面的所有字符都转为小写，直到 \E 为止
\n	换行
\N{CHARACTER NAME}	任何一个 Unicode 代码点，用对应名称书写
\Q	相当于把它到 \E 之间的非单词（nonword）字符加上反斜线转义
\r	回车
\t	水平制表符
\u	将下个字母转为大写
\U	将它后面的所有字符都转为大写，直到 \E 为止
\x7f	十六进制表示的 ASCII 值（此例中 7f 表示删除键的控制代码）
\x{2744}	十六进制表示的 Unicode 代码点（这里的 U+2744 表示雪花形状的图形字符：❄）
\\	反斜线
\"	双引号

双引号内字符串可以使用变量内插（variable interpolated）的写法，说白了就是在字符串中附带变量，结果用变量内的值替换。由于还未谈到变量的概念，所以这部分内容稍后解释。

字符串操作符

字符串可以用 . 操作符（没错，就是句点符号）拼接起来。两边的原始字符串都不会因此操作而被修改，就像 2+3 的运算不会改变 2 或 3 一样。运算后得到一个更长的字符串，可以继续用于其他运算或保存到某个变量中。来看具体例子：

```
"hello" . "world"          # 等同于 "helloworld"
"hello" . ' ' . "world"    # 等同于 'hello world'
'hello world' . "\n"       # 等同于 "hello world\n"
```

要注意的是，连接运算必须显式使用连接操作符，而不像其他某些语言那样，把两个字符串前后写在一起就算拼接。

还有个比较特殊的字符串重复操作符，记作小写的字母 x。此操作符会将其左边的操作数（也就是要重复的字符串）与它本身重复连接，重复次数则由右边的操作数（某个数字）指定。来看具体例子：

```
"fred" x 3          # 得 "fredfredfred"
"barney" x (4+1)    # 得 "barney" x 5，亦即 "barneybarneybarneybarneybarney"
5 x 4.8             # 本质上就是 "5" x 4，所以得 "5555"
```

最后一个例子有必要详加说明。因为重复操作符的左操作数必然是字符串类型，所以数字 5 在进行重复操作前，先被转换成单字符的字符串 "5"（具体转换规则稍后会提到），然后这个新字符串被复制了 4 次，生成含有 4 个字符的新字符串 5555。注意，如果我们将操作数对调，亦即写成 4 x 5 这样，结果会是得到重复 5 次的字符 4，也就是 44444。这说明字符串重复操作并不满足交换律。其实这很自然，操作符两边的意义不同，自然不能随意交换。

重复次数（右操作数）在使用前会先取整（4.8 变成 4）。重复次数小于 1 时，会生成长度为零的空字符串。

数字与字符串之间的自动转换

Perl 会根据需要自动转换数字和字符串数据，转换的原则则取决于操作符的意义。如果操作符（比如 +）需要的是数字，Perl 就把操作数看作数字；如果操作符（比如 .）是用于处理字符串的话，Perl 就把操作数看作字符串。因此，你不必担心数字和字符串间的差异，只管合理使用操作符，Perl 会自动完成剩下的工作。

对数字进行运算的操作符（比如乘法）如果遇到字符串类型的操作数，Perl 会自动将字符串转换成等效的十进制浮点数进行运算。因此 "12" * "3" 的结果会是 36 。字符串中非数字的部分（以及前置的空白符号）会被略过，所以 "12fred34" * "3" 也会得出 36 ，而不会出现任何警告信息（除非你要求 Perl 显示警告信息，稍后我们就会提到有关警告信息的处理）。完全不含数字的字符串会被转换成零，比如把 "fred" 当成数字来用，就是这种情况。

前导0的技巧只能用于八进制直接量，不能用于字符串的自动转换。请记住，自动转换总是基于十进制数字来处理的：

```
0377    # 十进制数字 255 的八进制写法
'0377'  # 会转换成十进制数字 377
```

稍后我们会介绍 oct 的用法，将字符串转换为八进制数字。

同样地，处理字符串的操作符（比如字符串连接操作符）如果得到的是数字的话，该数字就会被转换为形式相同的字符串。比如要把字符串 Z 与"5 乘以 7 的结果"相连接，写起来非常简单：

```
"Z" . 5 * 7 # 等同于 "Z" . 35，得 "Z35"
```

基本上你不用关心数字和字符串的差别（大多数时候），Perl 会自动完成数据转换的工作。并且更进一步地，Perl 会记住已完成的转换，以便重复计算时不再浪费时间，更快得到结果。

Perl 的内置警告信息

当 Perl 发现程序代码中有可疑之处时，可以通过警告信息提示你。从 Perl 5.6 开始，我们可以通过编译指令启用警告机制（请注意查看所用的版本是否支持）：

```
#!/usr/bin/perl
use warnings;
```

也可以在命令行调用程序时给出 -w 选项表示启用警告机制。这种方式的作用域包括引入模块的代码，所以可能会看到有关别人代码的警告信息：

```
$ perl -w my_program
```

或者在 shebang 行启用警告选项：

```
#!/usr/bin/perl -w
```

现在，如果你把 `'12fred34'` 当数字用，Perl 就会给你发出警告信息：

```
Argument "12fred34" isn't numeric
```

 比起 -w 的写法，使用 warnings 编译指令的好处在于作用域仅限于书写该指令的文件内，但前者则是打开了当前程序所引入的所有代码的警告机制。

虽然发出了警告，但 Perl 仍旧会按规则把非数字的 `'12fred34'` 转换为数字 12。

警告信息是给开发者看的，而不是给最终使用者。既然开发者看不到你的这些警告信息，也就没啥用处了，所以启用全局警告反而容易带来一些噪音。启用警告机制只是让 Perl 提示一下可能有问题的地方，但 Perl 绝不会擅自改变代码的行为。如果看不明白警告信息说的是什么，可以利用 diagnostics 编译指令。在 perldiag 文档中列出了每个警告信息的简短描述和详尽解释，这些都是 diagnostics 报告的核心内容：

```
use diagnostics;
```

把 use diagnostics 编译指令加进程序后，可能你会觉得程序启动有点慢。确实如此，这是因为程序需要预先加载警告和详细说明到内存，以便需要时可以立即输出相关的警告信息。所以反过来看的话，这也提示了一种优化程序的方法：如果熟悉各种警告信息的意义，就不必在运行时发出详细的警告解释，去掉 use diagnostics 这个编译指令就会让程序启动变快，内存消耗也随之减少。当然，如果能修好程序，让它不再产生烦人的警告信息就再好不过了，或者干脆直接关闭警告信息。

更进一步，这种优化也可以通过 Perl 的命令行选项-M 来实现。与其每次修改程序代码，不如仅在需要时加载 diagnostics 编译指令：

```
$ perl -Mdiagnostics ./my_program
Argument "12fred34" isn't numeric in addition (+) at ./my_program line 17 (#1)
    (W numeric) The indicated string was fed as an argument to
    an operator that expected a numeric value instead.  If you're
    fortunate the message will identify which operator was so unfortunate.
```

注意警告信息中出现的 (W numeric)，其中 W 的意思是警告级别属于普通警告，numeric 的意思是警告类型属于数字操作一类。所以，看到这两条就知道问题大致出在哪里。

随着后续深入介绍，我们还会看到其他错误类型的警告。不过请注意，将来 Perl 给出的警告文字可能有所变化，所以不要依赖这些具体的文字做应对处理。

非十进制数字的转换

如果有一个以其他进制表示的数字字符串，我们可以用 hex() 或 oct() 函数将字符串转换为对应的数字。并且，如果字符串以特定的十六进制或二进制前缀字符开头的话，oct() 函数能聪明地根据该进制进行转换，不过十六进制字符串必须以 0x 开头，请参考具体例子：

```
hex('DEADBEEF')         # 即十进制数字 3_735_928_559
hex('0xDEADBEEF')       # 也是十进制数字 3_735_928_559

oct('0377')             # 十进制数字 255
oct('0o377')            # 十进制数字 255，v5.34新增格式，因为看到了开头的0o
oct('377')              # 十进制数字 255
oct('0xDEADBEEF')       # 是十进制数字 3_735_928_559，因为看到了开头的 0x
oct('0b1101')           # 是十进制数字 13，因为看到了开头的 0b
oct("0b$bits")          # 将变量 $bits 中的值当作二进制数字转换为十进制数字
```

那些写成字符串形式的数字是给人读的，计算机并不关心你原来怎么写。你用十进制还是十六进制写，Perl 都无所谓。只要我们自己弄清楚数字大小，Perl 会自动将其转换为内部的存储格式。

再提醒一下，Perl 在自动转换时总是把字符串转换成十进制数，而以上这两个函数只接受字符串作为参数，所以如果你直接写数字直接量的话，往往会弄错结果。因为 Perl 会先把参数转换为字符串，然后再转换为其他进制的数字，而这个数字已经和原来的直接量数字不相等了：

```
hex( 10 );   # 十进制数字 10，先转换为字符串"10"，再转换为十进制数字 16
hex( 0x10 ); # 十六进制数字 10，先转换为字符串 "16"，再转换为十进制数字 22
```

我们会在第 5 章介绍其他几个用于转换数字进制的函数。

标量变量

所谓变量（variable），就是存储一个或多个值的容器。而标量变量，就是只保存一个值的变量。后续章节我们还会看到其他类型的变量，比如数组和哈希，它们可以存储多个值。变量的名字在整个程序中保持不变，但它所持有的值可以在程序运行时不断修改变化。

如你所料，标量变量只存储单个标量值。标量变量的名称以美元符号开头，这个符号也被称为魔符（sigil），然后是变量的 Perl 标识符：由字母或下划线开头，后跟多个字母、数字或下划线。另一种理解方式就是变量名由字母数字和下划线组成，但不能以数字开头。标识符是区分大小写的：变量 $Fred 和 $fred 是两个完全不同的变量。不同大小写字母、数字以及下划线构成了不同的标识符，所以下面的变量各不相同：

```
$name
$Name
$NAME

$a_very_long_variable_that_ends_in_1
$a_very_long_variable_that_ends_in_2
$A_very_long_variable_that_ends_in_2
$AVeryLongVariableThatEndsIn2
```

Perl 并不限于使用 ASCII 字符作为变量名。如果启用了 utf8 编译指令，那么可用于表示字母或数字的字符会多得多，所以拿它们来当变量名也是可以的：

```
$résumé
$coördinate
```

Perl 通过变量标识符前的魔符来区分变量的类型。所以不管你为变量取什么名字，都不会和 Perl 自带的函数或操作符的名字相冲突。

此外，Perl 是通过魔符来判断该变量的使用意图。$ 的确切意思是"取单个东西"或者"取标量"。因为标量变量总是存储一项数据，所以它的意思就总是取得其中的"单个东西"的值。在第 3 章中你会看到"取单个东西"的魔符应用于其他类型变量的情况，比如说数组。这是 Perl 很关键的一个概念，魔符并没有告诉你变量的类型，而是告诉你取用变量数据的方式。

给变量取个好名字

变量的取名务必要有意义，能说明它的用途。你看 $r 就不知所谓，但 $line_length 就很清楚，表示一行文字的长度。如果只是在相近的两三行里使用，变量名可以简单些，像 $n 这样。如果跨度比较大，整个程序的前后部分都有用到的话，得取个描述性更强的名字，这样既方便他人阅读，也方便自己回忆。自己写的程序自己当然很明白，但要是阅读别人的代码，看到 $srly 这样的名字又没注释的话，肯定摸不着头脑，还要费力研读或者询问，没人喜欢这样。

同样，适当使用下划线也能帮助改善变量名的可读性，尤其是在母语不同的开发者相互协作时。$super_bowl（超级碗）就比 $superbowl 要清楚，因为后者会不会是 $superb_owl（犀利的猫头鹰）呢？再比如，$stopid 的意思是 $sto_pid（某个进程号？）还是 $s_to_pid（转换什么东西为进程号？），又或者是 $stop_id（某个名为 "stop" 的对象的编号？），抑或只是把笨蛋（stupid）拼错了？

Perl 程序里面大部分变量名都习惯使用全小写，正如你在本书中看到的例子一样。只有少数几种情况中才会用到大写字母。而使用全大写（比如$ARGV）一般都表示变量有一些特殊之处。

如果变量名包含多个单词，有人习惯用$underscores_are_cool，有人则习惯用$giveMeInitialCaps。用什么样式都行，但请保持前后风格一致。你可以把变量名全部大写，但这样容易和 Perl 保留的特殊变量冲突。最好的办法就是别这么干。

 请阅读 perlvar 文档，看看这些名字全部大写的特殊变量都有什么用处。另外请阅读 perlstyle 文档，其中有不少关于编程风格的经验总结。

当然，名称的好坏其实对 Perl 来说并无差别。你可以把程序中最重要的三个变量取名为 $OOOOOOOOO、$OOOOOOOO 和 $OOOOOOOOO，Perl 不会觉得这是种挑战——但拜托不要找我们来帮你维护程序！

标量的赋值

最常见的对标量变量的操作就是赋值了。赋值的意思是赋予变量具体的内容，也就是值。Perl 的赋值操作符就是等号，这一点和其他程序语言一样。等号左边是变量名，右边是某个表达式，表达式求值后的结果就成为变量最新得到的值。来看例子：

```
$fred   = 17;            # 将 $fred 的值设为 17
$barney = 'hello';       # 将 $barney 的值设为 5 个字符组成的字符串 'hello'
$barney = $fred + 3;     # 将 $barney 设为 $fred 当前值加上 3 后的结果，即 20
$barney = $barney * 2;   # $barney 现在被设成 $barney 当前值乘以 2 后的结果，即 40
```

请注意，最后一行中 $barney 变量出现了两次：第一次是取值（在等号右方的表达式中），第二次是赋值（在等号左方），表示要将右方表达式的运算结果存到该变量中。这样写不但合法、安全，而且十分常见。事实上，正因为这种用法太过常见，Perl 又提供了更省力的写法，具体请看下节。

复合赋值操作符

我们经常会用到类似$fred = $fred + 5这样的表达式（同一个变量出现在赋值操作符的两边），于是 Perl 和 C、Java 一样，也提供了相同的简写方式——复合赋值操作符（compound assignment operator），用以更新变量内容。几乎所有用来求值的双目操作符都有一个对应的接上等号的复合赋值操作符。比如下面这两行的效果完全相同：

```
$fred   = $fred + 5;  # 不使用复合赋值操作符
$fred += 5;           # 使用复合赋值操作符的写法
```

下面这两行的效果也完全相同：

```
$barney  = $barney * 3;
$barney *= 3;
```

在内部实现上，复合赋值操作符就地更新原来的变量值，这样效率更高。传统赋值操作符则需要先计算表达式，再把求值后的结果写入变量。

还有一个常见的赋值操作符是字符串连接操作符，其对应的复合赋值操作符是 .=：

```
$str  = $str . " ";  # 追加空格到 $str 末尾
$str .= " ";         # 效果同上
```

几乎所有的复合赋值操作符都像这样用。比如，乘幂操作符可以改成 **=，所以 $fred **= 3 的意思就是"将 $fred 里的值自乘 3 次（也就是取三次方），再存回 $fred"。

用 print 输出结果

若程序运行完了什么消息都没有，我们就无从判断运行过程中是否一切正常。我们可以用 print 操作符输出内容到外部。它接受标量值作为参数，然后不加修饰地将它传送到标准输出（standard output）。除非另外设置，否则默认情况下标准输出设备就是你的终端显示屏。比如：

```
print "hello world\n"; # 输出 hello world，后面接着换行符

print "The answer is ";
print 6 * 7;
print ".\n";
```

交给 print 输出的也可以是一系列以逗号隔开的值：

```
print "The answer is ", 6 * 7, ".\n";
```

实际上用逗号隔开一系列值的形式在 Perl 里被称作列表。关于列表的概念，稍后我们会详加说明。

Perl 5.10 增加了一个改良版 print 函数，称为 say。它每次输出时自动在末尾追加换行符：

```
use v5.10;
say "The answer is ", 6 * 7, '.';
```

在实践中，建议用 say，因为按键次数少，效果好。但在本书中，我们仍将延续使
用 print，让还在使用 5.8 版的读者可以直接运行示例程序。

字符串中的标量变量内插

一般我们用双引号圈引字符串，是希望把其中的标量变量名替换为变量当前的值，从
而成为新的字符串。这个转变的过程称为变量内插，来看示例：

```
$meal   = "brontosaurus steak";
$barney = "fred ate a $meal";    # $barney 变为 "fred ate a brontosaurus steak"
$barney = 'fred ate a ' . $meal; # 效果相同的另一种写法
```

正如上面最后一行所示，不用双引号一样可以得到相同结果，但就书写便捷性和可读
性来说，显然不如变量内插的方式直观方便。变量内插有时候也被称作双引号内插，
因为只有在双引号内部才可以这么做，在单引号中不行。Perl 里面还有其他内插方
式，之后我们会逐一介绍。

如果标量变量从未被赋值，内插时将使用空字符串替换：

```
$barney = "fred ate a $meat"; # $barney 变为 "fred ate a "
```

在本章稍后介绍空值（undef）的时候，将有更多类似的情况。

如果内插时单单只有变量本身，不写双引号当然也行：

```
print "$fred"; # 多余的双引号
print $fred;   # 合理写法
```

形式上，在单个变量两边加上双引号表示变量内插并不算错，但既然不是要构造更长
的字符串，就没必要使用双引号的方式进行内插。

我们用美元符号表示将要内插的变量名，那么当我们真的希望打印美元符号本身的时
候，用转义就行了。方法还是原来那套，用反斜线取消美元符号的特殊意义：

```
$fred = 'hello';
print "The name is \$fred.\n";    # 打印美元符号
```

换种思路，如果不需要内插，那就直接用单引号好了，免得混淆视线：

```
print 'The name is $fred' . "\n"; # 效果同上
```

变量内插时，Perl 的原则是选用尽可能长且合法的变量名。所以，如果在内插变量名

后面需要紧跟着其他合法的变量名字符，即字母、数字或下划线时，Perl 就无从判断，需要引入免除歧义的写法。

解决思路就是隔离。和在shell下的写法相同，我们可以在变量名两边加上花括号，明确表示需要内插的变量。或者在变量名结尾断开，另外采用字符串连接操作符连接：

```
$what = "brontosaurus steak";
$n = 3;
print "fred ate $n $whats.\n";          # 不是牛排，而是变量 $whats 的值
print "fred ate $n ${what}s.\n";        # 内插的是 $what
print "fred ate $n $what" . "s.\n";     # 效果同上
print 'fred ate ' . $n . ' ' . $what . "s.\n"; # 另一种折腾的写法
```

如果在变量名后紧跟的字符是左方括号或左花括号，请使用反斜线转义。如果跟的是撇号或者连着的两个冒号，也请使用反斜线转义，或者直接使用花括号隔离。之后我们会加以说明，不转义的写法还有另外的意义。

用代码点创建字符

有时候我们需要输入键盘上没有的那些字符，比如 é, å, α 或者 א 等。有些输入法或文本编辑器提供一部分常用特殊字符的输入方式，不过与其费力寻找字型输入，不如直接键入字符的代码点（code point），再通过 chr() 函数转换成字符：$alef = chr(0x05D0);

```
$alpha = chr( hex('03B1') );
$omega = chr( 0x03C9 );
```

Unicode 的概念将贯穿本书，所以我们一直会提到有关代码点的说法。如果只是在 ASCII 中，则只需要通过序数值（ordinal value）来表示 ASCII 中的数值位置。如果你对 Unicode 背景知识还不熟悉的话，请即刻参阅附录 C 。

已知字符，要取得其代码点，可以通过 ord() 函数转换：

```
$code_point = ord( 'א' );
```

通过代码点创建的字符同样可用于双引号内的变量内插：

```
"$alpha$omega"
```

如果不预先创建变量，也可以直接在双引号内用十六进制的表示方法 \x{} 来实现：

```
"\x{03B1}\x{03C9}"
```

操作符的优先级与结合性

在复杂的表达式里，先执行哪个操作再执行哪个操作，取决于操作符的优先级。比如在表达式 2+3*4 中，先算加法还是乘法？如果先算加法，会得到 5*4，也就是 20；如果先算乘法（就像数学课里教的），会得到 2+12，也就是 14。Perl 的计算优先级和数学计算的相同，是先算乘法。也就是说，乘法的优先级高于加法。

你可以用括号（即圆括号）来改变执行优先级。任何放在括号里的运算都比括号外的优先级高（和数学课里学到的一样）。因此，如果真的想让加法比乘法先计算，可以写成 (2+3)*4，得 20；当然也可以加上多余的括号，像 2+(3*4)，以此强调乘法比加法先计算的事实。

在加法和乘法的例子里，优先级相当清楚，不言自明。但当我们碰到字符串连接或乘幂计算时，就很难一眼断定谁先谁后了。正确的解决之道不外乎参考 perlop 文档中标准的 Perl 操作符优先级表，我们摘取其中主要部分列于表2-2中。

表2-2：操作符的结合性与优先级（从高至低排序）

结合性	操作符
左	括号；给定参数的列表操作符
左	->
	++ -- （自增；自减）
右	**
右	\ ! ~ + - （单目操作符）
左	=~ !~
左	* / % x
左	+ - . （双目操作符）
左	>> <<
	具名的单目操作符（-X 文件测试；rand）
	< <= > >= lt le gt ge （"不相等"操作符）
	== != <=> eq ne cmp （"相等"操作符）
左	&
左	| ^
左	&&
左	|| //
	.....

表2-2：操作符的结合性与优先级（从高至低排序）（续）

结合性	操作符
右	?: （条件操作符）
右	= += -= .= （以及类似的赋值操作符）
左	, =>
	列表操作符（向右结合）
右	not
左	and
左	or xor

在这个表格里，任何操作符的优先级都高于列在它下方的所有操作符，并低于列在它上方的所有操作符。如果操作符间的优先级相同，则按照结合性的规则来判断。

当两个优先级相同的操作符抢着使用三个操作数时，优先级便交由结合性解决：

```
4 ** 3 ** 2   # 4 ** (3 ** 2)，得 4 ** 9（向右结合）
72 / 12 / 3   # (72 / 12) / 3，得 6/3，得 2（向左结合）
36 / 6 * 3    # (36 / 6) * 3，得 18
```

在第一个例子里，因为 ** 操作符是向右结合的，所以隐含的括号放在右边；而 * 和 / 是向左结合的，因此隐含的括号放在左边。

是不是该把优先级表背下来呢？不！没人会这么做。要是记不起顺序又懒得查表，直接用括号明确就是了。毕竟，要是你在没有括号的情况下会忘记顺序，那么维护程序的人也会遇到相同的麻烦。所以，还是对他好一点吧：说不定将来那个人就是你自己。

比较操作符

比较数字大小时，Perl 的比较操作符类似于代数系统：<、<=、==、>=、>、!=，这个是符合我们常规逻辑的。这些操作符的返回值要么是真（true），要么是假（false），我们将会在下一节详细讨论这些返回值的含义。这些操作符在 Perl 中的写法和在其他语言中的写法可能略有不同。比如，"相等"用的是 == 而不是单个的 =，因为 = 在 Perl 里表示变量赋值。另外，"不相等"用的是 !=，因为 <> 在 Perl 里另有其义。"大于等于"用的是 >= 而不是 =>，因为后者在 Perl 里也有别的意义。事实上，几乎每一种标点符号的组合在 Perl 里都有特定的用处。所以呢，如果哪天你的灵感突然告竭，就让猫猫在键盘上走个几圈，再进行调试吧。

比较字符串时，Perl 有一系列的字符串比较操作符，看起来像是些奇怪的小单词：
lt、le、eq、ge、gt以及 ne。它们会逐一比对两个字符串里的字符，判定它们是否相同或是哪一个排在前面。请注意，字符在 ASCII 编码或者 Unicode 编码中的顺序并不总是对应于字符本身意义上的顺序。至于如何修正，可以参考第 14 章。

完整的比较操作符（用于数字及字符串的比较）列在表 2-3 。

表2-3：数字与字符串的比较操作符

比较	数字	字符串
相等	==	eq
不等	!=	ne
小于	<	lt
大于	>	gt
小于等于	<=	le
大于等于	>=	ge

来看几个用到这些比较操作符的表达式：

```
35 != 30 + 5         # 假
35 == 35.0           # 真
'35' eq '35.0'       # 假（当成字符串来比较）
'fred' lt 'barney'   # 假
'fred' lt 'free'     # 真
'fred' eq "fred"     # 真
'fred' eq 'Fred'     # 假
' ' gt ''            # 真
```

if 控制结构

学会如何比较两个值后，可以根据比较结果决定下一步流程。和其他程序语言一样，
Perl 也有 if 控制结构，只要条件式为真，就执行语句块中的内容：

```
if ($name gt 'fred') {
  print "'$name' comes after 'fred' in sorted order.\n";
}
```

需要在条件不成立时才执行的内容放在 else 关键字对应的语句块中：

```
if ($name gt 'fred') {
  print "'$name' comes after 'fred' in sorted order.\n";
} else {
```

```
    print "'$name' does not come after 'fred'.\n";
    print "Maybe it's the same string, in fact.\n";
}
```

条件语句中的语句块周围一定要加上表示边界的花括号，这点和 C 语言不同（不管你有没有学过 C）。建议将语句块内的内容向里缩排，使其视觉上成为一个整体，方便阅读。如果用的是专为编程设计的文本编辑器（我们之前在第 1 章中提过），它一般都会自动完成缩进。

布尔值

其实，任何标量值都可以成为 if 控制结构里的判断条件。如果把表达式返回的真或假值保存到变量中，那么在判断时可以直接检查该变量的值，可读性更强：

```
$is_bigger = $name gt 'fred';
if ($is_bigger) { ... }
```

但 Perl 是如何决断给定值的真假呢？和其他语言不同，Perl 并没有专用的布尔（Boolean）数据类型，它是靠一些简单的规则来判断的：

- 如果是数字，0 为假；所有其他数字都为真。

- 如果是字符串，空字符串（''）以及字符串'0'为假；所有其他字符串都为真。

- 如果变量还未被赋值，那么返回假。

要取得相反的布尔值，可以用！这个单目取反操作符。若它后面的操作数为真，就返回假；若后面的操作数为假，则返回真：

```
if (! $is_bigger) {
  # 如果 $is_bigger 不为真，则执行这里的代码
}
```

这里还有一个小技巧，由于！会颠倒真假值，并且 Perl 又没有专门的布尔类型的变量，所以！总是会返回某个代表真假的标量值。而数字 1 和 0 都是非常自然的表示真假的标量值，所以人们常常喜欢把布尔值归一化到这两个值来表示。转换过程只是利用了连续两次的！反转操作，得到表示布尔值的变量：

```
$still_true  = !! 'Fred';
$still_false = !! '0';
```

不过，相关文档中从未说明一定就是返回 1 或 0，但我们觉得将来也应该不会有变化。

获取用户输入

此刻你大概已经相当好奇，如何让 Perl 程序读取从键盘输入的值。最简单的方式就是使用行输入操作符 `<STDIN>`。

 这里的 `<STDIN>` 实际上是对应于文件句柄 STDIN 的行输入操作符。关于文件句柄的内容，我们会在第 5 章介绍。

每次代码运行到出现 `<STDIN>` 的时候，Perl 就会从标准输入设备读取完整的一行标量值，也就是第一个换行符前所有的内容，这个内容就成为 `<STDIN>` 位置上的值。标准输入可以有多种输入源，默认是来自键盘的用户输入，也就是运行程序的人提供的信息。如果 `<STDIN>` 没有可读取的内容，Perl 程序就会停下来等待用户输入，直到看到换行符（也就是按下回车键）为止。

从 `<STDIN>` 读取的字符串是包含末尾的换行符的。所以我们可以利用这点，判断输入的是否为空行：

```
$line = <STDIN>;
if ($line eq "\n") {
  print "That was just a blank line!\n";
} else {
  print "That line of input was: $line";
}
```

实际应用时，我们往往不想保留末尾的那个换行符，需要用 `chomp()` 操作符将其去掉。

chomp 操作符

刚了解 chomp() 操作符时，大家都会奇怪为什么要设计这样一个用途专一的操作符，因为它能做的事情相当有限，也就是去掉字符串末尾的换行符，如果没有，就啥都不干。看例子：

```
$text = "a line of text\n"; # 或者从 <STDIN> 读取的带换行符的输入
chomp($text);                # 去掉末尾换行符
```

但存在即合理，慢慢你会发现基本上每个程序都会用到它。这种写法简单直白，没有多余的内容。更进一步地，由于 Perl 可以将任何一个使用变量的地方都写成赋值的形式，所以上面的代码可以合并为一条，即先赋值，再直接处理赋值得到的变量。所以 chomp() 更常见的用法是：

```
chomp($text = <STDIN>); # 读取不带换行符的输入

$text = <STDIN>;         # 效果同上……
chomp($text);            # ……但要分两步
```

看起来好像合并的写法并不简单，反而变复杂了。如果你把它看作先后两个操作，即先赋值，再去掉换行符，那么写作两步确实比较自然。但如果你把它看作一个操作，即读取不带换行符的输入内容，那么写作一行更加自然。绝大部分 Perl 程序员都喜欢后者，所以很快你也会习惯这么写的。

chomp() 本质上是函数。作为一个函数，它有自己的返回值。chomp() 返回的是实际移除的字符数，但这个数字几乎没用：

```
$food = <STDIN>;
$betty = chomp $food; # 会得到返回值 1——不过我们早就知道了！
```

这里用 chomp() 时没加括号。对于函数而言，这种括号基本都是可加可不加的，这是 Perl 的另一项惯例：除非去掉括号会改变表达式的意义，否则括号可以省略。

如果字符串后面有两个以上的换行符，chomp() 只去掉最后那个；如果末尾没有换行符，就啥也不干并返回0。基本上，我们不用关心 chomp() 的返回值。

while 控制结构

和大部分编程语言一样，Perl 也有好几种循环结构。在 while 循环中，只要条件持续为真，就不断执行块里的程序代码：

```
$count = 0;
while ($count < 10) {
  $count += 2;
  print "count is now $count\n"; # 依次打印值 2 4 6 8 10
}
```

这里的真假值与之前提到的 if 条件语句里的真假值定义相同。代码块外围的花括号也和 if 控制结构的一样必不可少。条件表达式在第一次执行代码块之前就会被求值，所以如果它一开始就为假，里面的循环就会被直接略过。

作为程序员，你总会不小心写出无限循环。终止它的方法和终止其他程序运行一样，告诉操作系统帮你结束它。一般按下 Ctrl＋C 即可退出。如果不行，看下你用的操作系统的相关说明文档。

undef 值

如果还没赋值就用到标量变量，会发生什么？放心，系统不会报错，也绝不会中止程序运行。在首次赋值前，变量的初始值就是特殊的 undef 值，表示未定义（undefined），Perl 不会在意：“既然这里空无一物，那就继续赶路好了。”如果把这个“空无一物”当成数字用，它就会表现得像0；如果当成字符串用，它就会表现得像空字符串。但 undef 本身既不是数字也不是字符串，它完全是一种独立类型的标量值。

既然 undef 作为数字使用时会被视作数字0，我们可以很容易地构造一个数字累加器，在开始累加前完全不用做任何初始化工作：

```
# 累加一些奇数
$n = 1;
while ($n < 10) {
  $sum += $n;
  $n += 2; # 准备好下一个奇数
}
print "The total was $sum.\n";
```

循环开始前，$sum 的初始值是 undef。第一次循环时，$n 的值是 1，所以循环里的第一行会将 $sum 的值加上 1。由于我们把 undef 当成数字用，相当于 0，所以累加的结果就是 1。此后，变量被确定为数字类型，后面的运行一如往常。

同样的道理，串接字符串时也不用刻意初始化：

```
$string .= "more text\n";
```

如果 $string 的值起初是 undef，那么这个串接操作的结果就好比是空字符串和 "more text\n" 串接后存入该变量。如果初始值是某个字符串，那么就和以往一样，追加新的部分到字符串末尾。

Perl 程序员经常这样使用新变量，不设置初始值，然后根据需要将其当作数字0或空字符串用。

许多操作符在参数越界或不合理时会返回 undef，然后可能继而返回0或空字符串参与后续的运算。实践中这一般不会带来什么问题，反而很多程序员会利用这种特性来构建程序的运作流程。但你要知道，如果开启警告信息，Perl 会对未定义值的不寻常使用发出警告，因为它猜测这种情况有可能引入意料之外的运行结果。例如复制 undef 变量到另一个变量没问题，但要用 print 将它输出就会引发警告消息。

defined 函数

行输入操作符 <STDIN> 有时会返回 undef。正常情况下，它返回的是读取的一行文本，但若再无数据可读，例如到了文件结尾时，就返回 undef。要判断某个字符串是否为 undef，可以用 defined 函数。如果是 undef，该函数就返回假；否则，即便是空字符串，那也是已定义值的，函数返回真：

```
$next_line = <STDIN>;
if ( defined($next_line) ) {
  print "The input was $next_line";
} else {
  print "No input available!\n";
}
```

如果想创建自己的 undef 值，可以直接使用同名的 undef 操作符：

```
$next_line = undef; # 回到虚无，仿佛从未用过
```

习题

下列习题的解答请参阅第306页上的"第 2 章习题解答"一节：

1. [5] 写一个程序，计算在半径为 12.5 时，圆的周长应该是多少。圆周长是半径的长度乘上 2π（大约是 2 乘以 3.141592654）。计算结果大约是 78.5。

2. [4] 修改上题的程序，让它提示用户键入半径的长度。当用户键入 12.5 时，出来的计算结果应该和上题相同。

3. [4] 修改上题的程序，当用户键入小于0的半径时，输出0，而不是负数。

4. [8] 写一个程序，提示用户键入两个数字（分两行键入），然后输出两者的乘积。

5. [8] 写一个程序，提示用户键入一个字符串及一个数字（分两行键入），然后以数字为重复次数，连续输出字符串（提示：使用 x 操作符）。在用户键入"fred"和"3"时，应该会输出 3 行"fred"；如果用户键入的是"fred"与"299792"，输出结果应该是一大堆。

## 第3章

列表与数组

如果说 Perl 的标量代表的是单数（singular），那正如第 2 章开头所讲，在 Perl 里面代表复数（plural）的就是列表和数组。

列表（list）指的是标量的有序集合，而数组（array）则是存储列表的变量。在 Perl 里，这两个术语常常混用。不过更精确地说，列表指的是数据，而数组指的是存储该数据的变量。列表的值不一定要放在数组里，但每个数组变量都一定包含一个列表（即便是不含任何元素的空列表）。表 3-1 所示的就是一个列表，无论它是否存储在某个数组中。

用于列表和数组的操作有许多都是相通的，正如之前看到的标量值和变量一样，所以我们会同时展开对列表和数组的介绍。但不要忘了两者之间本质上的差异。

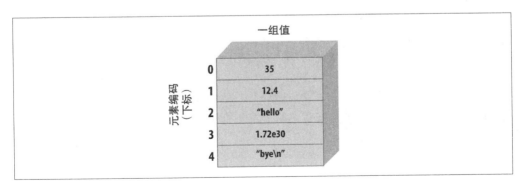

图3-1：包含 5 个元素的列表

数组或列表中的每个元素（element）都是单独的标量值。这些值是有序的，也就是说，从起始元素到终止元素的先后次序是固定的。数组或列表中的每个元素都有相应的整数作为索引（index），此数字从 0 开始递增，每次加 1 。所以数组或列表的头一个元素总是第 0 个元素。

因为每个元素都是独立不相关的标量值，所以列表或数组可能包含数字、字符串、undef 值或是不同类型标量值的混合。不过最常见的还是具有相同类型的一组元素，如由书籍标题组成的列表（全都是字符串），或是由余弦函数值组成的列表（全都是数字）。

数组和列表可以包含任意多个元素。最少的情况是没有任何元素，最多的情况则是把可用的内存全部塞满。这种策略又一次体现了 Perl "既然限制没有意义，不如不作限制"的哲学理念。

访问数组中的元素

如果你在其他语言中用过数组，那当你看到 Perl 用下标数字（subscript）来引用数组元素时，应该习以为常。

数组元素是以连续的整数来编号的，从 0 开始，之后的每个元素依次加 1 ，如下所示：

```
$fred[0] = "yabba";
$fred[1] = "dabba";
$fred[2] = "doo";
```

数组名本身（此例中为 "fred"）与标量使用的名字空间（namespace）是完全分开的。你可以在同一个程序里再取一个名为 $fred 的标量变量，Perl 会将两者当成不同的东西，而不会搞混。（可程序维护员也许会搞混，所以请不要随便将你的变量取相同的名字！）

凡是能够用标量变量的地方，也都可以使用像 $fred[2] 这样的数组元素。举例来说，你可以取出数组元素的值，或者用第 2 章中介绍的各种表达式改变它的值：

```
print $fred[0];
$fred[2] = "diddley";
$fred[1] .= "whatsis";
```

当然，任何求值能得到数字的表达式都可以用作下标。假如它不是整数，Perl会自动舍去小数（不是四舍五入！），无论正负：

```
$number = 2.71828;
print $fred[$number - 1]; # 结果和 print $fred[1] 相同
```

假如下标超出数组的末尾，则对应的值将会是 undef。这点和一般的标量相同，如果从来没有对标量变量进行过赋值，它的值就是 undef：

```
$blank = $fred[ 142_857 ]; # 未使用的数组元素，会得到 undef
$blanc = $mel;             # 未使用的标量 $mel，也会得到 undef
```

特殊的数组索引

假如你对索引值超过数组末尾的元素进行赋值，数组将会根据需要自动扩展——只要有可用的内存分配给 Perl，数组的长度是没有上限的。如果在扩展过程中需要创建增补元素，那么它们的默认取值为 undef：

```
$rocks[0]  = 'bedrock';      # 一个元素……
$rocks[1]  = 'slate';        # 又一个……
$rocks[2]  = 'lava';         # 再来一个……
$rocks[3]  = 'crushed rock'; # 再来一个……
$rocks[99] = 'schist';       # 现在有 95 个 undef 元素
```

有时候，你会想要找出数组里最后一个元素的索引值。对正在使用的数组 rocks 而言，最后一个元素的索引值是 $#rocks。但这个值比数组元素的个数少 1，因为还有一个编号为 0 的元素：

```
$end = $#rocks;                  # 99，也就是最后一个元素的索引值
$number_of_rocks = $end + 1;     # 正确，但后面会看到更好的做法
$rocks[ $#rocks ] = 'hard rock'; # 最后一块石头
```

最后一个例子里，把 $#name 当成索引值的做法十分常见，所以 Larry 为我们提供了简写：从数组末尾往回计数的"负的数组索引值"。不过，超出数组大小的负索引值是不会绕回来的。假如你在数组中有 3 个元素，则有效的负索引值为 -1（最后一个元素）、-2（中间的元素）以及 -3（第一个元素）。如果你用 -4 或者再往后的索引值，只会得到 undef 而不会绕回到数组尾部。实践中，似乎没有人会使用 -1 以外的负索引值：

```
$rocks[ -1 ]  = 'hard rock';    # 和上面最后一个例子相同，但更简单
$dead_rock    = $rocks[-100];   # 得到 'bedrock'
$rocks[ -200 ] = 'crystal';     # 致命错误!
```

列表直接量

列表直接量（也就是在程序代码中表示一列数据的写法）可以由小括号内用逗号隔开的一串数据表示，而这些数据就称为列表元素。比如：

```
(1, 2, 3)        # 包含 1、2、3 这三个数字的列表
(1, 2, 3,)       # 相同的三个数字（末尾的逗号会被忽略）
("fred", 4.5)    # 两个元素，"fred" 和 4.5
( )              # 空列表——零个元素
```

如果是某种规律的序列，就不用逐个键入值。范围操作符 .. 可用于自动创建它两侧标量值之间的所有取值，比如：

```
(1..100)          # 从 1 到 100 的整数序列
(1..5)            # 等同于 (1, 2, 3, 4, 5)
(1.7..5.7)        # 同上，小数部分去掉后取范围
(0, 2..6, 10, 12) # 等同于 (0, 2, 3, 4, 5, 6, 10, 12)
```

范围操作符只能从小到大依次累加，所以下面的例子最后得到的是空列表：

```
(5..1)            # 空列表；…… 只能"往上"计数
```

列表直接量的元素可以不必都是常数，它们可以是表达式，在每次用到这些直接量时再被重新计算，比如：

```
($m, 17)        # 两个值：一个是 $m 的当前值，另一个是 17
($m+$o, $p+$q)  # 两个值
($m..$n)        # 按照 $m 和 $n 的当前值确定的列表
(0..$#rocks)    # 之前一节中 rocks 数组的索引序列
```

qw 简写

一个列表可能包含任意取值的元素，就像下面这个列表：

```
("fred", "barney", "betty", "wilma", "dino")
```

这基本上就是些简单的词，在我们写 Perl 程序时经常会用到这样的列表。此时用 qw 简写可以快速输入，免除反复键入引号和逗号，简化定义：

```
qw( fred barney betty wilma dino ) # 和之前的效果相同，但少按了不少键
```

qw 表示 "quoted word（用引号引用的词）"或"quoted by whitespace（用空白引用的词）"，讲法因人而异。不管怎么说，Perl 都会将其当成单引号内的字符串来处理（所以，在 qw 构建的列表中，不能像双引号内的字符串一样使用 \n 或 $fred）。其中的空白字符（如空格、制表符以及换行符）会被抛弃，然后剩下的就是列表的元

素。因为空白字符会被抛弃，所以上面的列表也可以写成这样（我们知道很难看，这里只是为了说明问题）：

```
qw(fred
  barney      betty
wilma dino)  # 效果同上，但空白字符的使用杂乱无章
```

因为 qw 算是一种引用的形式，所以不能将注释放在 qw 列表中。有些人喜欢令每个元素单独成行，这样就能排成一列，查看和增删都非常方便：

```
qw(
    fred
    barney
    betty
    wilma
    dino
)
```

前面两个例子都是用一对圆括号作为定界符（delimiter），其实 Perl 还允许你用任何标点符号作为定界符。常用的写法有：

```
qw! fred barney betty wilma dino !
qw/ fred barney betty wilma dino /
qw# fred barney betty wilma dino #    # 看起来像注释！
```

前后两个定界符也可能不同。如果左边是某个成对符号的开始字符，那么右边必须是对应的关闭字符：

```
qw( fred barney betty wilma dino )
qw{ fred barney betty wilma dino }
qw[ fred barney betty wilma dino ]
qw< fred barney betty wilma dino >
```

如果你需要在被圈引的字符串内使用定界符，那就说明你选错了定界符。不过，在你无法或不希望更换定界符的情况下，还是可以通过反斜线转义来引入这个字符的：

```
qw! yahoo\! google ask msn ! # 将 yahoo! 作为一个元素引入
```

和单引号内的字符串一样，两个连续的反斜线表示一个实际的反斜线：

```
qw( This as a \\ real backslash );
```

Perl 的座右铭是"办法不止一种（There's More Than One Way To Do It）"，但你可能会纳闷：有谁会需要那么多不同的定界符呢？我们之后会看到，Perl 另外还有许多类似的圈引写法，用起来都非常称手。先举个简单例子，如果需要构造一个 Unix 文件名的列表，换作其他定界符就方便多了：

```
qw{
    /usr/dict/words
    /home/rootbeer/.ispell_english
}
```

如果只能以 / 作为定界符的话，上面这样的文件名列表就会变得相当难读，难以维护，甚至引入错误。

列表的赋值

就像标量值可被赋给变量一样，列表值也可以被赋给变量：

```
($fred, $barney, $dino) = ("flintstone", "rubble", undef);
```

左侧列表中的三个变量会依次被赋予右侧列表中对应的值，相当于我们分别做了三次独立的赋值操作。因为列表是在赋值运算开始之前建立的，所以在 Perl 里交换两个变量的值相当容易：

```
($fred, $barney) = ($barney, $fred); # 交换这两个变量的值
($betty[0], $betty[1]) = ($betty[1], $betty[0]);
```

如果等号左边的变量个数不等于右边值的个数，会发生什么情况？对列表赋值时，多出来的值会被悄悄忽略掉——Perl 认为：如果你真的想要将这些值存放起来的话，你必然会先告知存储位置。另一种情况，如果变量的个数多过给定列表值的个数，那多出来的变量将会被设成 undef（或者空列表，稍后解释）：

```
($fred, $barney) = qw< flintstone rubble slate granite >; # 忽略掉末尾两个元素
($wilma, $dino) = qw[flintstone];                         # $dino 的值为 undef
```

明白了列表赋值，你便可以用如下代码来构建一个字符串数组：

```
($rocks[0], $rocks[1], $rocks[2], $rocks[3]) = qw/talc mica feldspar quartz/;
```

不过，当你希望引用整个数组时，Perl 提供了一个比较简单的表示法。只要在数组名之前加上 @ 字符（后面没有索引用的方括号）就可以了。你可以将它读作 "all of the（全部的，所有的）"，所以 @rocks 可以读作 "所有的 rocks"。这种写法在赋值操作符的两边都可以使用：

```
@rocks  = qw/ bedrock slate lava /;
@tiny   = ( );                      # 空列表
@giant  = 1..1e5;                   # 包含 100 000 个元素的列表
@stuff  = (@giant, undef, @giant);  # 包含 200 001 个元素的列表
$dino   = "granite";
@quarry = (@rocks, "crushed rock", @tiny, $dino);
```

最后一行进行的赋值运算会将 @quarry 设成拥有 5 个元素的列表 (bedrock, slate, lava, crushed rock, granite)，因为 @tiny 贡献了 0 个元素给这个列表。请注意，由于空列表里没有任何元素，也就不会有 undef 被赋值到列表中——但是（如果需要 undef）我们也可以显式写明，就像之前对 @stuff 的操作那样。此外，值得注意的是，数组名会被展开成（它所拥有的）元素列表。因为数组只能包含标量，不能包含其他数组，所以数组无法成为列表里的元素。被赋值之前，数组变量的值是空列表，即()。就像标量变量的初始值是 undef 一样，新的或者空的数组的初始值是空列表。

在 *Intermediate Perl* 一书中关于数据结构的章节里，你会学到一种称为引用（reference）的东西，我们往往口头上称之为"列表的列表"，也就是列表中的每个元素都是另一个列表的引用。我们建议阅读 perldsc 文档，你将获益匪浅。

将某个数组复制到另一个数组时，仍然算是列表的赋值运算，只不过这些列表是存储在数组里而已。比如：

```
@copy = @quarry; # 将一个数组中的列表复制到另一个数组
```

pop 和 push 操作符

要新增元素到数组末尾，只需把它存放到具有更高索引值的位置。

数组常用作信息堆栈（stack），我们经常会对数组右边即末尾添加新元素或者去除旧元素。右边是数组索引值升高的方向，所以末尾的索引值最高，针对这个特殊位置的元素，我们经常要做一些处理，所以对应地提供了一些方便操作的函数。把堆栈想象成一叠餐盘，从最上面取走餐盘或者把新餐盘堆上去，道理是相通的（如果你像大多数人一样的话）。

pop 操作符用于提取数组末尾的元素并将此作为返回值：

```
@array   = 5..9;
$fred    = pop(@array);  # $fred 为 9, @array 现在是 (5, 6, 7, 8)
$barney = pop @array;    # $barney 为 8, @array 现在是 (5, 6, 7)
pop @array;              # @array 现在是 (5, 6)。（7 被抛弃了。）
```

最后一行是在空上下文（void context）中使用 pop 操作符。所谓的"空上下文"只不过是表示返回值无处可去的一种说辞。这其实也是 pop 操作符常见的一种用法，用来删除数组中的最后一个元素。

如果数组是空的，pop 什么也不做（因为没有任何元素可供移出），直接返回 undef。

你也许已经注意到了，pop 后面加不加括号都可以。这是 Perl 的惯例之一：只要拿掉括号不会改变原意，括号就可省略。与其对应的是 push 操作符，用于添加一个元素（或是一串元素）到数组末尾：

```
push(@array, 0);        # @array 现在是 (5, 6, 0)
push @array, 8;         # @array 现在是 (5, 6, 0, 8)
push @array, 1..10;     # @array 得到了 10 个新元素
@others = qw/ 9 0 2 1 0 /;
push @array, @others;   # @array 又得到了 5 个新元素（共 19 个）
```

注意，push 的第一个参数或者 pop 的唯一参数必须是要操作的数组变量——对列表直接量进行压入（push）或弹出（pop）操作是没有意义的。

shift 和 unshift 操作符

push 和 pop 操作符处理的是数组的末尾（或者说数组的“右”边，最高下标值的部分，怎么理解都行）；相似地，unshift 和 shift 操作符则是对数组的“开头”（或者说数组的“左”边，最低下标值的部分）进行相应的处理。来看几个例子：

```
@array = qw# dino fred barney #;
$m = shift(@array);     # $m 变成 "dino"，@array 现在是 ("fred", "barney")
$n = shift @array;      # $n 变成 "fred"，@array 现在是 ("barney")
shift @array;           # 现在 @array 变空了
$o = shift @array;      # $o 变成 undef，@array 还是空的
unshift(@array, 5);     # @array 现在仅包含只有一个元素的列表 (5)
unshift @array, 4;      # @array 现在是 (4, 5)
@others = 1..3;
unshift @array, @others; # @array 又变成了 (1, 2, 3, 4, 5)
```

与 pop 类似，对于一个空的数组变量，shift 会返回 undef。

splice 操作符

push-pop 和 shift-unshift 操作符都是针对数组首尾操作的，那么要是希望添加或移除数组中间的某些元素，又该怎么办呢？这正是 splice 操作符要做的事情。它最多可接受 4 个参数，最后两个是可选参数。第一个参数当然是要操作的目标数组，第二个参数是要操作的一组元素的开始位置。如果仅仅给出这两项参数，Perl 会把从给定位置开始一直到数组末尾的全部元素取出来并返回：

```
@array = qw( pebbles dino fred barney betty );
@removed = splice @array, 2; # 在原来的数组中删掉从 fred 开始往后的元素
```

```
                              # @removed 变成 qw(fred barney betty)
                              # 而原先的 @array 则变成 qw(pebbles dino)
```

我们可以通过第三个参数指定要操作的元素长度。请再读一遍这句话，很多人想当然
以为第三个参数是结束位置，但实际并非如此，它表示要操作的元素个数，亦即长
度。通过这个参数，我们就可以删掉数组中间的一个片段：

```
@array = qw( pebbles dino fred barney betty );
@removed = splice @array, 1, 2; # 删除 dino 和 fred 这两个元素
                              # @removed 变成 qw(dino fred)
                              # 而 @array 则变成 qw(pebbles barney betty)
```

第四个参数是要替换的列表。之前我们看到的都是如何从现有的数组拿走元素，其实
你也可以补充新元素到原来的数组中。新加入列表的长度并不一定要和拿走的元素片
段一样长：

```
@array = qw( pebbles dino fred barney betty );
@removed = splice @array, 1, 2, qw(wilma); # 删除 dino 和 fred
                              # @removed 变成 qw(dino fred)
                              # @array 变成 qw(pebbles wilma barney betty)
```

实际上，添加元素列表并不需要预先删除某些元素。把表示长度的第三个参数设为
0，即可不加删除地插入新列表：

```
@array = qw( pebbles dino fred barney betty );
@removed = splice @array, 1, 0, qw(wilma); # 什么元素都不删
                              # @removed 变为 qw()
                              # @array 变为 qw(pebbles wilma dino fred barney
                              betty)
```

注意，wilma 出现在 dino 之前的位置上。Perl 从索引位置 1 的地方插入新列表，然后
顺移原来的元素。

可能 splice 看起来并不起眼，但在其他语言中，要实现相同功能并不轻松。许多人
为了达到相同目的，使用各种复杂概念和技术，比如链表什么的，但这无疑是把程序
员的时间浪费在低层次的数据处理上，既不合理也不高明。Perl 可以帮你搞定这些。

字符串中的数组内插

和标量一样，数组的内容同样可以内插到双引号引起的字符串中。内插时，会在数组
的各个元素之间自动添加分隔用的空格：

```
@rocks = qw{ flintstone slate rubble };
print "quartz @rocks limestone\n";  # 打印 5 种以空格隔开的石头名
```

数组被内插后，首尾都不会增添额外空格；若真的需要，自己动手加吧：

```
print "Three rocks are: @rocks.\n";
print "There's nothing in the parens (@empty) here.\n";
```

要是你忘记了数组内插是这样写的，那么当你把电子邮件地址放进双引号内时，可能
会大吃一惊：

```
$email = "fred@bedrock.edu";  # 错！这样会内插 @bedrock 这个数组
```

尽管我们只想显示电子邮件地址，Perl 却看到了一个叫做 @bedrock 的数组，继而尝
试将之内插。对于某些版本的 Perl，我们会看到这样的警告信息：

```
Possible unintended interpolation of @bedrock
```

要规避这种问题，要么将 @ 转义，要么直接用单引号来定义字符串：

```
$email = "fred\@bedrock.edu"; # 正确
$email = 'fred@bedrock.edu';  # 另一种写法，效果相同
```

内插数组中的某个元素时，会被替换成该元素的值，比如：

```
@fred = qw(hello dolly);
$y = 2;
$x = "This is $fred[1]'s place";    # 得到 "This is dolly's place"
$x = "This is $fred[$y-1]'s place"; # 效果同上
```

请注意，索引表达式（index expression）会被当成普通表达式计算，就像它在字符串
之外一样。该表达式中的变量不会被内插。也就是说，假如 $y 包含字符串 "2*4"，索
引结果仍然为 1，而非 7。因为 "2*4" 被看作数字（在数值表达式中 $y 的值）时相当
于数字 2。

如果要在某个标量变量后面接着写左方括号，你需要先将这个方括号隔开，它才不至
于被识别为数组引用的一部分。做法如下：

```
@fred = qw(eating rocks is wrong);
$fred = "right";                     # 我们想要说 "this is right[3]"
print "this is $fred[3]\n";          # 用到了 $fred[3]，打印 "wrong"
print "this is ${fred}[3]\n";        # 打印 "right" （用花括号避开歧义）
print "this is $fred"."[3]\n";       # 还是打印 right （用分开的字符串）
print "this is $fred\[3]\n";         # 还是打印 right （用反斜线避开歧义）
```

foreach 控制结构

为了能处理整个数组或列表内的数据，Perl 提供了 foreach 控制结构，它能逐项遍历
列表中的值，依次提取使用：

```
foreach $rock (qw/ bedrock slate lava /) {
  print "One rock is $rock.\n";   # 依次打印所有三种石头的名称
}
```

每次循环迭代时，控制变量（control variable，即此例中的 $rock）都会从列表中取得新值。第一次执行时，控制变量的值是 "bedrock"；第三次时，控制变量的值是 "lava"。

控制变量并不是列表元素的复制品——实际上，它就是列表元素本身。也就是说，假如在循环中修改了控制变量的值，也就同时修改了这个列表元素，如同下面的代码片段所示。这种设计很有效，也被广泛认可，但如果你没有准备，运行结果可能出乎你的意料：

```
@rocks = qw/ bedrock slate lava /;
foreach $rock (@rocks) {
  $rock = "\t$rock";       # 在 @rocks 的每个元素前加上制表符
  $rock .= "\n";           # 同时在末尾加上换行符
}
print "The rocks are:\n", @rocks; # 各自占一行，并使用缩排
```

当循环结束后，控制变量的值会变成什么？它仍然是循环执行之前的值。Perl 会自动存储 foreach 循环的控制变量并在循环结束之后还原。在循环执行期间，我们无法访问或改变已存储的值，所以当循环结束时，变量仍然保持循环前的值；如果它之前从未被赋值，那就仍然是 undef：

```
$rock = 'shale';
@rocks = qw/ bedrock slate lava /;

foreach $rock (@rocks) {
  ...
}

print "rock is still $rock\n"; # 打印 'rock is still shale'
```

也就是说，假如你想将循环的控制变量取名为 $rock 的话，不必担心之前是否用过同名的变量。在第 4 章介绍了子程序之后，我们会提供更好的处理方法。

 注意，这里出现的三个点（...）是在 Perl 5.12 之后支持的新写法，它的意思就是占位。代码可以编译，但运行到这个地方时就会抛出错误，提示有未完成的代码。另外还有一个表示范围的操作符也是三个点。但既然这里的三个点两边留白，显然不是表示范围，所以是占位符，又叫 *yada yada* 操作符。

Perl 最喜欢用的默认变量：$_

假如在 foreach 循环开头省略控制变量，Perl 就会用它最喜欢用的默认变量 $_。这个变量除了名称比较特别以外，和其他标量变量（几乎）没什么差别。比如：

```
foreach (1..10) {  # 默认会用 $_ 作为控制变量
  print "I can count to $_!\n";
}
```

Perl 有许多默认变量，而这是最常用的一个。之后我们会看到，大部分情况下如果不加说明，Perl 默认使用 $_，这样程序员就不用每次都来回键入新变量的名字。比如上例中的 print 函数，如果不给什么参数，那它就会打印 $_ 的值：

```
$_ = "Yabba dabba doo\n";
print;  # 默认打印 $_
```

reverse 操作符

reverse 操作符会读取列表的值（一般来自数组），并按相反次序返回新的列表。所以如果你之前对范围操作符（..）只能递增计数感到不满的话，可以用它解决：

```
@fred   = 6..10;
@barney = reverse(@fred);  # 返回 10, 9, 8, 7, 6
@wilma  = reverse 6..10;   # 同上，但无需额外的数组
@fred   = reverse @fred;   # 倒序后保存到原来的数组
```

值得注意的是，最后一行用了两次 @fred。Perl 总是在赋值前先计算等号右边的表达式。

请记住，reverse 只是返回倒序后的列表，它不会修改给它的参数。假如返回值无处可去，那这种操作也就变得毫无意义：

```
reverse @fred;          # 错误的用法，这不会使数组内容倒序
@fred = reverse @fred;  # 这就对了
```

sort 操作符

sort 操作符会读取列表的值（一般来自数组），并按字符的内部编码顺序对它们排序。对字符串而言，就是字符在计算机内部表示的代码点。在以往 Perl 尚未完整支持 Unicode 的时候，排序仅仅按 ASCII 码的大小进行。现在支持 Unicode 后，延续了原来的按 ASCII 码排序的编码顺序，同时还为其他各式字符设置了代码点并依此排序。所以结果有些古怪：大写字符排在小写字符前面，数字排在字母之前，而标点符号则散落各处。不管是否合乎逻辑，按代码点大小排序只是默认行为。在第 14 章里，我

们将会看到如何按自定规则排序。sort 操作符只负责读取某个列表，对它排序，继而返回排序后的新列表。来看几个例子：

```
@rocks   = qw/ bedrock slate rubble granite /;
@sorted  = sort(@rocks);        # 返回 bedrock, granite, rubble, slate
@back    = reverse sort @rocks; # 逆序，从 slate 到 bedrock 排列
@rocks   = sort @rocks;         # 将排序后的结果存到原数组 @rocks
@numbers = sort 97..102;        # 得到 100, 101, 102, 97, 98, 99
```

从最后一个例子可以看出，将数字当成字符串来排序，这样的结果显然不对。按默认排序规则，任何以 1 开头的字符串会被排在以 9 开头的字符串之前。此外，排序操作和 reverse 操作一样，不会修改原始参数，只是返回新的列表。所以要对数组排序，就必须将排序后的结果存回数组：

```
sort @rocks;            # 错误，这不会修改 @rocks
@rocks = sort @rocks;   # 现在收集到的石头从小到大排好了
```

each 操作符

从 Perl 5.12 开始，已经可以针对数组使用 each 操作符了。但在此之前，each 只能用于提取哈希的键－值对，有关哈希的内容我们留到第 6 章再讲。

每次对数组调用 each，会返回数组中下一个元素对应的两个值——数组索引与元素值：

```
require v5.12;

@rocks = qw/ bedrock slate rubble granite /;
while( ( $index, $value ) = each @rocks ) {
    print "$index: $value\n";
}
```

注意，这里我们使用了 require，因为 use v5.12 会默认启用"严格（strict）"模式。在第 4 章之前，我们暂时不用关心如何处理这个问题，先这样写。不用担心，学完下一章你就会弄清楚。

如果不用 each，就得自己根据索引从小到大依次遍历，然后借助索引取得元素值：

```
@rocks   = qw/ bedrock slate rubble granite /;
foreach $index ( 0 .. $#rocks ) {
    print "$index: $rocks[$index]\n";
}
```

哪种更方便得看你的具体需求。够用就好。

标量上下文与列表上下文

这是本章最重要的一节，甚至也是本书最重要的一节。就算说你的 Perl 水平基本取决于对本节内容的了解程度，也毫不夸张。所以，如果之前你都是随便翻阅的话，现在该集中注意力了。

这并不是说本节有多么难懂，其实这里的概念非常简单：同一个表达式出现在不同的地方时会有不同的意义。你应该不会陌生，因为在自然语言里，这种情况随处可见。以英语为例，假如有人问你单词"read"代表什么意思，你一定很难简单回答，因为用在不同的地方，表达的意思可能会不同。除非你知道上下文（context），否则没法确认它的准确含义。

所谓上下文，指的是如何使用表达式。实际上你已经看到过许多针对数字和字符串的上下文操作了。比如按照数字进行操作时得到的就是数字结果，而按照字符串进行操作时返回的则是字符串结果。并且，起到决定性因素的是操作符，而不是被操作的各种变量或直接量。2*3 中的 * 作为对数字的乘法运算符号，得到的结果就是数字 6，而 2×3 中的 × 则表示字符串重复操作，所以得到的结果是字符串 222。这就是上下文在起作用。

当 Perl 在解析表达式时，要么希望它返回一个标量值，要么希望它返回一个列表值。表达式所在的位置，Perl 期望得到什么，那就是该表达式的上下文：

```
42 + something # 这里的 something 必须是标量
sort something # 这里的 something 必须是列表
```

这就像我们平时说的口语。如果我犯了一个语法错误，你会马上发现，因为按照语法在某个特定的位置就应该是某个特定的词。最终，你也会习惯以这样的方式使用 Perl。作为初学者，请先认真体会下，并按这个上下文思考一番。

实际上就算 *something* 这个单词的拼写保持不变，有时返回的是单个标量值，有时返回的却是列表，这取决于上下文。在 Perl 里面，表达式总是按照需要的上下文返回对应的值。以数组的"名称"为例，在列表上下文中返回元素列表，在标量上下文中则返回数组的元素个数：

```
@people = qw( fred barney betty );
@sorted = sort @people;  # 列表上下文: barney, betty, fred
$number = 42 + @people;  # 标量上下文: 42 + 3 得 45
```

即使是普通的赋值运算（对标量或列表赋值），都可以有不同的上下文：

```
@list = @people; # 得到 3 个人的姓名列表
$n = @people;    # 得到人数 3
```

但请不要立刻得出结论，认为在标量上下文中一定会得到元素个数而非元素列表。许多能返回列表的表达式会有各种丰富有趣的行为。

其实"产生列表"的表达式和"产生标量"的表达式之间并无不同，任何表达式都可以产生列表或标量，根据上下文而定。因此当我们说"产生列表的表达式"时，我们指的是该表达式通常被用在列表上下文中。所以当它们不小心被用在标量上下文中时（像 reverse 或 @fred），你可能会因此感到惊讶。

不光如此，从我们积累的经验来看，仅仅通过对表达式形式上的判断，是无法归纳出一个通用法则来的。每一个表达式都可能有它自己的特定规则。所以，实际上能够概括的规则也就是：哪种上下文更有意义，就应该是哪种上下文。但其实记住这条规则并没什么用。Perl 是一种会尽量帮你完成常见任务的语言，往往它的选择就是你想要的结果。

在标量上下文中使用产生列表的表达式

有些经常被用来生成列表的表达式如果用在标量上下文中，结果会怎样？这要看表达式的缔造者怎么说，这个人基本上就是 Larry 了，他会在说明文档里详细解释。其实学习 Perl 的大部分时间都是在学习 Larry 的思维方式。因此，只要能以他的思考方式出发，就能大致推测 Perl 接下来会怎么做。但在初学阶段，请多翻多读说明文档。

某些表达式在标量上下文中不会返回任何值。比如，sort 在标量上下文中会返回什么？没人需要知道排序后的元素个数，所以除非有所修订，否则 sort 在标量上下文中总是返回 undef。

另一个例子是 reverse。在列表上下文中，它很自然地返回逆序后的列表；在标量上下文中，则返回逆序后的字符串（先将列表中所有字符串全部连接到一起，再对结果中的每一个字符作逆序处理）：

```
@backwards = reverse qw/ yabba dabba doo /;
    # 会得到 doo, dabba, yabba
$backwards = reverse qw/ yabba dabba doo /;
    # 会得到 oodabbadabbay
```

刚开始时，往往很难一眼看出某个表达式到底是在标量上下文还是在列表上下文中。但请相信我们，这种直觉终将成为你的第二天性。

作为起步，下面列出一些常见的上下文：

```
$fred = something;                 # 标量上下文
@pebbles = something;              # 列表上下文
($wilma, $betty) = something;      # 列表上下文
($dino) = something;               # 还是列表上下文!
```

不要被只有一个元素的列表给蒙骗了，最后一个例子是列表上下文而不是标量上下文。这里的括号非常重要，使得第四行和第一行完全不同。如果是给列表赋值（不管其中元素的个数），那就是列表上下文。如果是给数组赋值，那还是列表上下文。

下面列出的是之前看到过的表达式以及各表达式的上下文，我们分成两组，第一组是标量上下文中使用 *something* 的例子：

```
$fred = something;
$fred[3] = something;
123 + something
something + 654
if (something) { ... }
while (something) { ... }
$fred[something] = something;
```

第二组是列表上下文中的例子：

```
@fred = something;
($fred, $barney) = something;
($fred) = something;
push @fred, something;
foreach $fred (something) { ... }
sort something
reverse something
print something
```

在列表上下文中使用产生标量的表达式

处理方式直白简单：如果表达式求值结果为标量值，则自动产生一个仅含此标量值的列表：

```
@fred = 6 * 7; # 得到仅有单个元素的列表 (42)
@barney = "hello" . ' ' . "world";
```

这里可能有个小陷阱。由于 undef 是标量值，所以把 undef 赋值给数组并不会清空数组，得到的还是一个数组，内含一个空值元素。要清空数组，请直接赋予一个空列表：

```
@wilma = undef; # 糟糕! 得到的是单个元素的列表，元素值为undef
    # 这和下面的做法效果完全不同：
```

```
@betty = ( );      # 这才是清空数组的正确方法
```

强制指定标量上下文

有时在 Perl 列表上下文的地方我们需要强制引入标量上下文，此时可以使用伪函数 scalar，它不是真正的函数，只用于告诉 Perl 这里要切换到标量上下文：

```
@rocks = qw( talc quartz jade obsidian );
print "How many rocks do you have?\n";
print "I have ", @rocks, " rocks!\n";       # 错误，这会输出各种石头的名称
print "I have ", scalar @rocks, " rocks!\n"; # 正确，打印出来的是石头种数
```

说来也怪，Perl 没有强行引入列表上下文的对应函数。原因很简单，因为你根本用不到，相信我们。

列表上下文中的 <STDIN>

之前我们看到 <STDIN> 操作符在列表上下文中会返回不同的值。在标量上下文中，<STDIN> 返回的是输入数据的下一行内容；在列表上下文中，返回的则是所有剩下行的内容，一行一个元素，直到文件结尾。比如：

```
@lines = <STDIN>; # 在列表上下文中读取标准输入
```

当输入数据来自某个文件时，它会读取文件的剩余部分。但如果输入数据的来源是键盘，应该如何发送文件结束符呢？对 Unix 或类似系统（包括 Linux 和 Mac OS X）来说，一般是键入 Ctrl+D 来告知系统，不会再有任何输入了。即使这个特殊字符会被打印在屏幕上，Perl 也不会看到它，因为这是操作系统层面处理的事情。对 DOS/Windows 系统来说，对应的按键是 Ctrl+Z。如果你用的是其他操作系统，请查看系统说明文档或找身边的专家咨询。

DOS/Windows 上的某些 Perl 版本有个缺陷：按下 Ctrl+Z 后，在屏幕上输出的第一行会被盖掉。在这些系统上，你可以在读取输入后打印一个空白行（即 "\n"）来解决这个问题。

如果运行程序的人在键入三行数据后，通过对应按键告知系统输入完毕（到达文件末尾），最后得到的数组就会包含三个元素。每个元素都是一个以换行符结尾的字符串，因为这些换行符也是输入的内容。

如果在读取这些数据行时，能一次性去掉所有换行符岂不更好？可以直接把数组交给 chomp，它会自动去掉每个元素的换行符。例如：

```
@lines = <STDIN>; # 一次读取所有行的内容
chomp(@lines);    # 然后去掉所有换行符
```

不过更常见的做法是按之前介绍的风格写成：

```
chomp(@lines = <STDIN>); # 一次读入所有行，换行符除外
```

你喜欢怎么写都行，但大部分 Perl 程序员都会倾向于第二种写法，因为够紧凑。

输入数据一经读取，就无法回头再读一次。这个设计是符合我们平时的使用习惯的。一直读，读到文件结尾，读取结束。这样方便逐行处理，或者将数据统统拿到手后一次性处理。

如果读入的一个 4 TB 大小的日志文件，会怎样？行输入操作符会读取所有行并占用大量内存。Perl 不会限制你做这种事，但系统的其他用户（当然还有系统管理员）很可能会抗议。如果需要读取大量数据，就该选择合理方式，避免一次加载全部数据到内存。

习题

以下习题答案见第309页上的"第 3 章习题解答"一节：

1. [6] 写一个程序，读入一些字符串，每行一个，直到文件结尾为止。然后，再以相反顺序输出这个列表。假如输入来自键盘，你需要在 Unix 系统上键入 Control+D 或在 Windows 系统上键入 Control+Z 来表示输入的结束。

2. [12] 写一个程序，读入一些数字，每行一个，直到文件结尾为止。然后，根据每一个数字输出如下名单中相应的人名（请将这份名单写到程序里，也就是说，你的程序代码里应该出现这份名单）。要求是，如果输入的数字是 1、2、4 和 2，那么输出的人名将是 fred、betty、dino 和 betty：

   ```
   fred betty barney dino wilma pebbles bamm-bamm
   ```

3. [8] 写一个程序，读入一些字符串，每行一个，直到文件结尾为止。然后，将所有字符串按代码点排序后输出。也就是说，如果键入的是 fred、barney、wilma、betty，输出应该显示 barney betty fred wilma。思考一下，所有字符串可以并在一行输出吗？或者分别在不同行输出？你能分别实现这两种输出方式吗？

## 第4章

子程序

我们已经用过一些内置的系统函数，像 chomp、reverse 和 print 之类。但是，和其他语言一样，Perl 也支持创建用户自己的子程序（subroutine），以方便重复调用某段代码。子程序的名字属于 Perl 标识符的一种（即只能以字母、数字和下划线组成，同时不能以数字开头），有些情况下，调用子程序时会在其名字前加上与号（&），表示调用动作。关于何时必须（何时可选）使用这个 &，其实是有准则的，我们将在本章末尾再说明。目前就采取保险的做法，都加上。当然，碰到不能使用的情况时我们会解释。

子程序名归属于独立的名字空间，这样 Perl 就不会把同一段代码中同名的子程序 &fred 和标量 $fred 搞混。实际写代码时一般不会这么干，一个是名词性的，一个是动词性的，但我们这里要说明的是，它们分属于各自的名字空间，就算同名也没事。

定义子程序

要定义自己的子程序，先用关键字 sub 开头，再写上子程序名（名字是不含 & 的），然后写上花括号，封闭在其中的代码块就是子程序的主体。例如：

```perl
sub marine {
  $n += 1;  # 全局变量 $n
  print "Hello, sailor number $n!\n";
}
```

子程序可以被定义在程序中的任意位置，有 C 或 Pascal 等语言背景的程序员喜欢将子程序的定义放在文件的开头。也有人喜欢将它们放在文件的结尾，从而使程序主体出现在开头部分。你可以随意选择采用哪种风格。不管怎样，你都不需要对子程序进行事先声明。子程序的定义是全局的，除非你使用一些强有力的技巧，否则不存在所谓的私有子程序。假如你定义了两个重名的子程序，那么后面的子程序会覆盖掉前面的那个。如果启用了警告功能，Perl 会告诉你有子程序被重复定义。一般来说，重名总归是不够妥当的做法，也会让程序维护员感到困惑。

 我们不会深入讨论不同包内的同名子程序，但我们的另一本书 *Intermediate Perl* 中会有说明。

正如你在之前的例子中看到的，你可以在子程序主体中使用任何全局变量。事实上，目前你见过的所有变量都是全局的。这就是说，你可以在你的程序的任何位置访问这些变量。很多语言学的好事者可能会为此感到震惊，但 Perl 开发组很多年前就组织了一众手持火把的愤青，把这些好事者赶出群。我们稍后会在"子程序中的私有变量"一节中学到如何建立私有变量。

调用子程序

在任意表达式中，子程序名前加上 & 就表示调用这个子程序：

```
&marine;  # 打印 Hello, sailor number 1!
&marine;  # 打印 Hello, sailor number 2!
&marine;  # 打印 Hello, sailor number 3!
&marine;  # 打印 Hello, sailor number 4!
```

通常，我们称之为调用（calling）子程序。本章会陆续介绍其他调用子程序的方式。

返回值

子程序被调用时一定是作为表达式的某个部分，即使该表达式的求值结果不会被用到。之前我们在调用 &marine 时，先对包含调用动作的表达式求值，但之后把结果丢弃了。

很多时候，我们调用某个子程序是要对它的计算结果作进一步处理，这个结果就是子程序的返回值。在 Perl 中，所有子程序都有一个返回值——子程序并没有"有返回值"或"没有返回值"之分。但并非所有返回值都有用，这要看具体进行的是什么操作。

既然任何 Perl 子程序都有返回值，那每次都写返回值表达式就显得费时费力。所以 Larry 将之简化为子程序执行过程中最后一次运算的结果，不管它是什么都会被自动当作返回值。

比如我们定义下面这个子程序，最后一步是一个加法表达式：

```perl
sub sum_of_fred_and_barney {
  print "Hey, you called the sum_of_fred_and_barney subroutine!\n";
  $fred + $barney;  # 这就是返回值
}
```

这个子程序里最后执行的表达式就是计算 $fred 与 $barney 的总和。因此，$fred 与 $barney 的总和就是返回值。以下是实际运行的情况：

```perl
$fred   = 3;
$barney = 4;
$wilma  = &sum_of_fred_and_barney;       # $wilma 为 7
print "\$wilma is $wilma.\n";

$betty  = 3 * &sum_of_fred_and_barney;  # $betty 为 21
print "\$betty is $betty.\n";
```

这段代码会输出以下内容：

```
Hey, you called the sum_of_fred_and_barney subroutine!
$wilma is 7.
Hey, you called the sum_of_fred_and_barney subroutine!
$betty is 21.
```

此处的print语句只用于协助调试，让我们得以确定该子程序被调用到了，程序完工后便可将它删除。不过，假设你在这段程序代码的结尾新增一条print语句，像这样：

```perl
sub sum_of_fred_and_barney {
  print "Hey, you called the sum_of_fred_and_barney subroutine!\n";
  $fred + $barney; # 这不是返回值!
  print "Hey, I'm returning a value now!\n";      # 糟糕!
}
```

最后执行的表达式并非加法运算，而是 print 语句。它的返回值通常是 1，表示"成功输出信息"，但它不是我们真正想要返回的值。所以在子程序里增加额外的程序代码时，请小心检查最后执行的表达式是哪一个，确定它是你要的返回值。

print 语句返回的是执行结果，成功执行返回真，否则返回假。至于如何判断失败类型，我们会在第 5 章介绍。

那么第二个（不完善的）子程序中 $fred 与 $barney 相加的结果怎样了？我们并没有将总和存储起来，所以 Perl 会丢弃它。启用警告功能时，Perl（注意，将两数相加的结果丢弃是毫无用处的）可能会显示"a useless use of addition in a void context"之类的信息来警告你。其中的术语"*void context*（空上下文）"表示运算结果未被使用，既没有存储到变量里，也未被任何函数使用。

"最后执行的表达式"的准确含义真的就是最后执行的表达式，而非子程序的最后一个语句。比如下面这个子程序，它会返回 $fred 和 $barney 两者中值较大者：

```
sub larger_of_fred_or_barney {
  if ($fred > $barney) {
    $fred;
  } else {
    $barney;
  }
}
```

最后执行的表达式是自成一行的 $fred 或 $barney，所以它们将充当子程序的返回值。必须等到执行阶段得知这些变量的内容后，我们才会知道返回值到底是 $fred 还是 $barney。

目前为止都还只是些示例而已。接下来会介绍如何在每次调用子程序时传入不同的值，而不再依靠全局变量。使用传入参数才是我们最终的实际用法。

参数

假如子程序larger_of_fred_or_barney不强迫我们一定用全局变量$fred和$barney，那么使用上会更灵活。在目前的情况下，假如我们想从 $wilma 和 $betty 中取出较大值，必须先将它们复制到 $fred 和 $barney，才可以使用子程序 larger_of_fred_or_barney。此外，假如别处需要用到 $fred 和 $barney 原本的值，我们还得先将它们复制到其他变量，比方说 $save_fred 和 $save_barney。然后当子程序执行完毕后，我们又必须将这些值放回 $fred 和 $barney。

还好，Perl 子程序支持参数传入。要传递参数列表到子程序里，只要在子程序调用的后面加上括在括号内的列表表达式就行了。比如：

```
$n = &max(10, 15);  # 包含两个参数的子程序调用
```

参数列表将被传入子程序，让子程序随意使用。当然，得先将这个列表存在某处，Perl 会自动将参数列表存储在名为 @_ 的特殊数组变量中，该变量在子程序执行期间有效。子程序可以访问这个数组来判断参数的个数和参数值。

这表示子程序的第一个参数存储于 $_[0]，第二个参数存储于 $_[1]，以此类推。但是，请特别注意，这些变量和 $_ 变量毫无关联，就像 $dino[3]（数组 @dino 中的元素之一）与 $dino（一个独立的标量变量）毫无关联一样。参数列表总得存进某个数组变量里，好让子程序使用，而 Perl 将这个数组叫做 @_，仅此而已。

现在，你可以写一个类似于&larger_of_fred_or_barney的子程序 &max，但可以使用子程序的第一个参数（$_[0]）而不用 $fred，也可以用子程序的第二个参数（$_[1]）而不用 $barney。因此，最后你可以写成这样：

```
sub max {
  # 请比较它和子程序 &larger_of_fred_or_barney 的差异
  if ($_[0] > $_[1]) {
    $_[0];
  } else {
    $_[1];
  }
}
```

好吧，就像我们说的，你可以这么写。但这里的一堆下标让程序变得不雅观，且难以阅读、编写、检查和调试。不用担心，我们马上就会看到更好的办法。

这个子程序还存在另一个问题。&max 这个名字虽然够简洁，但却没有提示这个子程序只能接受两个参数：

```
$n = &max(10, 15, 27);  # 糟糕！
```

多余的参数会被忽略——反正 max 也不会用到 $_[2]，所以 Perl 并不在乎里面是否有值。参数如果不足也会被忽略——如果用到超出 @_ 数组边界的参数，只会得到 undef。本章稍后我们就会看到如何写出更好的 &max 子程序，让它可以配合任意数目的参数。

实际上，@_ 变量是子程序的私有变量。假如已经有了全局变量 @_，则该变量在子程序调用前会先被存起来，并在子程序返回时恢复原本的值。这也表示子程序可以将参数传给其他程序，而不用担心遗失自己的 @_ 变量——就算是嵌套的子程序（nested subroutine）在访问私有的 @_ 变量时也一样。即使子程序递归调用自己，每次调用的仍然是一个新的 @_。所以在当前的子程序调用中，@_ 总是包含了它的参数列表。

你也许认识到了，这和上一章里介绍过的 foreach 循环的控制变量的机制相同，变量的值都是被 Perl 自动地保存和恢复的。

子程序中的私有变量

既然每次调用子程序时 Perl 都会给我们新的 @_，难道不能利用它构造私有变量吗？答案当然是可以。

默认情况下 Perl 里的所有变量都是全局变量，也就是说，在程序里的任何地方都可以访问它们。但你随时可以借助 my 操作符来创建私有变量，我们称之为词法变量（lexical variable）：

```
sub max {
  my($m, $n);        # 该语句块中的新私有变量
  ($m, $n) = @_;     # 将参数赋值给变量
  if ($m > $n) { $m } else { $n }
}
```

这些变量属于封闭语句块中的私有变量（或者也可以称作有限作用域（scoped）变量），语句块之外任意地方的 $m 或 $n 都完全不受这两个私有变量的影响。反过来也是，外部变量同样无法影响内部的私有变量，存心也好意外也罢，两不相犯。所以，我们可以把这个子程序放进世界上任何一个 Perl 程序里，不用担心它和哪个程序中可能存在的同名 $m 和 $n 变量冲突。当然，如果那个程序中碰巧也有个子程序叫 &max，那就乱了。

另外值得一提的是，在前一个例子的 if 语句块中，作为返回值的表达式后面没有分号。分号实际上是一个语句分隔符，而不是语句结束符。虽然 Perl 允许你省略语句块中最后一个分号，但实际上通常只有像前面的例子那样，代码简单到整个语句块内只有一行时，才可以省略分号。

前一个例子中的子程序还可以进一步简化。你是否注意到列表（$m, $n）出现了两次？其实 my 操作符也可以应用到括号内的变量列表，所以习惯上会将这个子程序中的前两行语句合并起来：

```
my($m, $n) = @_;  # 对子程序的参数命名
```

这一行语句会创建私有变量并为它们赋值，让第一个参数的名称变成较好记的 $m，而第二个参数的则为 $n。几乎所有的子程序都会以类似的程序代码作为开头。当你看到这一行时就会知道，这个子程序具有两个标量参数，而在子程序内部，它们分别称为 $m 和 $n。

变长参数列表

在真实的 Perl 代码中，常常把更长的列表（长度不限）作为参数传给子程序。这延续

了 Perl "去除不必要限制" 的理念。当然，这和许多传统程序语言不一样，它们习惯于 "强类型（strictly typed）" 子程序，也就是只允许一定个数的参数并且预先限制它们的类型。Perl 本身的灵活是件好事，当以超出预期数量的参数调用子程序时（如之前的子程序 &max），也许会造成问题。

当然，我们可以通过检查 @_ 数组的长度来判断参数个数是否符合预期。比如将 &max 写成下面这样，先检查其参数列表：

```
sub max {
  if (@_ != 2) {
    print "WARNING! &max should get exactly two arguments!\n";
  }
  # 其余代码和前面一样……
}
```

上面的 if 判断是在标量上下文中直接使用数组 "名称" 来取得数组元素的个数，你应该在第 3 章中见过这个用法。

但在实际编写的 Perl 程序中，这种检查方式很少见，更好的做法是让子程序自动适应任意数目的参数。

改进版的 &max 子程序

现在让我们来改写 &max，使它能够接受任意数目的参数：

```
$maximum = &max(3, 5, 10, 4, 6);

sub max {
  my($max_so_far) = shift @_;    # 数组中的第一个值就是目前所见的最大值
  foreach (@_) {                 # 遍历数组 @_ 中的其他元素
    if ($_ > $max_so_far) {      # 当前元素比 $max_so_far 更大吗？
      $max_so_far = $_;
    }
  }
  $max_so_far;
}
```

上面的程序代码使用了一般称为 "高水位线（high-water mark）" 的算法：大水过后，在最后一波浪消退时，高水位线会标示出所见过的最高水位。本例中，$max_so_far 记录了高水线，所以最后 $max_so_far 变量中的值就是我们要找的最大值。

第一行程序代码会对参数数组 @_ 进行 shift 操作并将所得到的 3（范例程序里的第一个参数）存入 $max_so_far 变量。所以 @_ 现在的内容为 (5, 10, 4, 6)，因为 3 已被移走。现在最大的数字是目前唯一见过的值：3，也就是第一个参数。

然后 foreach 循环会遍历参数列表 @_ 里剩余的元素。循环的控制变量默认为 $_ （别忘了 @_ 和 $_ 没有任何关系，它们的名称相似纯属巧合）。循环第一次执行时，$_ 是 5，而 if 进行比较时看到 $_ 比 $max_so_far 还大，所以 $max_so_far 会被设成 5——新的高水位线。

第三次循环时，$_ 是 10。这是新的最大值，所以它会被存入 $max_so_far。

到第四次时，$_ 是 4。这时 if 比较的结果为假，因为 $_ 不比 $max_so_far（即 10）大，所以会跳过 if 里的程序代码。

最后，$_ 是 6，因此 if 里的程序代码又被跳过一次。这是最后一次执行循环，所以整段循环就执行完了。

此时，$max_so_far 就变成了我们的返回值。既然它是目前见过的最大值，并且我们已经遍历过所有数字，那它一定是列表中最大的值：10。

空参数列表

现在，即使有超过两个的参数，改版后的 &max 算法也能给出正确结果。但假如没有任何参数传入，又会发生什么呢？

乍听之下，这似乎有点杞人忧天。毕竟，怎么可能会有人调用 &max 却不传入任何参数呢？不过，也许有人会写出下面这样的代码：

```
$maximum = &max(@numbers);
```

数组 @numbers 有时可能只是一个空列表。比如数组内容是通过程序从文件读入的，但文件却是空的。所以，这种情况下 &max 会如何处理？

子程序的第一行会对参数数组 @_（现在是空的）进行 shift 操作，以此作为 $max_so_far 的值。这并不会出错，因为数组是空的，所以 shift 会返回 undef 给 $max_so_far。

现在 foreach 循环要遍历 @_ 数组，但由于它是空的，所以循环本身不会执行。

接下来，Perl 会将 $max_so_far 的值 undef 作为子程序的返回值。从某种意义上说这是正确结果，因为在空列表中没有最大值。

当然，调用这个子程序的人得明白，返回值有可能是 undef——除非他能确保参数列表永不为空。

用 my 声明的词法变量

词法变量可用在任何语句块内，并不仅限于子程序的语句块。例如，在 `if`、`while` 或 `foreach` 的语句块内都可使用词法变量：

```
foreach (1..10) {
  my($square) = $_ * $_;  # 在此循环内的私有变量
  print "$_ squared is $square.\n";
}
```

上例中，变量 `$square` 对其所属语句块，也就是 `foreach` 循环的语句块来说是私有的。如果变量的定义并未出现在任何语句块里，则该变量对于整个程序源文件来说是私有的。

目前为止，你的程序还用不到两个以上的程序源文件，所以这还不成问题。这里的重点在于，词法变量的作用域仅限于定义它的最内层语句块内，或文件内。只有语句块内的代码才能使用这个 `$square` 变量。

这为程序维护提供了便利：如果 `$square` 的值出错了，那就可以在有限的代码范围内找原因。有经验的程序员通过实践（通常是艰难的方式），往往倾向于将变量作用域局限在一页或少数几行代码内，以加快开发和测试周期。

一个程序文件也是一个独立的作用域，所以其中的词法变量到了其他文件是无法访问的。这里涉及可重用库和模块，我们暂时不讨论，可参考 *Intermediate Perl* 一书。

还需要注意的是，my 操作符并不会更改变量赋值时的上下文：

```
my($num) = @_;  # 列表上下文，和 ($num) = @_; 相同
my $num  = @_;  # 标量上下文，和 $num = @_; 相同
```

在第一行，按照列表上下文，`$num` 会被设为第一个参数；在第二行，按照标量上下文，它会被设为参数的个数。这两行都有可能是程序员的本意，我们并不能单从一行程序代码断定你要的是哪个，因此在你搞错时，Perl 无法提出警告（当然，你不会真的把这两行放在同一个子程序里，因为相同的作用域内不能定义两个同名的词法变量，以上只是举例而已）。所以，看到这样的程序代码时，你可以忽略 my 这个词，直接判断变量赋值时的上下文。

请记住，在 my 操作符不加括号时，只能用来声明靠近的单个词法变量：

```
my $fred, $barney;      # 错！没声明 $barney
my($fred, $barney);     # 两个都声明了
```

当然，你也可以使用 my 来创建新的私有数组：

```
my @phone_number;
```

所有新变量的值一开始都是空的：标量被设为 undef，数组被设为空列表。

在日常 Perl 编程当中，你最好对每个新变量都使用 my 声明，让它保持在自己所在的词法作用域内。在第 3 章中，我们看到过如何在 foreach 循环内定义自己的控制变量，而这个控制变量也可以声明为词法变量：

```
foreach my $rock (qw/ bedrock slate lava /) {
  print "One rock is $rock.\n";  # 依次输出每块石头的名字
}
```

这一点很重要，接下来的小节里，我们会全面使用这种声明变量的方式。

use strict 编译指令

Perl 是一门相当宽容的编程语言，但有时候你也许希望它能更严格些，多点约束力，那么不妨试试看 use strict 编译指令。

所谓编译指令（pragma），是提供给编译器的某些指示，告诉它如何处理接下来的代码。这里的 use strict 编译指令是要告诉 Perl 内部的编译器，接下来的代码块或程序源文件的代码应该严谨遵循优良编程风格。

这么做的重要性何在？嗯，设想你正在写程序并键入下面这行代码：

```
$bamm_bamm = 3;  # Perl 会自动创建这个变量
```

然后你继续键入了些代码。当上一行代码被新写的代码挤出屏幕顶端后，你又写了下面这行代码，想增加那个变量的值：

```
$bammbamm += 1;  # 糟了！
```

因为 Perl 看到了一个新的变量名（变量名中的下划线是有意义的），它会创建一个新的变量，然后增加它的值。如果你有先见之明，已经启用了警告功能，那么 Perl 就会警告你这两个全局变量（或其中之一）在程序中只出现过一次。可是，如果你不够谨慎，那这两个变量会在程序里并存，Perl 不会发出警告。

要告诉 Perl 你愿意接受更严格的限制，请将 use strict 这个编译指令放在程序开头（或者任何需要强制使用约束规则的语句块或文件内）：

```
use strict;  # 强制使用严格、良好的编程风格
```

从 Perl 5.12 开始，如果使用编译指令来指定最低兼容 Perl 版本号的话，就相当于隐式使用约束指令：

```
use v5.12; # 自动加载 strict 编译指令
```

现在，所有的约束当中，Perl 首先会坚持要求你声明所有新出现的变量。一般加上 my 就可以了：

```
my $bamm_bamm = 3;   # 新的词法变量
```

现在，如果你再像之前那样拼错变量名，Perl就会抗议，说你从未声明过 $bammbamm 这个变量，因此错误在编译阶段就会被找出来：

```
$bammbamm += 1;  # 将提示无此变量: 编译时致命错误 (No such variable: Compile time
                 # fatal) error
```

当然，此限制只适用于新创建的变量，Perl 的内置变量（比如 $_和@_）则完全不用事先声明。如果你在程序写完之后再加 use strict，通常会得到一大堆警告信息，所以如果有需要，最好在开始写程序时就用它。

use strict 并不会检查 $a 和 $b 这两个变量，因为内置的 sort 函数默认使用这两个变量进行排序比较。话说回来，这两个变量名意义不明，不是好的变量名。

根据大部分人的建议，比整个屏幕长的程序都应该加上 use strict，这一点我们也认同（笑）。

从现在开始，即使没有清楚写出 use strict，我们所提供的大部分（但并非全部）示例程序都会在它的限制下执行。也就是说，在合适的位置尽可能用 my 来声明变量。不过，即使我们没有从头到尾都这样做，仍然建议你尽可能在程序里加进 use strict。将来你会感激我们的。

return 操作符

如果想在子程序执行到一半时停止，该怎么办呢？这正是 return 操作符要做的事，它会立即停止运行并从子程序返回某个值：

```
my @names = qw/ fred barney betty dino wilma pebbles bamm-bamm /;
my $result = &which_element_is("dino", @names);
```

```
sub which_element_is {
  my($what, @array) = @_;
  foreach (0..$#array) {   # 数组 @array 中所有元素的索引
    if ($what eq $array[$_]) {
      return $_;               # 一发现就提前返回
    }
  }
  -1;                          # 表示没找到符合条件的元素（可以省略 return）
}
```

我们希望这个子程序能找出 @names 数组中值为 dino 的元素的索引。首先，用 my 声明参数变量：一个是 $what，表示要搜索的值；另一个是 @array，表示要搜索的目标数组。请看上面的代码，这个数组其实是 @names 的副本。foreach 循环依次取出 @array 的索引（第一个是 0，最后一个是 $#array，这个已经在第 3 章介绍过了）。

每次执行 foreach 循环时，会检查 $what 中的字符串是否等于位于数组 @array 当前索引处的元素。如果相等，立即返回当前索引值。这是 Perl 中关键字 return 最常见的用法：立即返回某个值，而不再执行子程序的其余部分。

但如果找不到符合条件的元素呢？本例以返回 −1 作为"查无此项"的数字代号。其实返回 undef 更符合 Perl 的风格（Perlish），但这段代码的作者还是决定用 −1。最后一行写成 return −1 也行，但因为这是最后一行，可以省略 return。

有些程序员习惯在每次返回值时都明确写上 return，表示这就是返回值。比如在子程序执行到中间部分就已经得出结论的话，就像本章之前提到的 &larger_of_fred_or_barney 那样，写上 return 明确提示返回此值。其实程序执行到语句块最后一句了，写不写 return 的运行效果都相同，写了只不过读起来更明朗些。不过很多 Perl 程序员觉得为了如此显而易见的事情，徒增 7 次按键没有必要。

省略&

遵前所述，我们现在告诉你什么时候调用子程序可以省略 &：如果编译器在调用子程序前看到过子程序的定义，或者 Perl 通过语法规则判断它只能是子程序调用，就可以像内置函数那样省略 &（不过我们马上就会看到，这个规则其实还潜藏了一个例外）。

换句话说，假如 Perl 单从语法上便能看出它是省略了 & 的子程序调用，通常就不会有什么问题。也就是说，你只要将参数列表放进括号里，它就一定是函数调用：

```
my @cards = shuffle(@deck_of_cards);   # &shuffle 上的 & 是多余的
```

在本例中，这个函数就是子程序 &shuffle。但正如你将要看到的那样，它也可能是个内置函数。

或者，如果 Perl 的内部编译器已经见过子程序的定义，那么通常也可以省略 &。并且，连参数列表两边的括号都可以省略：

```
sub division {
  $_[0] / $_[1];                    # 用第一个参数除以第二个参数
}

my $quotient = division 355, 113;  # 用之前定义的 &division
```

这里之所以能省略括号，是因为它符合"加不加括号都不会产生歧义"的原则。如果使用了 & 的话就不能省略括号。

但不要把子程序定义放在调用语句的后面，否则编译器就无法提前判断 division 的意义。编译器需要在子程序调用前先看到子程序定义，才有办法像内置函数般调用该子程序；否则，编译器不知道 division 是什么东西。

作为入门书籍，本书的目的是让初学者明确 & 的意义，而非教你成为一个 Perl 编程老手。但有些程序员不同意，觉得就该省略 &。我们在博客上发表过一篇文章《为什么我们教初学者使用子程序的与号》（*Why we teach the subroutine ampersand*），作了进一步讨论。

这不算之前提到的例外，真正的例外是：假如这个子程序和 Perl 内置函数同名，就必须使用 & 来调用。原因很简单：为了避免歧义。加上 &，就说明调用的是你自己定义的子程序，所以只能在没有同名内置函数的情况下省略 &：

```
sub chomp {
  print "Munch, munch!\n";
}

&chomp;  # 这里必须使用 &，绝不能省略！
```

如果少了 &，就算之前定义过子程序 &chomp，实际仍然会调用内置函数 chomp，内置的优先级高嘛。所以，真正的省略规则如下：除非你知道 Perl 所有的内置函数名，否则请务必在调用函数时使用 &。这意味着，你最初写的 100 个程序应该始终加上 &。但若看到别人的程序中省略 &的写法，那未必是错的，也许他很清楚 Perl 没有这个名字的内置函数。

非标量返回值

子程序不仅可以返回标量值，如果在列表上下文中调用它，它还可以返回列表值。

要判断子程序是在标量上下文还是列表上下文中被调用，可以用 wantarray 函数测试，为真时返回列表，为假时返回标量。

假设我们希望取出某段范围的数字（效果如同范围操作符 .. 所产生的递增序列）并按倒序返回。虽然范围操作符只能产生递增序列，但要取得倒序的结果也很简单：

```perl
sub list_from_fred_to_barney {
  if ($fred < $barney) {
    # 从 $fred 数到 $barney
    $fred..$barney;
  } else {
    # 从 $fred 倒数回 $barney
    reverse $barney..$fred;
  }
}

$fred = 11;
$barney = 6;
@c = &list_from_fred_to_barney; # @c 的值为 (11, 10, 9, 8, 7, 6)
```

此例中，我们会先用范围操作符取得从 6 到 11 的列表，再用 reverse 操作符把它反转过来。最后的结果就是我们想要的：$fred（11）倒数到 $barney（6）的列表。

其实你还可以什么都不返回。单写一个 return 不给任何参数时，在标量上下文中的返回值就是 undef，在列表上下文中则返回空列表。这通常用于表示子程序执行有误，它告诉调用者无法取得有意义的返回值。

持久化私有变量

在子程序中用 my 操作符可以创建私有变量，但每次调用子程序时，这个私有变量都会被重新定义。用 state 操作符声明的变量可以在子程序的多次调用期间保留之前的值，而其作用域仍局限在子程序内部。

回到本章第一个例子，我们有个名为 marine 的子程序，每次调用它会递增全局变量的值：

```perl
sub marine {
```

```
    $n += 1;   # 全局变量 $n
    print "Hello, sailor number $n!\n";
  }
```

我们已经学过 strict，不妨把它加到这段程序中。由于全局变量 $n 从未被声明，
Perl 立即提示错误。此外，我们也不能用 my 声明 $n 为词法变量，因为词法变量无法
存续，语句块一结束，它的值就会被抛弃。

我们可以用 state 来声明变量，它会告诉 Perl 该变量属于当前子程序的私有变量，并
且在多次调用这个子程序期间保留该变量的值。这个特性是从 Perl 5.10 开始引入的：

```
    use v5.10;

    sub marine {
      state $n = 0;   # 持久化的私有变量 $n
      $n += 1;
      print "Hello, sailor number $n!\n";
    }
```

现在我们可以在用了 strict 编译指令并且不用全局变量的前提下，得到和之前相同
的输出。第一次调用该子程序时，Perl 声明并初始化变量 $n，而在接下来的调用中，
这个表达式将被 Perl 忽略。每次子程序返回后，Perl 都会将变量 $n 的当前值保留下
来，以备下次调用时用。

类似标量变量，其他任意类型的变量都可以被声明为 state 变量。下面的子程序可以
通过使用 state 数组来保留它的参数及计算总和：

```
    use v5.10;

    running_sum( 5, 6 );
    running_sum( 1..3 );
    running_sum( 4 );

    sub running_sum {
      state $sum = 0;
      state @numbers;

      foreach my $number ( @_ ) {
        push @numbers, $number;
        $sum += $number;
      }

      say "The sum of (@numbers) is $sum";
    }
```

每次我们调用这个子程序的时候，它都会将新的参数与之前的参数相加，因此每次都
会输出一个新的总和：

```
The sum of (5 6) is 11
The sum of (5 6 1 2 3) is 17
The sum of (5 6 1 2 3 4) is 21
```

但在使用数组和哈希类型的 state 变量时，还是有些限制的。Perl 5.10 中我们无法在列表上下文中初始化数组和哈希类型的 state 变量：

```
state @array = qw(a b c); # 错误!
```

这样做会报错，并提示将来版本的 Perl 也许支持这种方式。即使到了 Perl 5.24，我们还是无法这么用：

```
Initialization of state variables in list context currently forbidden ...
```

这个限制在 Perl 5.28 中被取消了，它允许你在 state 中初始化数组和哈希。例如，斐波那契数生成器需要前两个数才能启动，因此你可以使用它们作为 @numbers 数组的种子：

```
use v5.28;

say next_fibonacci(); #  1
say next_fibonacci(); #  2
say next_fibonacci(); #  3
say next_fibonacci(); #  5

sub next_fibonacci {
  state @numbers = ( 0, 1 );
  push @numbers, $numbers[-2] + $numbers[-1];
  return $numbers[-1];
}
```

在 Perl 5.28 之前，你可以改用数组引用，因为所有引用都是标量。 但是，我们在 *Intermediate Perl* 中才会告诉你这些。

子程序签名

Perl 5.20 起增加了一个期待已久、激动人心的新特性，称为子程序签名（subroutine signature）。目前它还是实验特性（参见附录 D），我们希望它尽快变成正式稳定特性。我们觉得它值得我们拿出一个小节的篇幅来介绍，尽量帮大家梳理下基本概念。

子程序签名和以前称作原型（prototypes）的东西还是不一样的，虽然当初很多人使用原型也是为了解决类似问题。如果你从未听说过原型，很好，反正我们将来也不需要知道，至少本书范围内就是这样。

到目前为止，我们知道子程序内部接受参数时从 @_ 获取参数列表，然后赋值给私有变量。就像之前的 max 子程序：

```
sub max {
  my($m, $n);
  ($m, $n) = @_;
  if ($m > $n) { $m } else { $n }
}
```

要启用子程序签名，第一步就是引入实验特性（参见附录 D）：

```
use v5.20;
use feature qw(signatures);
```

之后，就可以把变量声明部分移出花括号，直接写在子程序名后面的括号内：

```
sub max ( $m, $n ) {
  if ($m > $n) { $m } else { $n }
}
```

这个语法简明直白，不用特意声明也不用赋值，这两个变量依旧是子程序的私有变量，Perl 会自动为你处理。子程序其余部分的代码不变。

运行效果基本相同，但之前可以给 &max 传递任意数量的参数，虽然只用到了前两个，但不会报错，而现在却会报错：

```
&max( 137, 48, 7 );
```

报错提示有超过预期数量的参数：

```
Too many arguments for subroutine
```

所以这个签名特性是会帮你检查参数数量的！如果要和原来一样支持接受任意长度的参数列表该怎么办？和之前改动的方法类似，在签名处加上能接受数组的私有变量就好了：

```
sub max ( $max_so_far, @rest ) {
  foreach (@rest) {
    if ($_ > $max_so_far) {
      $max_so_far = $_;
    }
  }
  $max_so_far;
}
```

不过，不用另外定义数组来吸收剩余的参数。如果签名处用单个 @ 占位，Perl 知道子程序可以接受数量不定的参数，同时对应的参数列表仍旧会出现在 @_ 内供你使用：

```
sub max ( $max_so_far, @ ) {
  foreach (@_) {
    if ($_ > $max_so_far) {
      $max_so_far = $_;
    }
  }
  $max_so_far;
}
```

以上我们处理了参数过多的情况，那如果参数过少呢？签名特性可以帮你初始化默认的参数取值：

```
sub list_from_fred_to_barney ( $fred = 0, $barney = 7 ) {
  if ($fred < $barney) { $fred..$barney }
  else                 { reverse $barney..$fred }
}

my @defaults    = list_from_fred_to_barney();
my @default_end = list_from_fred_to_barney( 17 );

say "defaults: @defaults";
say "default_end: @default_end";
```

运行结果如下，可以看到没有参数时是按照默认值运行的：

```
defaults: 0 1 2 3 4 5 6 7
default_end: 17 16 15 14 13 12 11 10 9 8 7
```

有时候我们需要某些可选参数，无需默认值，那么用 $= 占位符表示即可：

```
sub one_or_two_args ( $first, $= ) { ... }
```

其实 $= 是 Perl 的一个特殊变量，用于控制格式化文本，但在这里不会造成歧义，所以借用这个形式。有关格式化的具体内容，这里不作展开。

有时候我们需要以无参数的方式使用子程序，比如一个返回常数值的子程序：

```
sub PI () { 3.1415926 }
```

可以阅读 perlsub 文档了解更多关于签名的内容。我们也为此特性写过一篇博客文章《使用 v5.20 的子程序签名》（*Use v5.20 subroutine signatures*）。

原型

原型是一个较老的 Perl 特性，它允许你告诉解析器如何解释你的源代码，其实就是最最原始的签名。这不是我们推荐的功能，而且它确实与签名冲突，因此我们只想提及它们，你只要知道它们存在即可。

假设你想要一个恰好采用两个参数的子例程，就可以用原型来实现。由于这些是对解析器的指令，因此你需要在对子例程进行任何调用之前定义原型：

```
sub sum ($$) { $_[0] + $_[1] }

print sum( 1, 3, 7 );
```

这段代码会导致一个编译错误，因为 sum 发现它实际得到的参数比应该得到的参数多一个：

```
Too many arguments for main::sum
```

在子例程定义中，原型和签名都在名称后使用括号，并且每个都有自己的语法。如果你想同时使用两者，那将是一个问题。为了解决这个问题，v5.20 还添加了 :prototype 属性，这是另一个我们不会解释的特性，只是为了说明如何在使用签名的同时保留原型。将 :prototype 放在括号前即可：

```
sub sum :prototype($$) { $_[0] + $_[1] }

print sum( 1, 3, 7 );
```

我们建议完全避免使用原型，除非你了解自己在做什么。当然，即使这样，也可能需要三思而后行。完整的细节在 perlsub 中探讨。如果你不知道我们在说什么，那很好，因为本书后面不会再为这个浪费篇幅！

习题

以下习题答案参见第 310 页上的"第 4 章习题解答"一节：

1. [12] 写一个名为 total 的子程序，它可以返回给定列表中数字相加的总和。提示：该子程序不需要执行任何 I/O，它只需要按要求处理它的参数并给调用者返回一个值就行了。用下面这个程序来检验一下你写完的子程序，第一次调用时返回的列表中的数字总和应该是 25。

   ```
   my @fred = qw{ 1 3 5 7 9 };
   my $fred_total = total(@fred);
   print "The total of \@fred is $fred_total.\n";
   print "Enter some numbers on separate lines: ";
   my $user_total = total(<STDIN>);
   print "The total of those numbers is $user_total.\n";
   ```

   注意，像这样在列表上下文中获取 <STDIN> 输入时，需要键入当前所用操作系统中表示输入结束的按键。

2. [5] 使用之前问题中的子程序，编写一个程序来计算从 1 加到 1 000 的总和。

3. [18] 附加题：写一个名为 &above_average 的子程序，当给定一个包含多个数字的列表时，返回其中大于这些数的平均值的数。（提示：另外写一个子程序，通过用这些数的总和除以列表中数字的个数来计算它们的平均值。）当你写完后，用下面的程序检验一下：

```perl
my @fred = above_average(1..10);
print "\@fred is @fred\n";
print "(Should be 6 7 8 9 10)\n";
my @barney = above_average(100, 1..10);
print "\@barney is @barney\n";
print "(Should be just 100)\n";
```

4. [10] 写一个名为 greet 的子程序，当给定一个人名作为参数时，打印出欢迎他的信息，并告诉他前一个来宾的名字：

```perl
greet( "Fred" );
greet( "Barney" );
```

按照语句的顺序，应该打印出：

```
Hi Fred! You are the first one here!
Hi Barney! Fred is also here!
```

5. [10] 修改前面的程序，告诉所有新来的人之前已经迎接了哪些人：

```perl
greet( "Fred" );
greet( "Barney" );
greet( "Wilma" );
greet( "Betty" );
```

按照语句的顺序，应该打印出：

```
Hi Fred! You are the first one here!
Hi Barney! I've seen: Fred
Hi Wilma! I've seen: Fred Barney
Hi Betty! I've seen: Fred Barney Wilma
```

## 第5章

输入与输出

先前为了习题的需要，我们已经介绍过输入/输出（Input/Output，I/O）的一些用法。本章将要介绍日常编程中会遇到的大部分 I/O 问题，差不多 80% 左右吧。如果你已经知道标准输入、标准输出以及标准错误这三个概念，很好，略有超前。如果不熟，请仔细学习本章。现在，你只要知道"键盘"就是"标准输入"，"屏幕"就是"标准输出"。

读取标准输入

读取标准输入流相当简单，我们在前面已经用过行输入操作符 <STDIN>。在标量上下文中，它会返回标准输入的下一行：

```
$line = <STDIN>;              # 读取下一行
chomp($line);                 # 截掉最后的换行符

chomp($line = <STDIN>);       # 习惯用法，效果同上
```

我们之所以称 <STDIN> 为行输入操作符，是因为它真的是每次读取一行，用一对尖括号表示。被它包围的文件句柄（filehandle）表示数据来源，本章稍后会讲解文件句柄的详细概念。

由于行输入操作符在读到文件结尾，再没有可读内容的时候会返回 undef，所以借此可以跳出循环：

```
while (defined($line = <STDIN>)) {
  print "I saw $line";
}
```

第一行程序代码做了许多事：读取标准输入，将它存入某个变量，检查变量的值是否被定义，以及我们是否该执行 while 循环体（也就是还没读到输入的结尾）。因此在循环主体内，我们会在 $line 变量里看到各行输入的内容。由于这样的操作很常用，所以 Perl 干脆为它定义了如下简写形式：

```perl
while (<STDIN>) {
  print "I saw $_";
}
```

其实，为了达成这种偷懒的写法，Larry 优化了一些无用的语法。也就是说，实际上这段代码的字面意思是："读取一行输入，看看它是否为真（通常是的）。如果是真的，继续 while 循环，但忘掉那一行输入！" Larry 知道这样做是没有意义的。按理说没有人会在真正的 Perl 程序中这样做。所以 Larry 把这个无用的语法变成了有用的。

这段 Perl 代码所做的其实就是我们在前面的循环代码中看到的相同的事情：它告诉 Perl 将输入读入一个变量，然后（只要结果是已定义的，也就是说你还没有到达文件末尾）继续 while 循环。然而，Perl 并没有将输入存储在 $line 中，而是使用它最喜欢的默认变量 $_，就好像下面这段特意写明的代码一样：

```perl
while (defined($_ = <STDIN>)) {
  print "I saw $_";
}
```

注意，这个简写行为只有在上面这种写法中才适用。如果把行输入操作符放在其他任何地方，特别是单独成行时，它不会读取一行输入并存到 $_。唯独 while 循环的条件表达式中只有行输入操作符时，才会按照这个方式运行。换句话说，若条件表达式中写了其他代码，此行为将失效。

行输入操作符（<STDIN>）和 Perl 的默认变量 $_ 之间并无直接关联，只是在这个简写里，输入的内容会恰好存到默认变量中而已。

另一方面，如果在列表上下文中调用行输入操作符，它会返回一个列表，其中包含剩余的所有输入内容，每行内容成为列表的一个元素：

```perl
foreach (<STDIN>) {
  print "I saw $_";
}
```

再次强调，行输入操作符和 Perl 的默认变量 $_ 之间并无关联，只是在这个例子里，由于 foreach 的默认控制变量是 $_，所以读取的数据放到这里面。所以在每次循环时，我们通过 $_ 可以看到每一行输入的内容。

看起来好像和 while 循环的行为没啥差别，真是这样吗？

不是的，差别在于读入数据的时机以及耗费的资源。在 while 循环里，Perl 每次读取一行输入，把它存到某个变量并执行循环体，而后再尝试获取后续输入。但在 foreach 循环里，行输入操作符会按列表上下文处理，所以要做的第一件事就是把所有输入都读进来，按列表返回。数据量小的话没关系，但假如输入数据来自 400MB 大小的 Web 服务器日志文件，就要准备相应大小的内存来安顿！所以没啥特殊情况，尽量还是用 while 循环吧，一次处理一行。

来自钻石操作符的输入

还有另外一种读取输入的方法，就是使用钻石操作符 <>。它能让程序在处理调用参数时，提供类似于标准 Unix 工具程序的功能 。如果想用 Perl 编写类似 *cat*、*sed*、*awk*、*sort*、*grep*、*lpr* 之类的工具程序，一边从标准输入拿数据，一边输出结果到标准输出，那么钻石操作符将会是你的好帮手。但如果要支持复杂的参数，单单靠钻石操作符显然是不行的。

钻石操作符是 Larry 的女儿 Heidi 命名的。有一天 Randal 拿着他新写的 Perl 培训材料去 Larry 家给他看的时候，提出这个操作符一直没有一个叫得出的名字。Larry 也一筹莫展，但这时他 8 岁的女儿 Heidi 灵机一动，说："这就是钻石，爸爸。"于是就有了这个名字。谢谢 Heidi！

程序的调用参数（invocation argument） 通常是命令行中跟在程序名后面的几个"单词"。在下面的例子里，命令行参数就是要依次处理的几个文件的名字：

```
$ ./my_program fred barney betty
```

这条命令的意思是：执行当前目录下的 *my_program* 命令，让它依次处理文件 *fred*、*barney* 和 *betty*。

若不提供任何调用参数，程序会从标准输入流采集数据。这么说不够严谨，因为有个例外：如果参数是连字符 (-)，则表示从标准输入读取数据。所以，假如调用参数是 *fred - betty*，那么程序应该先处理文件 *fred*，然后处理标准输入流中提供的数据，最后才是文件 *betty*。

让程序以这种方式运行的好处是，你可以在运行时指定程序的输入源。例如，你不需要重写程序，就可以通过管道（pipeline）的方式递送数据，把上游来的数据递交给这个程序处理（稍后会有更深入的讨论）。Larry 为 Perl 加上这个功能，是想帮你轻松写出用起来类似标准 Unix 工具程序的程序，并且在非 Unix 系统上也能运行。事实上，Larry 是为了让他自己的程序更符合标准 Unix 工具程序的习惯，才设计出这个功能的。因为每家厂商的工具程序在运行方式上不尽相同，所以 Larry 自己用 Perl 按照统一的用法重新实现了这些工具程序并部署到各台机器上。当然，前提是把 Perl 也移植到那些机器上。

钻石操作符是行输入操作符的特例。不过它并不是从键盘取得输入，而是从用户指定的位置读取：

```
while (defined($line = <>)) {
  chomp($line);
  print "It was $line that I saw!\n";
}
```

所以，假设这个程序运行时的调用参数是 fred、barney 和 betty，输出结果就会是"It was [从文件 *fred* 取得的一行内容] that I saw!"、"It was [从文件 *fred* 取得的另一行内容] that I saw!"等，直到文件 *fred* 的结尾为止。接下来，它会自动切换到文件 *barney*，逐行输出内容，然后再换到文件 *betty*。请注意，在切换到另一个文件时中间并没有间断，因为使用钻石操作符时，就好像这些文件已经合并成一个很大的文件一样。钻石操作符只有在碰到所有输入的结尾时才会返回 undef（然后我们的程序就会跳出 while 循环）。

不管你是否在意，有一点需要说明，当前正在处理的文件名会被保存在特殊变量 $ARGV 中。如果当前是从标准输入流获取数据，那么当前文件名就会是连字符 "-"。

由于这只是行输入操作符的一种特例，因此我们可以用先前的简写，将输入读取到默认的 $_ 里：

```
while (<>) {
  chomp;
  print "It was $_ that I saw!\n";
}
```

这和前面的循环效果相同，但可以少打些字。你可能也注意到，我们使用了 chomp 的默认用法：不加参数时，chomp 会直接作用在 $_ 上。节约按键，从小地方做起! :-)

由于钻石操作符通常会处理所有的输入，所以一旦看到它出现在程序中多处时，通常都是错误的。如果程序里同时出现两个钻石操作符，尤其是在使用第一个钻石操作符进行读取的 while 循环中接着使用第二个的话，可以肯定无法正常工作。根据我们的经验，初学者写下第二个钻石操作符的意图往往是想读取下一行输入，其实 $_ 才是他们想要的东西。请记住，钻石操作符是用来读取输入的，而输入本身可以在 $_ 中找到（按照默认方式的话）。

假如钻石操作符无法打开某个文件并读入内容，便会显示相关的出错诊断信息，就像下面这样：

```
can't open wilma: No such file or directory
```

然后钻石操作符会自动跳到下一个文件，就像 *cat* 或其他标准工具程序的做法一样。

双钻石操作符

在 5.22 版的时候，Perl 修复了钻石操作符的一个问题：如果命令行传入的文件名带有特殊字符，比如 |，就会引发管道操作。*perl* 会打开管道（见第 15 章），从外部程序的输出结果读取输入内容，所以这个过程启动了一个外部程序，而非打开某个名字的文件。为了解决这个潜在的安全问题，引入了双钻操作符 <<>>，它和钻石操作符功能相同，只是不再启动外部程序：

```
use v5.22;

while (<<>>) {
  chomp;
  print "It was $_ that I saw!\n";
}
```

如果你用的是 Perl 5.22 及后续版本，请使用双钻操作符。我们倒是希望有人来就地修复单钻石操作符的这个问题，不过那么多年过去了，可能有人正在利用这个特性做事，不好打破原来的平衡。所以为了向后兼容，引入新的改进版。

在本书接下来的内容中我们仍将简单地称之为钻石操作符，至于选择哪个版本，请自行决定。示例代码中我们仍将使用单钻石版本，这样不至于令旧版用户困惑。

调用参数

从技术上讲，钻石操作符并不会检查命令行参数，它看到的不过是放在 @ARGV 数组里面的数据。这个数组是由 Perl 解释器事先建立的特殊数组，并在程序运行前根据命令行参数初始化。所以本质上它的使用方式和其他数组没有不同（除了用了奇怪的全大写名称之外），只不过在程序开始运行时 @ARGV 里就已经塞满了调用参数。

既然和其他数组一样，你可以用 shift 移出 @ARGV 中的元素，或者用 foreach 逐个处理。你也可以检查是否有参数是以连字符 （-） 开头的，然后将它们当成调用选项处理（就像 Perl 对待它自己的 -w 选项一样）。

 如果你需要的命令行选项不止一两个，最好用标准模块实现。请阅读 Getopt::Long 和 Getopt::Std 模块的文档，它们都是随 Perl 发行的标准模块。

钻石操作符会查看数组 @ARGV ，然后决定该用哪些文件名，如果它找到的是空列表，就会改用标准输入流；否则，就会使用 @ARGV 里的文件列表。这表示程序开始运行之后，只要尚未使用钻石操作符，你就可以对 @ARGV 动点手脚。例如，我们可以处理三个特定的文件，不管用户在命令行参数中指定了什么：

```
@ARGV = qw# larry moe curly #;  # 强制让钻石操作符只读取这三个文件
while (<>) {
  chomp;
  print "It was $_ that I saw in some stooge-like file!\n";
}
```

输出到标准输出

print 操作符会读取它后面的参数列表中的所有元素，并把每一项（当然是一个字符串）依次送到标准输出。它在每项之前、之后与之间都不会再加上额外的字符。要是想在每项之间加上空格并在结尾加上换行符，你得这么做：

```
$name = "Larry Wall";
print "Hello there, $name, did you know that 3+4 is ", 3+4, "?\n";
```

当然，直接使用数组和使用数组内插在打印效果上是不同的：

```
print @array;      # 把数组的元素打印出来
print "@array";    # 打印出一个字符串（数组元素内插的结果）
```

第一条 print 语句会一个接一个地打印出数组中所有的元素，元素之间不会有空格。第二条则不同，它只打印一个字符串，就是 @array 在双引号中内插形成的字符串，也就是数组 @array 内所有元素用空格分隔后合成的字符串。所以如果 @array 的内容是 qw/ fred barney betty /，那么第一条 print 语句会输出 fredbarneybetty，而第二条则会输出以空格隔开的 fred barney betty。不过，在你打算总是使用第二种写法之前，请先想象 @array 包含了一串未截尾的输入行。也就是说，请想象里面的每个字符串都是以换行符结尾。这时，第一条 print 语句会分三行输出 fred、barney 和 betty。但是第二条 print 语句则会输出这样的结果：

```
fred
 barney
 betty
```

你看得出其中的空格是从哪里来的吗？因为 Perl 把数组内插到字符串中时，会在每个元素之间加上空格（实际上是特殊变量 $" 定义的内容，默认是空格字符）。因此我们得到的字符串将会是数组的第一个元素（fred 与换行符），接着是一个空格，之后是数组的下一个元素（barney 与换行符），接着又是一个空格，然后是数组的最后一个元素（betty 与换行符）。结果就是，除了第一行，其他几行看起来好像经过缩排一样。

每隔一两周，在新闻组或论坛中就会出现如下主题的新帖子："Perl 会在第一行之后缩进剩下的行"。我们甚至不必看正文，马上就知道他的程序用双引号括住了数组，而数组里全是没有 chomp 过的字符串。我们会问"你是不是在双引号里放了数组，而数组里面是没 chomp 过的字符串？"而答案常常是肯定的。

一般来说，如果数组里的字符串包含换行符号，那么只要直接将它们输出就好了：

```
print @array;
```

要是它们不包含换行符，你通常会想在结尾补上一个：

```
print "@array\n";
```

为了帮你分清楚哪个是哪个，通常在使用引号的场合，字符串后面都最好加上 \n。

一般情况下，程序的输出结果会先被送到缓冲区。也就是说，不会每当有一点点输出就直接送出去，而是先积攒起来，直到数量够多时才造访外部设备。

为什么要这样做呢？举例来说，当输出结果要存到磁盘时，只为了添加一两个字符到文件就去访问磁盘，（相对来讲）这样既慢又没效率。因此，输出结果通常会先被送到缓冲区，等到缓冲区满了或者在输出结束时（例如程序运行完毕），才会将它刷新（flush）到磁盘（也就是实际写到磁盘，或者写到其他地方）。通常这就是你想要的效果。

但假如你（或程序）立刻就要输出，大概愿意牺牲一些效率，在每次 print 时立刻刷新缓冲区。在这种情况下，请参阅 perlvar 文档中关于$!变量的部分，进一步了解如何控制缓冲。

由于 print 处理的是待打印的字符串列表，因此它的参数会在列表上下文中被执行。而钻石操作符（行输入操作符的特殊形式）在列表上下文中会返回由许多输入行组成的列表，所以它们彼此可以配合工作：

```
print <>;              # 相当于 Unix 下的 /bin/cat 命令

print sort <>;         # 相当于 Unix 下的 /bin/sort 命令
```

坦率讲，*cat* 和 *sort* 这两个标准的 Unix 命令还有许多额外的功能是上面两行程序代码做不到的。但它们绝对是物超所值！现在你可以用 Perl 重新实现所有的标准 Unix 工具程序，然后轻松地将它们移植到任何有 Perl 的机器上，不管那台机器的操作系统是否为 Unix。在各种不同的机器上，你都可以保证程序会用相同的方式运行。

有一个称为 Perl Power Tools 的项目，它的目标就是用 Perl 来实现所有经典的 Unix 工具程序。Perl Power Tools 一度很有帮助，因为它令大家可以在非 Unix 机器上沿用 Unix 的经典工具集合。

上面的代码有个比较不明显的问题，那就是 print 后面的括号其实可有可无。可能这会让人糊涂，到底什么时候必须用，什么时候可以不用？别忘了有这条规则：除非会改变表达式意义，否则括号可以省略。所以下面两种方法的效果完全相同：

```
print("Hello, world!\n");
print "Hello, world!\n";
```

到目前为止一切顺利。不过 Perl 还有一条规则：假如 print 调用看起来像函数调用，那它就是一个函数调用。这个规则很简单，但"看起来像函数调用"是什么意思呢？

调用函数时，函数名后面必须紧接着一对括号，包含调用函数的参数，像这样：

```
print (2+3);
```

这看起来像函数调用，所以它的确是个函数调用。它会输出 5，然后和其他函数一样返回某个值。print 的返回值不是真就是假，代表 print 是否成功执行。除非发生了 I/O 错误，否则它一定会成功。所以在下面的语句里，$result 通常会是 1：

```
$result = print("hello world!\n");
```

可是，如果你用别的方式来处理这个结果，会发生什么呢？假设你决定将返回值乘以 4：

```
print (2+3)*4;  # 糟糕!
```

当 Perl 看到这行程序代码，它会遵照你的要求输出 5。接着，Perl 会从 print 取得返回值 1，再将它乘以 4。然后它会丢掉这项乘积，因为你没告诉它接下来要做什么。这时，你旁边就会有人看到，然后说："嘿，Perl 连数学都不会！应该输出 20，而不是 5！"

问题在于 Perl 可以省略括号，而大多数人又容易忘记括号的归属。没有括号的时候，print 是列表操作符，会把其后的列表里的所有东西全都输出来。一般来说，这就是我们想要的。但是假如 print 后面紧跟着左括号，它就是一个函数调用，只会将括号内的东西输出来。因为该行程序代码有括号，所以对 Perl 来说，就和下面的写法一样：

```
( print(2+3) ) * 4;   # 糟糕!
```

好在只要你启用了警告功能，Perl 几乎总能帮你找出这类问题。所以请使用 -w 或加上 use warnings，至少在你开发程序与调试时启用它。现在，修复的办法就是加上适当的括号：

```
print( (2+3) * 4 );
```

实际上，这条规则——"假如它看起来像函数调用，那它就是一个函数调用"，不仅对 print 适用，对 Perl 所有的列表函数同样适用，只不过 print 可能最容易让人注意到这条规则。如果 print （或其他函数名）后面接着一个左括号，请务必确定在函数的所有参数之后也有相应的右括号。

用 printf 格式化输出

处理输出结果时，你也许希望使用控制能力比 print 更强的操作符。事实上，你可能已经习惯于用 C 的 printf 函数来生成格式化输出结果。不用急，Perl 里面的同名函数也能提供类似功能。

printf 操作符的参数包括格式字符串及要输出的数据列表。格式字符串就是用来填空的模板，代表你想要的输出格式：

```
printf "Hello, %s; your password expires in %d days!\n",
    $user, $days_to_die;
```

格式字符串里可以有多个转换（conversion），每个转换都会以百分号（%）开头，然后以某个字母结尾（我们稍后就会看到，在这两个符号之间可以存在另外的格式定义字符）。而后面的列表里元素的个数应该和转换的数目一样多，如果数目不匹配，就无法正确运行。上面的例子里有两个元素和两个转换，所以输出的结果看起来会像这样：

```
Hello, merlyn; your password expires in 3 days!
```

printf 可用的转换格式很多，所以我们在这里只会说明最常用的部分。当然，你可以在 perlfunc 文档里找到详细说明。

要以恰当的形式输出某个数字，可以使用 %g，它会按需要自动输出浮点数、整数甚至是指数形式的数字：

```
printf "%g %g %g\n", 5/2, 51/17, 51 ** 17;  # 2.5 3 1.0683e+29
```

%d 表示十进制整数，它会舍去小数点后的数字：

```
printf "in %d days!\n", 17.85;  # 输出 in 17 days!
```

请注意，它会无条件截断，而非四舍五入。等一下我们就会学到如何四舍五入。

类似地，我们还有表示十六进制数的 %x 以及表示八进制数的 %o：

```
printf "in 0x%x days!\n", 17;  # 输出 in 0x11 days!
printf "in 0%o days!\n", 17;   # 输出 in 021 days!
```

在 Perl 里，printf 最常用在字段式的数据输出上，因为大多数的转换格式都可以让你指定宽度。如果数据太长，字段会按需要自动扩展：

```
printf "%6d\n", 42;  # 输出 ````42（这里的每个`代表一个空格）
printf "%2d\n", 2e3 + 1.95;  # 2001
```

%s 代表字符串格式，所以它的功能其实就是字符串内插，但同时还支持设定字段宽度：

```
printf "%10s\n", "wilma";  # 输出 `````wilma
```

如果字段宽度是负数，则表示左对齐（适用于上述各种转换格式）：

```
printf "%-15s\n", "flintstone";  # 输出 flintstone`````
```

%f 表示浮点数转换格式，它可以按需四舍五入，甚至可以指定小数点后的位数：

```
printf "%12f\n", 6 * 7 + 2/3;    # 输出 ```42.666667
printf "%12.3f\n", 6 * 7 + 2/3;  # 输出 ``````42.667
printf "%12.0f\n", 6 * 7 + 2/3;  # 输出 ``````````43
```

要输出真正的百分号，请用 %%，它比较特殊，不会输出后续参数列表中的任何元素：

```
printf "Monthly interest rate: %.2f%%\n",
    5.25/12;  # 数字部分显示结果为 "0.44%"
```

既然是转义，你大概会觉得在百分号前加个反斜线就行了。想法很好，但是不对。这
是因为首先是内插，带有反斜线的转义字符 "\%" 内插后的结果还是字符串 '%'，然
后再给 printf 作为参数使用，这时候 printf 看到的是单个百分号，后续没有完整的
格式定义，它也不知道该如何处理。

以上我们在格式字符串直接写明字段宽度，其实宽度也可以作为参数另外指定。先在
格式字符串中用 * 占位表示，接下来的第一个参数就是宽度，第二个是字符串内容：

```
printf "%*s", 10, "wilma";        # 输出 `````wilma
```

也可以用两个 * 表示浮点数的总宽度和小数部分的宽度：

```
printf "%*.*f", 6, 2, 3.1415926; # 输出 ``3.14
printf "%*.*f", 6, 3, 3.1415926; # 输出 `3.142
```

以上都是最基础的用法，更多变化请阅读 perlfunc 文档的 sprintf 部分。

数组和 printf

一般来说，我们不会把数组当成参数给 printf 使用。因为数组可以包含任意数目的
元素，而格式字符串只用到固定数目的元素：如果写了三个转换格式，对应地就需要
三个元素，不多也不少。

但没人规定你不能在程序运行时动态产生格式字符串，它们可以是任意的表达式。要
想处理好需要一些技巧，比如把格式字符串存到变量，这样可能使用起来更灵活，也
方便调试：

```
my @items = qw( wilma dino pebbles );
my $format = "The items are:\n" . ("%10s\n" x @items);
## print "the format is >>$format<<\n"; # 用于调试
printf $format, @items;
```

这段程序用了 x 操作符（参见第 2 章）复制指定的字符串，复制的次数与 @items
（在标量上下文中使用）的元素个数相同。在上面的例子里，因为列表有 3 个元
素，所以复制次数是 3。这样一来，产生的格式字符串就和直接写 "The items are:
\n%10s\n%10s\n%10s\n" 一样。程序会先输出标题，接着将每个元素显示成独立的一
行，每行都靠右对齐，字段一律 10 个字符宽。很酷吧？这还不算，因为最酷的是我
们可以把它们全都组合在一起，写成一行：

```
printf "The items are:\n".("%10s\n" x @items), @items;
```

请注意，我们在标量上下文中用了一次 @items 以取得它的长度，然后又在列表上下文中用了一次以取得它的内容。上下文的重要性可见一斑。

文件句柄

文件句柄（filehandle）实际上是 Perl 程序里代表 Perl 进程与外界进行 I/O 通信时相联系的名字。也就是说，它是这种联系的名字，而不是文件的名字。通过这种机制，Perl 几乎可以与任何一个外部实体交换信息。

在 Perl 5.6 之前，所有文件句柄的名字都使用裸字（bareword），而从 Perl 5.6 起，我们可以把文件句柄的引用放到常规的标量变量中。接下来我们会先展示裸字的用法，因为许多特殊文件句柄向来习惯使用裸字，稍后再介绍存放在标量变量中的文件句柄的用法。

给文件句柄起名与 Perl 的其他标识符一样，必须由字母、数字及下划线组成，但不能以数字开头。由于裸字没有任何前置字符，所以当我们读到它的时候，可能会与现在或将来的保留字相混淆，或是与第 10 章将要介绍的标签（label）相混淆。所以再说一次，Larry 建议你使用全大写字母来命名文件句柄。这样不仅看起来更加明显，也能避免与将要引入的（小写）保留字冲突，以免程序出错。

有 6 个特殊文件句柄名字是 Perl 保留的，分别是：STDIN、STDOUT、STDERR、DATA、ARGV 以及 ARGVOUT。虽然你可以选择任何喜欢的文件句柄名，但不应使用保留字，除非确实需要以特殊方式使用上述 6 个句柄。

以上这些文件句柄也许你早就认得了。当程序启动时，文件句柄 STDIN 就是 Perl 进程和它的输入源之间的联系，也就是标准输入流（standard input stream）。它通常是用户的键盘输入，除非用户要求别的输入来源，像从文件读取输入或经由管道（pipe）读取另一个程序的输出。

我们这里所说的那三个默认 I/O 流是 Unix shell 启动某个程序时提供的输入/输出接口，但不仅限于此。我们会在第 15 章了解用 Perl 启动其他程序的时候，标准输入/输出会有什么变化。

当然还有标准输出流（standard output stream）STDOUT。默认情况下它会输出到用户的终端屏幕，但用户也可以把输出结果传送到某个文件或另一个程序，我们稍后会看具体例子。这些标准的输入/输出流源自 Unix 的"标准 I/O"库，目前大部分现代操作系统都支持。一般来说，程序应该不管不顾地从 STDIN 读取数据，继而不管不顾地将数据写到 STDOUT，相信用户（或者广义地说，是启动你的程序的那个程序）已经将它们都设定好了。比如说，用户可以在 shell 里运行以下命令：

```
$ ./your_program <dino >wilma
```

这条命令告诉 shell，程序的输入应该来自文件 *dino*，输出应该送到文件 *wilma*。而这个程序本身只管从 STDIN 读入数据，再按照我们的要求处理这些数据，之后只要把输出送到 STDOUT 即可，别的什么都不用管，交给 shell 来处理。

这样不需要额外的工作，这个程序就可以正确地在管道（pipeline）中运行。这又是另一个来自 Unix 的概念，它可以让我们将命令写成串接的形式：

```
$ cat fred barney | sort | ./your_program | grep something | lpr
```

假如你不熟悉这些 Unix 命令，没有关系，上面这行的意思是由 *cat* 命令将文件 *fred* 的每一行输出，后面再跟上文件 *barney* 里的每一行。之后，将以上输出作为 *sort* 命令的输入，对所有的行进行排序，继而把排序结果交给当前路径下的 *your_program* 处理。*your_program* 完成相应操作后，再将输出数据送到 *grep*，通过它把数据中的某些行挑出来丢弃，并将剩下的数据送到 *lpr* 这个命令，让它负责把最终结果传送给打印机打印出来。一气呵成，是不是很酷？

在 Unix 及许多其他现代操作系统里，上述的管道用法相当常见。这样一来，你只要用好几个简单、标准的组件，就能构造出功能强大且复杂的命令。每个组件都能把一件事情做得很好，至于如何巧妙地组合起来就是你的任务了。

除了标准输入流和标准输出流，还有另一个标准I/O流。如果（上面例子中）*your_program* 发出任何警告或是其他诊断信息，这些信息就不应该继续在管道中往下传递。我们已经用 *grep* 命令来筛除特定字符串以外的任何数据，因此它很可能会丢弃警告信息。即使它留下了警告信息，我们可能也不想将它们传递到管道下游的其他程序。这就是为什么我们还有一个标准错误流（standar error stream）：STDERR。即使输出会被重定向到下一个程序或文件，错误信息仍能流向用户需要之处。错误信息在默认情况下通常是输出到用户的屏幕，但用户还是可以用下面这样的 shell 命令将错误信息发送到某个文件：

```
$ netstat | ./your_program 2>/tmp/my_errors
```

一般情况下，系统是不会缓存错误信息的，一旦出错，信息立即输出。由于标准错误流和标准输出流都会被送到同一个地方，比如用户的终端显示器，没有缓存的错误信息会在正常输出之前被输出。比如你的程序要打印一行常规文字，然后做一个除以零的数学计算，那么与除以零相关的错误信息会先被打印到终端，之后再打印常规文字。

打开文件句柄

到目前为止，你已经看到过 Perl 提供的三个默认文件句柄——STDIN、STDOUT以及STDERR ——它们都是由产生 Perl 进程的父进程（通常是 shell）自动打开的文件或设备。当你需要其他文件句柄时，请使用 open 操作符告诉 Perl，要求操作系统为你的程序和外界架起一道桥梁。来看几个具体例子：

```
open CONFIG, 'dino';
open CONFIG, '<dino';
open BEDROCK, '>fred';
open LOG, '>>logfile';
```

第一行会打开名为 CONFIG 的文件句柄，让它指向文件 *dino*。换句话说，它会打开（已存在的）文件 *dino*，文件中的任何内容都能从文件句柄 CONFIG 被读到我们的程序中来。这和利用 shell 的重定向（例如 <dino 这样的写法）将文件内容经 STDIN 读入程序的做法相似。事实上，第二行正好用到了这样的技巧，它和第一行所做的事完全相同，只不过用了小于号来声明"此文件只是用来读取的，而非写入"。打开文件句柄的默认模式就是读取数据。

选择读取操作作为默认行为是出于安全的考虑。我们会在第 15 章详细介绍文件名中可以用到的其他几个魔法字符。如果 $name 里是由用户提供的文件名，那么直接使用变量 $name 打开文件，就有可能把文件名中出现的魔法字符当作特定功能，执行意料之外的操作。所以我们建议你，不管什么时候，都要以三个参数的形式使用 open 打开文件句柄。我们稍后就会具体介绍这种形式的写法。

尽管你无须使用小于号来打开一个文件表示读取输入，但我们还是用到了它，因为第三个例子有个与之相对的大于号，可以用来创建一个新的文件。这会打开文件句柄 BEDROCK 并输出到新文件 *fred* 。大于号的用途跟 shell 的重定向一样，它会将输出送到一个名为 *fred* 的新文件。如果已经存在一个名为 *fred* 的文件，那么就清除原有的内容并以新内容取代之。

第 4 个例子展示了如何使用两个大于号指明以追加的方式来打开文件（这仍然和 shell 的重定向方式相同）。换句话说，如果文件原本就存在，那么新的数据将会添加在原有文件内容的后面；如果它不存在，就会创建一个新文件，和只有一个大于号的情形相同。此特性对于日志文件（logfile）来说非常方便，你的程序可以在每次运行时只加几行数据到日志文件里。这就是为什么第 4 个例子的文件句柄称为 LOG，而文件名是 *logfile*。

你可以使用任意一个标量表达式来代替文件名说明符。不过，你通常会想要明确指定输入或输出的方向：

```
my $selected_output = 'my_output';
open LOG, "> $selected_output";
```

注意大于号后的空格。Perl 会忽略它，但这个空格能防止意外发生。如果 $selected_output 的值是 ">passwd" 而之前又没有空格的话，就会变成以替换方式写入，而非以追加方式写入文件。

从 Perl 5.6 开始，open 还有一种三个参数形式的写法：

```
open CONFIG, '<', 'dino';
open BEDROCK, '>', $file_name;
open LOG, '>>', &logfile_name();
```

其优点在于语法上可以很容易区分模式串（第二个参数）与文件名本身（第三个参数），这种写法在安全性方面有好处。由于它们是单独的参数，Perl 不会有混淆的机会。

其实除此之外，三个参数形式的写法还有一个好处，那就是有机会指定数据的编码方式。如果你预先知道要读取的文件是 UTF-8 编码的，则可以在文件操作模式后面加上冒号，然后写上编码名称：

```
open CONFIG, '<:encoding(UTF-8)', 'dino';
```

反过来，如果要以特定编码写数据到某个文件，也可以这么用：

```
open BEDROCK, '>:encoding(UTF-8)', $file_name;
open LOG, '>>:encoding(UTF-8)', &logfile_name();
```

对此我们还有一个简便写法，不用每次键入 encoding(UTF-8)，只要写上 :utf8 就可以了。但两者之间并不完全等同，简写方式不会考虑输入或输出的数据是否真的就是合法的 UTF-8 字符串。如果用 encoding(UTF-8) 的话，它是会确认编码是否正确这一点的。:utf8 则不管拿来的是什么，直接当作 UTF-8 编码字符串来处理，所以有时候会出现一些问题。即便如此，还是有很多人喜欢这么用：

```
open BEDROCK, '>:utf8', $file_name;  # 可能会有问题
```

使用 encoding() 的形式，还能指定其他类型的编码。我们可以通过下面这条单行命令打印出所有 *perl* 能理解和处理的字符编码清单：

```
$ perl -MEncode -le "print for Encode->encodings(':all')"
```

这个列表中出现的名字应该都可以拿来用在读取和写入文件时指定编码。但有些编码方式可能在其他机器上无法使用，关键还是要看相应的编码系统是否安装在系统中。

如果想要 little-endian 版本的 UTF-16 字符串，可以这样写：

```
open BEDROCK, '>:encoding(UTF-16LE)', $file_name;
```

或者是 Latin-1 字符集：

```
open BEDROCK, '>:encoding(iso-8859-1)', $file_name;
```

除了转换字符编码之外，数据输入或输出过程当中还有其他层（layer）可以控制数据的转换操作。比如说，有时候你拿到的文件采用 DOS 风格的换行符，也就是文件中每行都以回车/换行（carriage-return/linefeed，CR-LF）对（也常写作 "\r\n"）结尾。而 Unix 风格的换行符则只是一个 "\n"。不管把谁当作谁，弄错了的话得到的结果就会很怪异。借助 :crlf 层，就可以自动解决这个问题。如果想要确保得到的文件每行都以 CR-LF 结尾，就得在操作该文件时使用这个特殊层：

```
open BEDROCK, '>:crlf', $file_name;
```

现在每行写入文件时，该层就会把每个换行符转换为 CR-LF。不过请注意，如果原本就是 CR-LF 风格的话，转换后会多出一个换行符。

读取 DOS 风格的文件时也可以这样转换：

```
open BEDROCK, '<:crlf', $file_name;
```

现在，读入文件的同时，Perl 会把所有 CR-LF 都转换为 Unix 风格的换行符。

以二进制方式读写文件句柄

通过文件句柄处理数据时，我们可以不用关心原始数据的编码方式，直接以二进制数据流的方式读写，句柄前加上 binmode 即可。这样即使二进制文件中碰巧出现序数值和换行符相同的字符，也不会将其当作文本文件中的换行符处理：

```
binmode STDOUT; # 不会转换换行符
binmode STDERR; # 不会转换换行符
```

Perl 5.6 称之为约束（discipline），因为它只是克制地不作过多解释，照单收纳。但之后，我们可以设定按照某种特定的编码方式读写数据，于是我们把这种内在的处理和转换改称为过滤层（layer）。

所以从 Perl 5.6 开始，你可以在 binmode 的第二个参数位置上指定过滤层。比如希望向 STDOUT 输出 Unicode 编码的字符，就必须提前告之，以便 STDOUT 能够正确处理和显示：

```
binmode STDOUT, ':encoding(UTF-8)';
```

若是不指明，STDOUT 无法理解拿到的是什么，除非关闭警告功能，否则会提示以下信息：

```
Wide character in print at test line 1.
```

binmode 同样可用于标准输入和标准输出。如果希望标准输入的数据按 UTF-8 编码方式读取，以下面方式指明：

```
binmode STDIN, ':encoding(UTF-8)';
```

异常文件句柄的处理

和其他程序语言一样，Perl 是无法自己说了就算地直接打开操作系统中的文件的，只能请求操作系统代为处理。如果没有权限读写或者提供的文件名错误，操作系统会拒绝打开。

如果试着从异常的文件句柄（即没有正确打开的文件句柄或已关闭的网络连接）读取数据，会立即读到文件结尾（对于你将会在本章看到的各种 I/O 方法而言，这个文件结尾在标量上下文中就是 undef，在列表上下文中就是空列表）。如果试图将数据写入这样的文件句柄，这些数据将被无声丢弃。

当然，我们可以避免这种情况。一种办法是用 -w 选项或者 warnings 编译指令启用警告功能，那么在读写异常文件句柄时，Perl 会发出警告。另一种办法是检查 open 的返回值，如果打开文件句柄失败会返回假，如果成功则返回真。所以，程序可以写成这样：

```
my $success = open LOG, '>>', 'logfile';  # 取得返回值
if ( ! $success ) {
    # open 操作失败
    ...
}
```

你可以照搬这种写法，不过稍后我们还会介绍另一种处理方式。

关闭文件句柄

处理完某个文件句柄后，可以用 close 操作符关闭它：

```
close BEDROCK;
```

关闭文件句柄的意思是让 *perl* 通知操作系统，我们对该数据流的处理已经全部完成，所以如果最后还有什么数据在缓存中，请立即写入目标文件，然后释放资源给其他程序待用。当你用 open 命令重新打开文件句柄时（也就是说，如果你在新打开的文件中重用文件句柄名），原先的文件句柄会被自动关闭。程序运行结束后退出时，Perl 也会自动关闭已打开的所有文件句柄。

关闭文件句柄时，*perl* 会刷新输出缓冲并释放该文件上的锁。因为可能有人等着用这些文件，所以需要长时间运行的程序最好尽快关闭它打开的文件句柄。不过大部分程序的运行只要一两秒，结束退出后就会自动关闭文件句柄，所以不写关闭语句的话问题也不大。关闭文件句柄的同时还会释放其他可能的有限资源，所以建议用完即刻关闭。

正因为这样，大部分简单短小的 Perl 程序习惯上不会特意书写关闭文件句柄的操作。有些人为了严谨行事以及对仗工整，为每个 open 搭配一个 close 以明确后续不再使用该句柄做任何处理，方便将来维护代码。即便程序行将结束，写上关闭操作也是一个良好习惯。

用 die 处理致命错误

让我们稍稍岔开一下话题。不单单是 I/O 读写异常，如果程序运行碰到无法绕过的问题，该如何处理异常并退出？

例如除以零、使用不合法的正则表达式或调用未定义的子程序等，一旦程序运行时碰到这样的致命错误，就该立刻中止运行，并发出错误信息告知原因。我们可以用 die 函数中止运行并给出错误信息。

die 函数的参数是要发出的错误信息文本，一般会输出到标准错误流，同时它会让程序退出运行，并在 shell 中返回不为0的退出码表示异常退出。

你可能还不知道，每个在 Unix（及许多其他现代操作系统）上运行的程序都会有一个退出状态（exit status），用来通知操作系统该程序的运行是否成功。那些以调用其他程序为工作内容的程序（比如工具程序 *make*）会查看那些程序的退出状态来判断是否一切顺利。所谓的"退出状态"其实只是一个字节，所以它能传递的信息不多。传统上，0代表成功，非0代表失败。也许1代表命令参数中的语法错误，2代表处理某程序时发生了错误，而3则可能代表找不到某个配置文件，各个程序的细节不尽相同。但是，0一定代表程序顺利完成。像 *make* 这样的程序，在看到失败的退出状态时，就不会再执行下一步了。

所以，我们可以将前面的例子改写成这样：

```
if ( ! open LOG, '>>', 'logfile' ) {
  die "Cannot create logfile: $!";
}
```

如果 open 失败，die 会终止程序的运行，并且告诉我们无法创建日志文件。可是冒号后面的 $! 代表什么呢？这是 Perl 的特殊变量，保存着最后一刻的系统错误信息。一般来说，当系统拒绝我们请求的服务时（比如打开某个文件），$! 会给我们一个解释。在这个例子里，也许是"权限不足（permission denied）"或"文件找不到（file not found）"之类的，也就是你在 C 或其他类似的语言里调用 perror 取得的字符串。这个解释性的系统错误信息就保存在 Perl 的特殊变量 $! 中。

因此，将 $! 放到错误提示中帮助用户了解自己遇到了什么问题，这是个不错的主意。不过，倘若你用 die 函数来显示程序中不属于系统服务请求的错误，这种时候请不要在信息里加上 $!，因为这时它保存的可能只是 Perl 底层操作导致的无关信息。只有在系统服务请求失败后的瞬间，$! 的值才会有用。如果操作成功了，就不会在 $! 里留下任何有用的信息。

die 还会帮你做一件事，就是自动报告出错的 Perl 程序名和行号：

```
Cannot create logfile: permission denied at your_program line 1234.
```

这一点相当有用，既然出错了，我们就要调查研究并解决问题，而程序名和行号是这一切的开始。如果不希望回显行号及文件名，可以在 die 函数的参数末尾添加换行符，如下所示：

```
if (@ARGV < 2) {
  die "Not enough arguments\n";
}
```

这段代码的意思是，如果启动程序时命令行参数不足两个，就提示参数不足的错误信息并中止运行。因为这是用户使用不当造成的问题，所以不用显示程序名和错误所在行的行号，直接用换行符结束错误信息即可。如果要调试代码或者检查数据，还是保留输出行号比较好。

请一定记得检查 open 的返回值，如果失败就只能中止运行并退出，否则后续代码无法顺利运行。

用 warn 发出警告信息

类似 die 函数能提示 Perl 的内置错误这样的致命错误（比如除以零），warn 函数可以发出类似于 Perl 的内置警告信息这样的信息（比如启用警告功能时，使用某个 undef 变量参与运算就会发出警告信息）。

warn 函数的功能和 die 差不多，不同之处仅在于最后一步：它不会终止程序的运行。其他都不变，如有需要它也会提供出错的程序名及行号，同样会将错误信息送往标准错误流。

自动检测致命错误

从 Perl 5.10 开始，autodie 编译指令已成为标准库的一部分。比如下面这个例子，之前的写法是自己检查 open 操作是否成功：

```
if ( ! open LOG, '>>', 'logfile' ) {
  die "Cannot create logfile: $!";
}
```

每次打开文件句柄都要这么写的话，确实够麻烦的。现在开始用 autodie 编译指令，它会在 open 失败时自动启动 die：

```
use autodie;

open LOG, '>>', 'logfile';
```

这条编译指令会识别 Perl 内置函数是否调用操作系统接口，这种调用时出现的错误并非程序员所能控制的，所以一旦发现，autodie 便会自动帮你调用 die 发出错误信息，信息的内容大体和我们自己组织的差不多：

```
Can't open('>>', 'logfile'): No such file or directory at test line 3
```

我们已经介绍了出现错误时的处理，现在回到 I/O 相关话题，我们继续。

使用文件句柄

文件句柄打开后,便可以像从 STDIN 读取标准输入流中的数据一样,一行行地读取它的数据。来看读取 Unix 系统密码文件的例子:

```
if ( ! open PASSWD, "/etc/passwd") {
  die "How did you get logged in? ($!)";
}

while (<PASSWD>) {
  chomp;
  ...
}
```

这个例子里,die 发出的消息中用了一对括号围住 $!。不要误会,这里的括号是要让系统错误的原因更清楚,有时候标点符号就只是标点符号。来看第二部分,我们之前所说的行输入操作符其实是由两部分组成的:一对尖括号(也就是真正的行输入操作符)以及要读取数据的文件句柄。

打开的文件句柄可以通过 print 或 printf 写入或追加数据。使用时将文件句柄直接跟在函数名之后、参数列表之前即可:

```
print LOG "Captain's log, stardate 3.14159\n";  # 输出到文件句柄 LOG
printf STDERR "%d percent complete.\n", $done/$total * 100;
```

注意,文件句柄和要输出的内容之间没有逗号。这里如果加上括号的话看起来会更古怪,所以习惯上直接省略。非要加上的话,下面两种写法都是正确的:

```
printf (STDERR "%d percent complete.\n", $done/$total * 100);
printf STDERR ("%d percent complete.\n", $done/$total * 100);
```

更改用于输出的默认文件句柄

默认情况下,如果不为 print 或(printf,我们在这里说的关于两者之一的所有内容都同样适用于另一个)指定文件句柄的话,它的输出会送到 STDOUT。要改变默认的输出文件句柄,可以用select操作符指定。比如下面的例子中,我们把用于输出的默认文件句柄改成 BEDROCK:

```
select BEDROCK;
print "I hope Mr. Slate doesn't find out about this.\n";
print "Wilma!\n";
```

一旦选择了输出用的默认文件句柄,后续的输出都将全部送往该句柄。但这么做比较容易让后续代码意义不明,所以务必及时切换回 STDOUT。另外,默认情况下,输出到

文件句柄的数据会先被缓冲，如果要实时发送，设置特殊变量 $| 为 1 即可。它的意思是，当前所设置的默认输出文件句柄不再缓冲数据，一旦输出立即刷新缓冲区，把所有数据送往目标文件句柄。对于长时间运行的程序，如果我们需要在终端实时观察运行情况，那就让它实时输出工作日志：

```
select LOG;
$| = 1;   # 不要将 LOG 的内容保留在缓冲区
select STDOUT;
# ……时间流逝，婴儿已学会走路，斗转星移，然后……
print LOG "This gets written to the LOG at once!\n";
```

重新打开标准文件句柄

我们之前说过，如果重新打开某个文件句柄（比如要打开名为 FRED 的文件句柄时，已经有一个处于打开状态的同名 FRED 文件句柄），Perl 会自动帮你关闭原来那个。我们也说过，你不应该重复使用 Perl 的 6 个标准文件句柄，除非想用来实现某些特殊功能。我们还说过，来自 die 和 warn 的信息以及 Perl 内部的出错信息都会被自动送到 STDERR。如果以上三个知识能融会贯通，你就会意识到，错误信息不一定都要送到程序的标准错误输出流，也可以送到文件里：

```
# 将错误信息写到我自己的错误日志文件中
if ( ! open STDERR, ">>/home/barney/.error_log") {
  die "Can't open error log for append: $!";
}
```

重新打开 STDERR 后，任何从 Perl 产生的错误信息都会被送到新的日志文件。但如果程序执行到 die 这部分的代码，那会怎样呢？如果无法成功打开文件保存错误信息，那么错误信息会流到哪里去？

答案是：如果重新打开这三个系统文件句柄 STDIN、STDOUT 或 STDERR 失败，Perl 会贴心地帮你恢复到原先的文件句柄。换句话说，Perl 只有在成功打开新句柄后，才会关闭原先的系统文件句柄。通过重新定义这三个系统文件句柄的流向，我们可以实现标准数据流的重定向，类似于 shell 中对程序输出的 I/O 重定向。

用 say 来输出

Perl 5.10 从正在开发的 Raku 中借来了 say 这个函数（而 Raku 中的 say 函数可能是借鉴了 Pascal 的 println 函数）。它的功能和 print 函数基本相同，差别在于最终打印每行内容时会自动加上换行符。所以下面这三种写法最后的输出结果是一样的：

```
use v5.10;

print "Hello!\n";
print "Hello!", "\n";
say "Hello!";
```

如果只是要打印某个变量值并在末尾附带换行符，不用特意创建字符串，也不用给 print 函数提供数据列表，只要直接 say 这个变量就可以了。这类需求很常见，在你想输出某些内容并换行时，这个函数用起来非常顺手：

```
use v5.10;

my $name = 'Fred';
print "$name\n";
print $name, "\n";
say $name;
```

但在内插数组时，最好用引号将它括起来，以便用空格隔开数组中的每个元素：

```
use v5.10;

my @array = qw( a b c d );
say @array;   # "abcd\n"
say "@array"; # "a b c d\n";
```

和 print 函数一样，你可以为 say 指定一个文件句柄：

```
use v5.10;

say BEDROCK "Hello!";
```

因为这是 Perl 5.10 的新特性，所以只能在启用 Perl 5.10 新特性的情况下使用。虽然传统的 print 一样可以工作得很好，不过我们觉得一定有许多 Perl 程序员会马上换用这个新函数，这样每次都可以省掉 4 次按键：函数名字可以节约两次，再加上 \n 的两次。

标量变量中的文件句柄

从 Perl 5.6 开始，我们已经可以把文件句柄存放到标量变量中，而不必非得使用裸字。别小看这点差别，带来的好处可不少。成为标量变量后，文件句柄就可以作为子程序的参数传递，或者放在数组、哈希中排序，或者严格控制它的作用域。当然，有关裸字的用法还是需要谨记在心，很多时候我们写的都是应急的短小脚本，用裸字更快捷，没必要用变量存储文件句柄。

在 open 函数中原来使用裸字的地方写上不含任何值的变量，那么文件句柄就会存放到那个变量中。一般人们都会使用词法变量以确保该变量预先是空的，有些人喜欢在变量名后面添上 _fh 表示这是用来保存文件句柄的变量：

```
my $rocks_fh;
open $rocks_fh, '<', 'rocks.txt'
  or die "Could not open rocks.txt: $!";
```

甚至可以把这两步并作一步，直接在 open 函数中声明词法变量：

```
open my $rocks_fh, '<', 'rocks.txt'
  or die "Could not open rocks.txt: $!";
```

得到保存文件句柄的变量之后，只要把原来使用裸字的地方改成用这个变量就可以了：

```
while( <$rocks_fh> ) {
  chomp;
  ...
}
```

输出信息到某个文件句柄也可以使用变量。在原来使用裸字的地方使用这个标量变量，以适当的读写模式打开该文件句柄：

```
open my $rocks_fh, '>>', 'rocks.txt'
  or die "Could not open rocks.txt: $!";
foreach my $rock ( qw( slate lava granite ) ) {
  say $rocks_fh $rock
}

print $rocks_fh "limestone\n";
close $rocks_fh;
```

请注意，这种写法仍然不需要额外的逗号，Perl 能自行判断。如果跟在 print 后面的第一个参数之后没有逗号，就说明它是一个文件句柄，即此处的 $rocks_fh。如果误加了逗号，打印出来的内容会很奇怪，一般不是你想要的结果：

```
print $rocks_fh, "limestone\n"; # 错误
```

这段代码会打印类似下面这样的字符串：

```
GLOB(0xABCDEF12)limestone
```

这是怎么回事？说来也简单，因为第一个参数后出现了逗号，所以 Perl 把这个参数当作要打印的字符串而不是文件句柄来处理。虽然我们还没介绍过有关引用的概念，不过如果有兴趣，可以翻翻我们另外的进阶书籍 *Intermediate Perl*，其中有关将引用字符串化（stringification）的内容会详细解释内在机理。所以，根据上面的原则，下面

这两条语句实质上是不同的：

```
print STDOUT;
print $rocks_fh;   # 错误，这应该不是你的本意
```

在第一个例子中，Perl 知道 STDOUT 是文件句柄，因为它就是个裸字。由于其后没有任何参数，所以它会打印默认变量 $_ 中的内容。而在第二个例子中，Perl 无法预先判断 $rock_fh 是否为文件句柄，只有运行到这条语句时才知道变量里面保存的是不是文件句柄，所以它只好假设标量变量 $rock_fh 是要输出的字符串变量。要解决这样的问题并不难，只要用花括号围住文件句柄，Perl 就能明白它的正确含义，即便这个文件句柄保存在数组或哈希中也没关系：

```
print { $rocks[0] } "sandstone\n";
```

使用花括号指明目标文件句柄的时候，默认是不会打印 $_ 的内容的，你得自己明确写出来：

```
print { $rocks_fh } $_;
```

根据实际编程需要，你可以自己决定使用裸字还是标量变量。一般对于短小的程序，比如系统管理员的工具脚本，用裸字就够了。而对于稍大一点的项目或应用程序，还是建议使用标量变量，从而精确控制文件句柄的作用范围，方便调试和维护。

习题

以下习题答案参见第 313 页上的"第 5 章习题解答"一节：

1. [7] 写一个功能跟 *cat* 相似的程序，但将各行内容倒序后输出（有些操作系统会有一个名为 *tac* 的类似工具）。假如用 ./tac fred barney betty 来运行你的程序，它的输出结果应该先是文件 *betty* 的最后一行到第一行，接着是文件 *barney* 与 *fred*，同样是由最后一行到第一行。（如果你将此程序取名为 *tac*，请一定要在运行时加上 ./，才不会运行你系统中现有的同名程序！）

2. [8] 写一个程序，要求用户分行键入各个字符串，然后以 20 个字符宽、向右对齐的方式输出每个字符串。为了确定输出结果在适当的列中，请一并输出由数字组成的"标尺行（rule line）"（只是为了方便调试）。请确认自己没有误用 19 个字符的宽度！比如输入 hello、good-bye 后应该会得到下面这样的输出结果：

```
123456789012345678901234567890123456789012345678901234567890
               hello
            good-bye
```

3.　[8] 修改上一个程序，让用户自行选择列宽，这样在键入 30 的时候，hello、good-bye（在不同行上）应该会向右对齐到第 30 个字符（提示：请参阅第 2 章"字符串中的标量变量内插"一节中关于控制变量内插的部分）。附加题：根据用户键入的宽度，自动调整标尺行的宽度。

## 第6章

哈希

本章我们会看到使 Perl 成为杰出编程语言的关键特色——哈希。尽管哈希非常强大有用，但那些多年使用其他语言的人却可能从未听说。不过从现在开始，几乎每个 Perl 程序中你都会用到哈希。是的，它真的非常重要。

什么是哈希？

哈希是一种数据结构，它和数组的相似之处在于可以容纳任意多的值，并可按需取用。而它和数组的不同之处在于检索方式不同，数组是以数字下标来检索，哈希则以唯一的名字来检索。我们把这个唯一的名字称为键（key）（参阅图6-1）。

哈希的键只能使用字符串表示。类似于通过数字 3 获取数组元素，我们可以用 wilma 这个名字来存取哈希元素。

这些键可以是任何字符串——你可以用任意字符串表达式作为哈希键。它们也必须是唯一的字符串，就像数组只能有一个编号为 3 的元素一样，哈希也只能有一个名为 wilma 的元素。

我们可以把哈希想象成一大桶数据，其中每个数据都有关联的标签。你可以伸手到桶里任意取出一张标签，看它上面写的数据是什么。但是桶里没有"第一个"元素，只有一堆元素。在数组里，第一个为元素 0，然后是元素 1、2 等等。但是哈希里没有顺序，因此也没有所谓的第一个元素，有的只是一堆键-值对的集合。

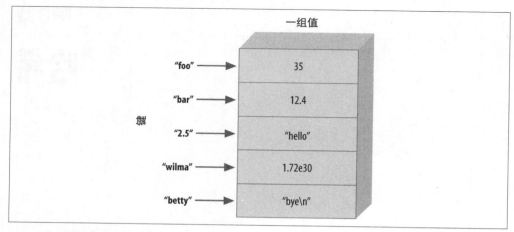

图6-1：哈希的键与值

这些键和值都是任意的标量，但键总会被转换成字符串。假如你以数字表达式 50/20 为键，那么它会被转换成一个含有三个字符的字符串 "2.5"，恰好就是图 6-2中的一个键。

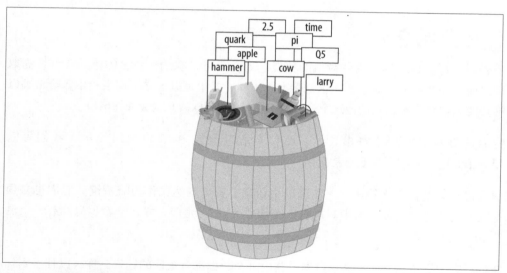

图6-2：哈希像一桶数据

和以往一样，根据 Perl "去除不必要限制" 的原则，哈希的数据结构容量可以是任意大小，从没有任何键-值对的空哈希到填满内存的巨大哈希都可以。

某些语言也有哈希，但在键-值对增多时检索速度会逐渐变慢，比如 *awk* 语言。其实，当年 Larry 正是从这个语言借用了哈希的思想。但 Perl 版本的哈希没有这个问题，它有良好、高效、可伸缩的算法。如果某个哈希只有三个键-值对，从中提取任意一项数据当然都会非常快。如果某个哈希包含 300 万个键-值对，从中提取任意一项数据还是会和原来一样快。所以，我们不用担心大数据量哈希的读写性能。

注意，虽然键是唯一的，但它们对应的值是可以重复的。哈希的值可以是数字、字符串、undef，或是这些类型的组合。但哈希的键必须是字符串且不可重复。

为何使用哈希？

第一次听说哈希的人，尤其是多年从事其他语言开发的人，会奇怪为什么大家都想要拥抱这个怪兽。其实哈希要解决的问题很常见，大家都需要将一组数据对应到另一组数据。比如下面这些典型的应用场景：

驾驶执照号码，姓名

　　这个世界上有许许多多叫做 John Smith 的人，但每一个人的驾驶执照号码都应该不同。我们可以把这个唯一的号码作为哈希的键，姓名作为对应的值。

单词，单词出现的次数

　　这是一个非常典型的哈希应用场景。本章末尾会以此为素材给出习题。

　　其实这个问题就是统计某篇文档中每个单词出现的频率，即词频。也许你在为一堆文件编写索引，然后当用户搜索 fred 时，可以根据索引知道，某篇文档提到 fred 5 次，另一篇文档提到 fred 7 次，并且还有篇文档一次都没提到过 fred。这样，我们就能知道用户想要的应该是哪篇文档了。索引构造程序先通读给定文档，每次看到 fred 就把哈希中键为 fred 的值自增 1。如果之前已经出现过两次 fred，那么就把原来的值 2 自增 1 后变为 3。如果是第一次看到 fred，就把对应的初始值 undef 自增为 1。

用户名，他们已使用（或浪费）的磁盘块数量

　　系统管理员会喜欢这个例子：系统中的用户名是唯一的字符串，因此可以被当成哈希的键来检索与用户相关的信息。

我们可以把哈希当成一种极简数据库，每个键对应存储一块数据。如果我们要处理的问题的描述中带有"找出重复项""唯一的""交叉引用""查表"之类字眼的话，就很有可能需要用到哈希。

访问哈希元素

要访问哈希元素，需要使用如下语法：

```
$hash{$some_key}
```

这和访问数组的做法类似，只是用了花括号而非方括号来表示下标（键）。这样做是因为你在做一些比普通数组访问更新奇的事情，所以你应该使用更新奇的标点符号。此外，键表达式是字符串，而非数字：

```
$family_name{'fred'}   = 'flintstone';
$family_name{'barney'} = 'rubble';
```

图6-3显示了如何对哈希键赋值。

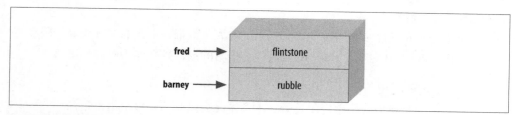

图6-3：哈希键赋值

这就让我们可以写出这样的代码：

```
foreach my $person (qw< barney fred >) {
  print "I've heard of $person $family_name{$person}.\n";
}
```

哈希变量的命名和其他 Perl 的标识符相似，可以由字母、数字和下划线构成，但不能用数字开头。另外哈希有自己的名字空间，也就是说哈希元素 $family_name{"fred"} 和子程序 &family_name 之间毫无关联。当然也没必要因此就故意把所有东西起同样的名字。假如同时有一个 $family_name 标量变量以及 $family_name[5] 这样的数组元素，Perl 也毫不在意。我们人类要学习 Perl 的做法，也就是说，我们必须仔细看清楚标识符前后的标点符号来判断它的真实意义。倘若名字之前有一个美元符号而之后紧接着花括号，那么这里使用的就是一个哈希元素。

挑选哈希名字时，最好让哈希名和键名之间能放进去一个"for"。比如"the family_name for fred is flintstone"。因此把哈希命名为 family_name 能清晰反映出键-值之间的关系。

定义哈希键时可以使用任意表达式，不只是上例中的字符串或简单标量变量，求值结果按字符串当作键：

```
$foo = 'bar';
print $family_name{ $foo . 'ney' };  # 打印 'rubble'
```

若对某个已存在的哈希元素赋值，就会覆盖之前的值：

```
$family_name{'fred'} = 'astaire';  # 给已有的元素赋上新值
$bedrock = $family_name{'fred'};   # 得到 'astaire '，之前的值已被抛弃
```

这和数组与标量的情形类似，如果对 `$pebbles[17]` 或者 `$dino` 赋值，就会覆盖之前的值。如果对 `$family_name{"fred"}` 赋值，同样会覆盖之前的值。

哈希元素会因赋值而诞生：

```
$family_name{'wilma'} = 'flintstone';              # 增加一个新的键-值对
$family_name{'betty'} .= $family_name{'barney'};   # 在需要的时候动态创建该元素
```

这种特性称为自动涌现（autovivification），我们在 *Intermediate Perl* 一书中有相关讨论。这和数组与标量的情形如出一辙，假如以前不存在 `$pebbles[17]` 或 `$dino`，赋值之后这些变量就会出现；假如以前不存在 `$family_name{"betty"}`，现在就有了。

访问哈希里不存在的值会得到 undef：

```
$granite = $family_name{'larry'};  # 没有 larry 这个键，所以值为 undef
```

是的，这个效果跟数组与标量的情形相似：假如`$pebbles[17]`或`$dino`里还没有值，访问这些变量时会得到 undef；假如没有任何值存放在 `$family_name{"larry"}` 中，访问它的时候也会得到 undef。

访问整个哈希

要指代整个哈希，可以用百分号（%）作为前缀。所以之前我们使用的哈希准确来讲应该称为 `%family_name`。

为了定义和解构方便，哈希可以转换成列表，或者通过列表构造哈希。在列表上下文中对哈希赋值（下面这个例子来自于图6-1），列表中的每个元素将依次作为键-值对，构造出一个新的哈希：

```
%some_hash = ('foo', 35, 'bar', 12.4, 2.5, 'hello',
        'wilma', 1.72e30, 'betty', "bye\n");
```

虽然可以使用任意长度的列表，但由于哈希是由键-值对构成的，所以对应列表也应该有偶数个元素，否则最后一个键对应的值会是 undef。当然你可以忽略这个警告。

在列表上下文中，哈希返回的是键-值对组成的列表：

```
my @any_array = %some_hash;
```

我们把这个变换叫做哈希松绑（unwinding）——键-值对重新变回列表。当然，此时的键-值对和当初赋值时的顺序基本上不会相同：

```
print "@any_array\n";
  # 可能会给出像这样的结果：
  # betty bye（以及一个换行符）wilma 1.72e+30 foo 35 2.5 hello bar 12.4
```

 在标量上下文中，哈希返回哈希中的键数：my $count = %hash;。然而，在 Perl 5.26 之前，它却会返回一个奇怪的分数，这个分数与目前你使用的哈希数量和 *perl* 分配的哈希总量相关。

之所以顺序乱掉，是因为 Perl 已经为了哈希的快速检索而对键-值对的存储作了特别排序。因此选择使用哈希的场合，要么元素存储的顺序无关紧要，要么最后可以自行重新排序。

当然，即使键-值对的顺序被打乱，列表里的每个键还是会"黏着"相应的值。所以，即使无法知道某个键 foo 出现在列表的哪个位置，仍然可以确信对应值 35 会跟在它后面。

哈希赋值

我们很少用下面这种方法将一个哈希赋值给另一个哈希，但语法上这么做是可以的：

```
my %new_hash = %old_hash;
```

这里 Perl 做的工作要比看到的繁杂得多。不像 Pascal 或 C 语言里复制内存块的简单做法，Perl 的数据结构更为复杂，所以底层实现也大不相同。大致上，这行代码会先把 %old_hash 松绑为键-值对列表，然后通过列表赋值重新构造每个键-值对，最终形成新的哈希 %new_hash。

我们有时会对哈希做一些变形。比如反转键-值对，得到逆向检索的新哈希：

```
my %inverse_hash = reverse %any_hash;
```

这会将 %any_hash 松绑为键-值对列表，看起来是（*key, value, key, value, key, value,* …）这样的。然后利用 reverse 的列表翻转功能形成一个（*value, key, value, key, value, key*, …)这样的新列表，达成键值互换。当结果存回 %inverse_hash 时，我们就能以原本在 %any_hash 里的值进行检索，现在它已经成为 %inverse_hash 的键，而按它找到的值则是 %any_hash 里的某个键。现在我们能按"值"（现在是键）来找"键"（现在是值）了。

当然，思维缜密的读者可能已经猜到，这种技巧只能在原始哈希的值不重复的情况下才能奏效，否则就会导致新哈希中有重复键，而哈希的键必须唯一。所以在不断赋值的过程中，最后那个键的值替换了之前的赋值，成为最终的结果。

我们知道，键-值对在哈希松绑之后的顺序是无法预知的，所以也就无法预知最后哪些键-值对会被覆盖。这个技巧最好是在确定原始哈希的值是唯一的情况下使用，比如前面提到的 IP 地址和主机名相互检索的例子：

```perl
%ip_address = reverse %host_name;
```

现在，我们不但能按主机名查询 IP 地址，也能反过来按 IP 地址查询主机名。

胖箭头

使用列表对哈希赋值时往往难以区分键和值的成对关系。比如下面的代码中，我们要仔细扫描并逐个默念："键、值，键、值……"，才能搞清楚第 5 个元素 2.5 其实是键，不是值：

```perl
%some_hash = ('foo', 35, 'bar', 12.4, 2.5, 'hello',
        'wilma', 1.72e30, 'betty', "bye\n");
```

如果 Perl 能让我们将此类列表中的键与值成对组合，方便区别谁是谁，岂不更好？Larry 也有感于此，因此他发明了胖箭头（=>）。对 Perl 而言，它只是逗号的另一种写法，所以有时候也称它为胖逗号。也就是说，在任何需要逗号（,）的地方都可以用胖箭头代替，这对 Perl 来说没什么区别。改写上面的代码如下：

```perl
my %last_name = (  # 哈希也可以是词法变量
  'fred'   => 'flintstone',
  'dino'   => undef,
  'barney' => 'rubble',
  'betty'  => 'rubble',
);
```

现在清楚多了，就算把姓和名都写在一行，也不辨自明。注意，这里列表结尾有个额外的逗号，这种写法不但无伤大雅，而且便于维护。当需要加入更多姓名时，只要确保每行都有一组键-值对和表示结尾的逗号就行了。Perl 会直接忽略多余的逗号。

不止于此，Perl 的理念是不要让人做多余的事。由于表示键的字符串一般都用简单的词，所以胖箭头左侧的键可以直接省略引号：

```
my %last_name = (
  fred   => 'flintstone',
  dino   => undef,
  barney => 'rubble',
  betty  => 'rubble',
);
```

当然，也不是所有情况下都可省略。如果会产生歧义，比如键名是看起来像某个 Perl 操作符的话，就必须使用引号。比如下面的代码中，放在胖箭头左边的 + 是加法操作符，没有使用引号的话就会导致编译错误：

```
my %last_name = (
  +   => 'flintstone', # 错了！编译错误！
);
```

一般我们选用的键都是非常简单的字符串，如果键名只是由字母、数字和下划线组成，并且不以数字开头，那就可以省略引号。我们将这类无需引号的字符序列称为裸字（bareword），因为它是孤立存在的。

还有一个常见允许省略键名引号的地方是：定义在花括号中的键名。比如原来的 $score{'fred'} 可以直接简写为 $score{fred}。由于许多哈希键名都是这类简单的单词，所以不加引号的写法几乎成了惯例。但要注意，如果花括号内不是裸字，Perl 就会将其当作表达式先求值，然后把结果当作键名。比如，对于下面的.，Perl 会认为进行字符串连接操作：

```
$hash{ bar.foo } = 1; # 构成键名 'barfoo'
```

哈希操作函数

为了对哈希进行各种数据处理，Perl 提供了很多基础实用的哈希操作函数。

keys 和 values 函数

keys 函数能返回哈希的键列表，values 函数能返回对应的值列表。如果哈希没有任何成员，则两个函数都返回空列表：

```
my %hash = ('a' => 1, 'b' => 2, 'c' => 3);
my @k = keys %hash;
my @v = values %hash;
```

这样，@k会包含'a'、'b'和'c'，而 @v 则会包含 1、2 和 3。当然，返回的顺序可能会有所不同，因为哈希按自己检索的需要维护存储顺序。但返回的键列表及对应的值列表之间的对应顺序是一致的：如果 'b' 是键列表的最后一个元素，那么 2 也一定是值列表的最后一个元素；如果 'c' 是键列表的第一个元素，那么 3 也一定是值列表的第一个元素。只要在取得键与取得值这两个动作之间不修改哈希，顺序必然一致。但如果新增某个元素到哈希的话，Perl 就可能根据需要重新优化排列顺序，以保证后续高速检索的能力。在标量上下文中，这两个函数都会返回哈希中键-值对的个数。这个计算过程不必对整个哈希进行遍历，因而非常高效：

```
my $count = keys %hash;   # 返回 3，也就是说有三对键和值
```

有时我们会看到别人的程序里把哈希当成布尔表达式来判断真假，比如：

```
if (%hash) {
  print "That was a true value!\n";
}
```

只要哈希中至少有一个键-值对，就返回真。所以，这样写的意思就是：假如哈希不是空的则应该如何如何。实际结果是键的数量（v5.26 和更高版本）或对维护 Perl 的人才有意义的内部调试字符串（v5.26 之前的版本），类似于"4/16"这样的形式，但只要哈希非空，这个返回值就一定为真，而如果是空哈希，则返回假。因此我们可以把它当作布尔值来使用。

each 函数

如果要遍历哈希的每个键-值对，请使用 each 函数，每次调用它会以列表形式返回两个元素，一个是键，一个是值。再次调用它会返回下一组键-值对，直到所有元素都遍历完毕，没有数据返回时，它会返回空列表。

实践中，唯一适合使用 each 的地方是在 while 循环中，如下所示：

```
while ( ($key, $value) = each %hash ) {
  print "$key => $value\n";
}
```

这里有很多细节。首先，each %hash 会从哈希中返回一组键-值对，结果是含有两个元素的列表：如果键是 "c" 而值是 3，那么列表就是 ("c", 3)。该列表会被赋值给 ($key, $value)，因此 $key 会成为 "c"，而 $value 则变成 3。

但这里的列表赋值操作是在 while 循环的条件表达式中发生的，也就是在标量上下

文中赋值。（说得再具体些，最终在 while 内部的是布尔上下文，目的是要求真/假值，而布尔上下文是一种比较特殊的标量上下文。）赋值后得到的列表在标量上下文中的求值结果为列表的元素数量，所以在这个例子中，我们得到的是 2。因为 2 是真值，所以继续执行循环体并打印 c => 3。

下一次循环中，each %hash 会返回一组新的键-值对，假设这次是 ("a", 1)。之所以能返回下一组键-值对，是因为哈希还记着上次访问的位置，用技术行话来说就是每个哈希都有一个迭代器（iterator）。这两项会被存进 ($key, $value)。因为源列表的元素个数还是 2，亦即真值，所以继续执行循环体，输出 a => 1。

由于每个哈希有自己的迭代器，因此处理不同哈希的 each 调用可以嵌套。注意，如果嵌套时 each 调用的是同一个哈希，就会相互干扰，最终出现混乱的结果。

继续执行循环，我们已经知道会发生什么事了，所以看到输出是 b => 2 时不会感到意外。

我们知道循环不可能一直运行下去。当 Perl 执行 each %hash 却已经没有任何键-值对时，each 会返回空列表。空列表会被赋值给 ($key, $value)，因此 $key 得到 undef，$value 也会得到 undef。

但因为这是在 while 循环的条件表达式中运算，所以刚才的赋值都不重要。在标量上下文中，列表赋值运算的值是源列表中元素的个数，在本例中是 0。因为 0 这个值为假，所以 while 循环就结束了，程序会继续运行循环体后面的部分。

当然，each 返回键-值对的顺序是乱的。但它与 keys 和 values 返回的顺序相同，也就是哈希的自然顺序。假如你需要依次处理哈希，只要对键排序就行了。方法如下所示：

```
foreach $key (sort keys %hash) {
  $value = $hash{$key};
  print "$key => $value\n";
  # 或者，可以略去额外的 $value 变量：
  #  print "$key => $hash{$key}\n";
}
```

我们将在第 14 章看到更多有关哈希排序的内容。

哈希的典型应用

讲到这里，不妨一起来看看哈希的实际应用。

Bedrock 图书馆使用了一个 Perl 程序，通过哈希记录每个人当前借走几本书，当然除此之外还有其他相关信息：

```
$books{'fred'} = 3;
$books{'wilma'} = 1;
```

要判断某项哈希元素的真假很简单，只要这么做：

```
if ($books{$someone}) {
  print "$someone has at least one book checked out.\n";
}
```

不过哈希里有些元素的值并不为真：

```
$books{"barney"}  = 0;      # 现在没有借出去的图书
$books{"pebbles"} = undef;  # 从未借阅过图书，这是张新办的借书证
```

因为 Pebbles 不曾借过任何书，所以她的借出数量是 undef，而不是 0。

每个有借书证的人在哈希里都有相应的键。对于每个键（也就是图书馆的借阅者）来说，都有相应的值，这个值若不是借出图书的数量，就是 undef，意味着一个从未使用过借书证的借阅者。

exists 函数

若要检查哈希中是否存在某个键（也就是某人是否有借书证），可以用 exists 函数检查，键存在的话它会返回真，不存在的话它会返回假，这和键对应的值无关：

```
if (exists $books{"dino"}) {
  print "Hey, there's a library card for dino!\n";
}
```

也就是说，exists $books{"dino"} 会返回真，如果（且仅如果）dino 存在于 keys %books 返回的键列表中的话。

delete 函数

delete 函数能从哈希中删除指定的键及其相对应的值。假如没有这样的键，那就直接结束，不会出现任何警告或错误信息：

```
my $person = "betty";
delete $books{$person};    # 销毁 $person 的借书证
```

请注意，这并不是将undef存入哈希元素。在这两种情况下，exists($books{"bet-ty"}) 会得出相反的结果。在 delete 之后，哈希中就没有这个键了，但存入 undef 后，键却是一定会存在的。

在这个例子中，delete 与存入 undef 就如同取消 Betty 的借书证与给她一张没用过的借书证一样完全不同。

哈希元素内插

可以将单一哈希元素内插到双引号引起的字符串中：

```
foreach $person (sort keys %books) {              # 按次序访问每位借阅者
  if ($books{$person}) {
    print "$person has $books{$person} items\n";   # fred 借了 3 本书
  }
}
```

但这种方式不支持内插整个哈希，"%books" 的结果只是字面上的这 6 个字符组成的字符串：%books。之前介绍过，在双引号中需要反斜线转义的魔法字符有 $ 和 @，因为它们后面的变量能进行内插；还有双引号 "，若不用反斜线转义，这个符号就会结束双引号引起的字符串；另外，\ 本身也需要转义。除了这些以外，双引号中任何字符都只代表它们自己，无需转义。但要注意，在双引号中变量名之后的撇号（'）、左方括号（[）、左花括号（{）、瘦箭头（->）和双冒号（::），它们是表示变量内容的一部分，而非字符本身。

特殊哈希 %ENV

有一个哈希是不用设置就能直接用的。你写的 Perl 程序最终是要运行在某个环境中，而程序需要对所运行的环境有所感知。Perl 会把环境信息放到特殊哈希 %ENV 里面。比如从 %ENV 中读取键为 PATH 的值：

```
print "PATH is $ENV{PATH}\n";
```

根据你所使用的操作系统和设定，大致会看到类似下面这样的输出：

```
PATH is /usr/local/bin:/usr/bin:/sbin:/usr/sbin
```

大部分常见的环境变量都会自动引入，不过你也可以添加自己需要的环境变量。不同的操作系统和 shell 有不同的设定方法。Bash 中使用 export 命令：

```
$ export CHARACTER=Fred
```

Windows 中使用 set 命令：

```
C:\> set CHARACTER=Fred
```

预先在外部设定好环境变量之后，Perl 程序内就可以读到它当前的值：

```
print "CHARACTER is $ENV{CHARACTER}\n";
```

我们后续会在第 15 章看到更多使用 %ENV 的例子。

习题

以下习题答案参见第 315 页上的"第 6 章习题解答"一节：

1. [7] 编写程序，读入用户指定的名字并且汇报相应的姓。拿熟人的姓和名测试，
    如果你太专注于计算机以至于一个人也不认识的话，也可以使用下面这个列表：

输入	输出
fred	flintstone
barney	rubble
wilma	flintstone

2. [15] 编写程序，读取一系列单词，每行一个，直到文件结尾，然后打印一份列出
    每个单词出现次数的报表。（提示：别忘了，把未定义值当成数字使用时，Perl
    会自动将它转换成 0。回头去看看前面计算总和的习题，可能会有所帮助。）这
    样，如果输入单词为 fred、barney、fred、dino、wilma、fred，每个词一行，
    输出应该告诉我们 fred 出现了 3 次。附加题：根据代码点排序输出报表。

3. [15] 编写程序，输出 %ENV 哈希中所有的键-值对。输出结果按照 ASCII 编码排
    序，分两列打印。附加题：设法让打印结果纵向对齐。注意 length 函数可以帮
    助确定第一列的宽度。测试完毕后加入更多新环境变量再次验证程序的输出是否
    正确无误。

```
```

第7章

正则表达式

Perl 提供了对正则表达式的强大支持。正则表达式的英文是 regular expression，简称为 regex。它是一种迷你但强大的语言，用于描述具有某种特征模式的字符串。Perl 的流行一定程度上离不开它附带的这个特性。

今天，许多语言都开始支持正则表达式这样的工具，甚至有些直接称为"与Perl兼容的正则表达式（Perl-Compatible Regular Expressions，PCRE）"。但 Perl 的正则表达式仍旧是其中最为强大和专业的。

在接下来的 3 个章节，我们会展示大部分经常使用的正则表达式特性。本章先介绍基础语法。在第 8 章我们将介绍匹配操作符以及模式匹配的精妙写法。最后在第 9 章我们会告诉你如何通过正则表达式修改某些文本。

有关正则表达式的知识和技能最终可能会成为你喜欢这门语言的原因之一。这些知识相当细微紧凑，要很好地掌握它们需要费一些工夫，所以不要心急，接下来的 3 章请边读边动手实践，先打好基础，后续章节的复杂正则表达式都是由开始的简单正则表达式慢慢构筑的。

序列

Perl 的正则表达式要么匹配某个字符串，要么不匹配，没有介于中间的部分匹配。并且，Perl 会寻找左起尽可能长的符合条件的字符串，而不是点到为止。

某些其他语言中的正则表达式引擎会以不同方式工作，尝试寻找所有符合条件的匹配中最契合的。如要探究这其中的各种细节，可阅读 Jeffrey Friedl 编著的 *Mastering Regular Expressions* 一书。

最简单的匹配模式是序列。要找什么字符，就把这些字符直接写到匹配模式中，然后到目标文本中查找是否包含这段序列。比如要匹配序列 abba，就把它写在两个斜线之间：

```
$_ = "yabba dabba doo";
if (/abba/) {
  print "It matched!\n";
}
```

if 语句的条件表达式中，两个斜线就是匹配操作符，默认用它匹配 $_ 中的字符串，斜线之间的部分是要匹配的模式。第一次看到操作符把某个值围起来的写法，你可能会感到惊讶，习惯就好了。

如果给出的模式能和 $_ 中的内容相匹配，则返回真；如果没有找到符合条件的，返回假。匹配过程是从目标字符串的第一个位置开始尝试的，$_ 的第一个字符是 y，但匹配模式中的字符序列的第一个字符是 a，说明这个位置上不匹配，然后尝试下一个位置。

匹配操作符来到第二个位置，如图7-1所示，这次看到的是字符 a，好像对路了。继续看，接下来尝试匹配字符序列中的第二个字符，也就是第一个 b。我们发现目标字符串中后续字符也是 b，运气不错。接着尝试匹配字符序列中的第二个 b，直到最后一个字符 a。匹配操作符找到了要匹配的序列，于是匹配成功。

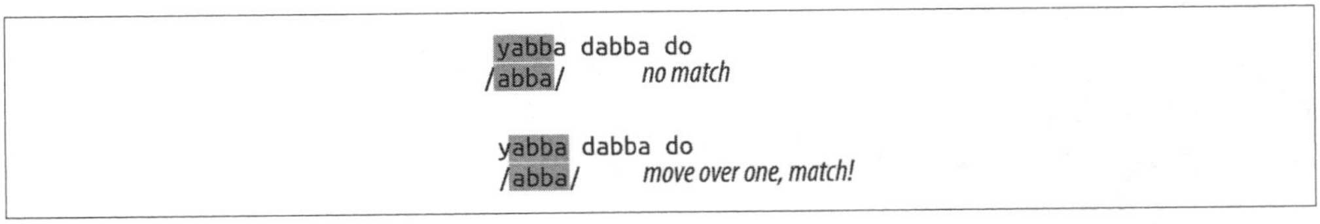

```
yabba dabba do
/abba/          no match

yabba dabba do
/abba/          move over one, match!
```

图7-1：沿目标字符串依次查找匹配序列

只要第一次匹配成功，匹配操作符就返回真。这个过程是从最左端开始尝试匹配的，找到之后就不用继续看后面的 dabba 是否也匹配了，因为最后的结论已经确定，无需浪费精力。后面我们会在第 8 章介绍与此相反的全局匹配。

在 Perl 模式中，空白字符值得关注。任何在模式中写明要匹配的空白字符，意思就是

要寻找匹配 $_ 中完全相同的空白字符。下面这段代码无法匹配成功，因为要找的模式是两个 b 中间夹一个空格：

```
$_ = "yabba dabba doo";
if (/ab ba/) {  # 不能匹配
  print "It matched!\n";
}
```

下面的模式会匹配成功，因为 $_ 中确实含有夹在 ba 和 da 中间的一个空格：

```
$_ = "yabba dabba doo";
if (/ba da/) {  # 能够匹配
  print "It matched!\n";
}
```

写在匹配操作符中的模式文本相当于写在双引号内，所以在双引号内的写法同样适用于此。像 \t 和 \n 这样的特殊序列表示的是制表符和换行符，这和写在双引号中的意义相同。此外，我们还有许多其他能匹配制表符的写法，仔细看：

```
/coke\tsprite/                           # \t 表示制表符
/coke\N{CHARACTER TABULATION}sprite/     # \N{charname}
/coke\011sprite/                         # 字符的八进制码
/coke\x09sprite/                         # 字符的十六进制码
/coke\x{9}sprite/                        # 字符的十六进制码
/coke${tab}sprite/                       # 标量变量
```

Perl 在运行时先完成变量内插，取得表示模式的字符串后，再编译这个正则表达式。编译时如果发现这个字符串非法，会收到错误消息。比如模式中出现单个括号就是非法的，因为括号在模式匹配中有特殊意义，本章后续会解释：

```
$pattern = "(";
if (/$pattern/) {
  print "It matched!\n";
}
```

有一个特殊的模式可以匹配所有字符串。用一个字符都没有的序列去匹配，就像使用一个空字符串，配啥都能配成：

```
$_ = "yabba dabba doo";
if (//) {
  print "It matched!\n";
}
```

根据之前所说的"从最左端起最长匹配"的原则，你就会明白，在字符串开始的位置总是可以匹配一个没有字符的序列。

动手实践不同模式

现在你知道了正则表达式的最简形式，接下来请动手实践一番。尤其是首次接触正则表达式的读者，只看不做的话很难深刻理解，自己尝试会带给你不同的视角和经验。

学到这里，你应该会写一个用于测试匹配模式的脚本程序了。请把下面代码中出现 PATTERN_GOES_HERE 的部分替换为你要测试的模式字符串：

```
while( <STDIN> ) {
  chomp;
  if ( /PATTERN_GOES_HERE/ ) {
    print "\tMatches\n";
  }
  else {
    print "\tDoesn't match\n";
  }
}
```

比如要测试匹配 fred，修改程序中的模式部分如下：

```
while( <STDIN> ) {
  chomp;
  if ( /fred/ ) {
    print "\tMatches\n";
  }
  else {
    print "\tDoesn't match\n";
  }
}
```

运行该程序时，它会等待你输入，每输入一行字符串，它会尝试用程序中的模式匹配并打印结果：

```
$ perl try_a_pattern
Capitalized Fred should not match
  Doesn't match
Lowercase fred should match
  Matches
Barney will not match
  Doesn't match
Neither will Frederick
  Doesn't match
But Alfred will
  Matches
```

 有些 IDE 会提供工具来帮你构建并测试某项正则表达式，此外还有许多类似功能的线上工具可以使用。比如regexr.com。

注意，输入时如果键入的是大写的 F 则不会匹配，关于忽略大小写的匹配模式我们稍后再说。另外需要注意， `Alfred` 中的 `fred` 可以匹配，即便它是另一个单词中的一部分，稍后我们会告诉你如何规避这类匹配。

每次尝试新模式都要修改程序代码，这可能会比较麻烦，而且很傻。既然我们知道模式字符串可以用变量内插，不如改成从命令行接受参数，作为要测试的模式：

```perl
while( <STDIN> ) {
  chomp;
  if ( /$ARGV[0]/ ) { # 直接使用参数会有安全隐患
    print "\tMatches\n";
  }
  else {
    print "\tDoesn't match\n";
  }
}
```

这么写实际上是有安全隐患的，因为输入的参数可以是任何东西，而 Perl 拿到之后直接当正则表达式进行编译运算，可能会带来预期外的行为。我们这里只是拿来自己测试，所以风险可控，但在正式运行的程序中可不能这么干。另外请注意，运行程序的 shell 或许会要求把模式字符串用引号引起来，因为某些模式匹配字符在 shell 中是有特殊意义和用处的：

```
$ perl try_a_pattern "fred"
This will match fred
  Matches
But not Barney
  Doesn't match
```

现在可以不改程序代码就直接测试不同模式了：

```
$ perl try_a_pattern "barney"
This will match fred (not)
  Doesn't match
But it will match barney
  Matches
```

再次重申，我们不建议生产环境中运行的程序使用这种存在安全隐患的写法。但在本章，它简单得体，能说明问题。后续章节介绍新的匹配模式时，你还会需要拿它来测试体会，多实践就会越来越顺手，做到驾轻就熟。

通配符

点号（`.`）能匹配除换行符外的任意单个字符。这是我们介绍的首个正则表达式元字符：

```
$_ = "yabba dabba doo";
if (/ab.a/) {
  print "It matched!\n";
}
```

这里换行符的例外好像很奇怪。Perl 认为一般意义上我们要匹配的是换行符前的文本，那才是我们输入的内容。而换行符不过是行与行间的分隔，是格式的一部分。

在模式中，点号代表的不是它这个字符本身，但因为它可以匹配任意单个字符，所以正好也能匹配点号这个字符。来看下面的代码，运行结果显示能够匹配，因为点号通配符能匹配字符串末尾的！：

```
$_ = "yabba dabba doo!";
if (/doo./) {                 # 能匹配
  print "It matched!\n";
}

$_ = "yabba dabba doo\n";
if (/doo./) {                 # 不能匹配
  print "It matched!\n";
}
```

如果想要匹配实际的点号字符，需要先用反斜线转义：

```
$_ = "yabba dabba doo.";
if (/doo\./) {                # 能匹配
    print "It matched!\n";
}
```

这里的反斜线是我们介绍的第二个元字符（接下来我们不再算顺序了）。既然是元字符，那么要匹配它本身，同样要先转义：

```
$_ = 'a real \\ backslash';
if (/\\/) {                   # 能匹配
  print "It matched!\n";
}
```

Perl 5.12 开始增加了另一个"能匹配除换行符外任意单个字符"的写法。如果不喜欢用点号，可以写成 \N，效果一样：

```
$_ = "yabba dabba doo!";
if (/doo\N/) {                # 能匹配
  print "It matched!\n";
}

$_ = "yabba dabba doo\n";
if (/doo\N/) {                # 不能匹配
  print "It matched!\n";
}
```

后面谈到字符集简写时我们会看到更多 \N 的用法。

量词

我们可以用量词指定匹配项的重复次数。量词也是元字符，它把写在它之前的字符作为要匹配的目标，然后定义它该重复匹配的次数。也有人称之为重复次数，或重复操作符。

最简单的量词是问号（?），它的意思是，前一个字符可以出现一次或干脆不出现（或者说，前一个字符可有可无）。比如有的人写成 Bamm-bamm，而有的人写成没有连字符的 Bammbamm，而你希望对两种写法都能匹配，那么这里的连字符（-）就是可有可无的：

```
$_ = 'Bamm-bamm';
if (/Bamm-?bamm/) {
  print "It matched!\n";
}
```

用你的测试程序试试看，以不同的方式输入 Bamm-Bamm 的名字会得到什么结果：

```
$ perl try_a_pattern "Bamm-?bamm"
Bamm-bamm
  Matches
Bammbamm
  Matches
Are you Bammbamm or Bamm-bamm?
  Matches
```

仔细观察输入的最后一行，到底哪个版本得到了可以匹配的结论？Perl 从目标字符串最左端开始扫描，逐个判断当前位置上是否能达成匹配，直到发现符合条件的字符为止，然后结束工作。所以这行匹配的是前一个版本，即 Bammbamm。一旦 Perl 完成模式匹配，就不再继续下去了，哪怕后面还有可以匹配的项。Perl 总是匹配最左端能找到的第一个子字符串，不管后续还有无匹配的，都不会改变当前结论，没必要做无用功。

接下来要介绍的量词是星号（*），它的意思是，前一个字符可以出现无数次，也可以一次都不出现。看起来好像很古怪，什么都不限定会有什么用？来看例子，其实它的意思也是前一个字符可有可无并且重复次数不限：

```
$_ = 'Bamm-----bamm';
if (/Bamm-*bamm/) {
  print "It matched!\n";
}
```

由于在连字符后使用了 *，所以这里连字符不出现或者出现不管多少个都算匹配。这个量词常用于匹配不固定长度的空白字符。比如姓名中姓和名之间出现的空格，用星号匹配：

```
$_ = 'Bamm      bamm';
if (/Bamm *bamm/) {
  print "It matched!\n";
}
```

我们可以利用它寻找长度不限定并以 B 开头、以 m 结尾的字符串：

```
$_ = 'Bamm      bamm';
if (/B.*m/) {
  print "It matched!\n";
}
```

从最左端起最长匹配的规则再次上场。由于模式 .* 可以匹配任意非换行字符任意次，所以在开始匹配的时候，.* 会尝试所有剩余的字符，直到末尾。我们把量词的这种行为称为贪婪匹配，因为它总是想要照单全收。当然，Perl 也有不贪婪的匹配，后面在第 9 章中我们再介绍。

实际上，Perl 采用了各种优化技巧来加快匹配速度，因此如果匹配运算符知道它可以做的工作少一点，那么原本贪婪的 .* 量词可能会变得稍微不那么贪婪。

但模式的下一个部分无法匹配，因为之前的匹配太贪婪，都到字符串末尾了。于是 Perl 开始一步步回退，看是否能达成匹配。只要回退到能匹配模式中的后续部分（即这里的 m ）就算找到匹配结果了。最后，达成匹配的是开头的 B 一直到最后一个 m 的部分，这是它能获得的匹配得最长的一个。

这就意味着，模式的开头或结尾部分如果是 .*，那匹配的工作量就要相对多些。并且，因为可以匹配零个字符，所以其实是不需要 .* 的：

```
$_ = 'Bamm      bamm';
if (/B.*/) {
  print "It matched!\n";
}

if (/.*B/) {
  print "It matched!\n";
}
```

这里 .* 总是可以匹配一个字符都没有的情况，所以不如直接简化为单个 B 的模式：

```
$_ = 'Bamm      bamm';
if (/B/) {
```

```
  print "It matched!\n";
}
```

 Regexp::Debugger 模块会以动画形式重放正则表达式引擎在匹配过程中的每一步。我们会在第 11 章介绍如何安装 Perl 模块。此外，我们在博客文章《利用 Regexp::Debugger 观察正则表达式匹配过程》（*Watch regexes with Regexp:: Debugger*）中做了更深入的讨论。

对应于 * 可以匹配零次或多次，量词 + 可以匹配一次或多次，也就是 + 前一个字符至少出现一次。如果至少需要一个空格，可以用 + 跟在空格后面：

```
$_ = 'Bamm         bamm';
if (/Bamm +bamm/) {
  print "It matched!\n";
}
```

这些重复操作符都可以匹配"或多次"，但不关心具体有几次。如果要匹配具体的重复次数该怎么办？我们可以把这个次数写在花括号内。比如要寻找出现三个 b 的情况，就在匹配模式中写上 {3}：

```
$_ = "yabbbba dabbba doo.";
if (/ab{3}a/) {
  print "It matched!\n";
}
```

这会匹配 dabbba 中间的部分，里面正好有三个连在一起的 b。这种写法免除了手工重复键入三次字符的麻烦。

如果这种写法的量词在模式的末尾，情况会稍有不同：

```
$_ = "yabbbba dabbba doo.";
if (/ab{3}/) {
  print "It matched!\n";
}
```

现在匹配到的是 yabbbba 中间的部分，尽管这里有超过三个的 b，但不是模式中要求的正好三个。所以这种写法取得的匹配结果在数量上可能超过模式定义中的重复次数。

如果要排除这种情况或者对数量有进一步要求，可以用广义版本的量词指定重复次数范围。在花括号内依次写上最小次数和最大次数，两者用逗号隔开即可。比如重复两次以上三次以内，写作 {2,3}。回到前面的例子，如果要在 abba 里匹配两个或三个 b 的情况，写作：

```
$_ = "yabbbba dabbba doo.";
if (/ab{2,3}a/) {
  print "It matched!\n";
}
```

这个模式会先贪婪地寻找能在 yabbbba 内匹配 abbb 的情况，但在三个 b 后面的是另一个 b，不符合条件。于是 Perl 只好继续往下走，直到看到 dabbba，它符合 b 出现两到三次的情况，收工。这符合模式匹配从最左端起最长匹配的原则。

我们还可以指定至少需要重复的次数，而对上限没有要求。在花括号中不写最大值即可，但必须保留逗号。下面的代码可以匹配 yabbbba，因为其中包含了至少三个 b，并且它是文本中最左端符合条件的：

```
$_ = "yabbbba dabbba doo.";
if (/ab{3,}a/) {
  print "It matched!\n";
}
```

同样，可以使用 0 作为最小数字来指定没有最小值的最大值：

```
$_ = "yabbbba dabbba doo.";
if (/ab{0,5}a/) {
  print "It matched!\n";
}
```

Perl 5.34 避免了必须指定 0 的要求，如同可以省略最大值一样。现在你可以编写像 {,n} 这样的无最小次数匹配：

```
use v5.34;
$_ = "yabbbba dabbba doo.";
if (/ab{,5}a/) { # will match
  print "It matched!\n";
}
```

使用 999 作为上限也能匹配，因为最多 999 个 b，但没有指定最小值。三个或四个 b 都满足：

```
use v5.34;
$_ = "yabbbba dabbba doo.";
if (/ab{,999}a/) { # will match
  print "It matched!\n";
}
```

Perl 5.34 允许在双引号上下文中的花括号内添加任意空格（模式是其中的一种），因此 {m,n} 也可以写成 { m,n }、{m , n} 这样。这也适用于量词以及 \x{}、\N{NAME} 这类写法。

现在我们需要转义的元字符又多了这些：?、*、+ 和 {。在 Perl 5.26 之前，左花括号（{）有时不用转义也可以表示该字符本身，但随着 Perl 的沿革，正则表达式的特性也在扩展，{ 被赋予了更多能力和使命，所以在之后的版本中都需要转义，才能表示它本身。相比之下，右花括号因为不会开启任何特殊处理，也就不需要转义了。

 Perl 5.28 暂时放宽了将特殊字符 { 进行转义的要求，给用户更多时间来修复遗留代码。Perl 5.30 则重新开启了这个要求。

所有以上这些量词都可以用另一种统一方式重新书写，我们列在表7-1中。

表7-1：正则表达式量词及其对应的广义形式

匹配次数	元字符	一般化写法
可有可无	?	{0,1}
零或多次	*	{0,}
一次以上	+	{1,}
至少多少次，不设上限		{3,}
指定重复次数范围		{3,5}
指定可以不匹配的重复次数范围		{0,5}或{,5}(5.34版)
准确的重复次数		{3}

模式分组

我们可以用圆括号 () 将模式字符串分组，所以圆括号也是元字符。

我们知道，量词只作用于它之前的那个字符，像模式/fred+/能匹配freddddddddd这样的字符串，因为量词 + 之前的是字母 d。如果要匹配整个 fred 的重复次数，就得用括号把它围起来，写作 /(fred)+/，此时量词对应要重复的就是前面这个用括号围起来的部分，所以能匹配 fredfredfred 这样的字符串。

圆括号还能帮我们在表达式内重复利用匹配到的字符。我们可以用反向引用（back reference）来引用圆括号中匹配到的字符。由于能取得匹配结果，我们称这种括号围起来的分组为捕获分组（capture group）。反向引用的写法是在反斜线后面接上数字，每个数字代表对应的捕获分组，按括号出现的先后次序而定。

本书旧版以及以前的文档把它称为"记忆（memory）"或"捕获缓存（capture buffer）"，但现在官方的讲法就是"捕获分组"。

用括号围起点号的意思是匹配任意一个非换行字符，然后用反向引用 \1 再次匹配刚才在圆括号中匹配的字符：

```
$_ = "abba";
if (/(.)\1/) {  # 能匹配 'bb'
  print "It matched same character next to itself!\n";
}
```

这里的 (.)\1 的意思是匹配连续出现的两个同样字符，不管是什么字符。开始的时候，(.) 匹配的是 a，然后看反向引用位置上的要求，必须也为 a 才能通过，于是失败。Perl 移动到下一个位置，重新开始刚才的匹配尝试，用 (.) 匹配下一个位置上的字符 b，此时反向引用 \1 要求下一个字符同样是 b，运气不错，得到匹配结果了。

反向引用不需要贴紧在对应捕获分组括号的右边。下面的代码匹配任意 4 个接在 y 后面的非换行字符，然后要求后续 d 后面也同样是这 4 个字符：

```
$_ = "yabba dabba doo";
if (/y(....) d\1/) {
  print "It matched the same after y and d!\n";
}
```

我们可以用多个括号形成不同分组，每个分组对应一个编号，一个编号对应一个反向引用。比如下面的代码用两个分组分别捕获两个非换行字符，然后要求接下来的字符顺序镜像重复，写作 \2 后面接着 \1。这个匹配结果看起来就像 abba 这样的回文：

```
$_ = "yabba dabba doo";
if (/y(.)(.)\2\1/) { # 匹配 'abba'
  print "It matched after the y!\n";
}
```

如何知道某个分组对应的数字编号呢？很简单，不用管嵌套的情况，从左起数左括号出现的次序即可：

```
$_ = "yabba dabba doo";
if (/y((.)(.)\3\2) d\1/) {
  print "It matched!\n";
}
```

如果把上面的写法拆开来写成下面这样，更容易看清楚。目前来说这种写法在语法上是不成立的，但后面在第 8 章中我们介绍 /x 修饰符之后就可以这么用了：

```
(           # 第一个左括号，对应 \1
  (.)       # 第二个左括号，对应 \2
  (.)       # 第三个左括号，对应 \3
  \3
  \2
)
```

Perl 5.10 开始引入了一个新的标记反向引用的写法。对应反斜线加数字编号，新的写法使用 \g{N} 的形式，其中 g 表示分组，N 就是原来的数字编号。

思考一下，如果反向引用后面需要匹配的部分是数字，会怎样？看下面的代码，\1 要重复匹配前序字符，并且后面要匹配数字 11：

```
$_ = "aa11bb";
if (/(.)\111/) {
  print "It matched!\n";
}
```

但这里面是有歧义的，Perl 不得不开始推测，要确定这里的反向引用是 \1、\11 还是 \111 。Perl 会按实际需要创建反向引用，但只保留 \1 到 \9 的缓存。因为这里只出现了一个括号，也就只有一个捕获分组，而 \111 作为反向引用的话超出范围，所以推测更有可能是八进制数的转义写法。

如果使用 \g{1} 的写法，则自然消除了反向引用与数字的歧义：

```
use v5.10;

$_ = "aa11bb";
if (/(.)\g{1}11/) {
  print "It matched!\n";
}
```

像 \g{1} 这样的写法其实可以省略花括号写成 \g1，但考虑到上面这种情况，还是建议始终保留花括号，这样意义明确，人和机器都不用猜。

编号数字可以使用负数。相对从头数捕获分组的绝对位置，负数指反向引用左侧最靠近它的相对位置。上面的代码可以用 -1 改写，效果相同：

```
use v5.10;

$_ = "aa11bb";
if (/(.)\g{-1}11/) {
  print "It matched!\n";
}
```

在这个基础上，如果再加一个捕获分组，会改变原来的分组编号，使用绝对编号书写的模式可能需要重新确认配对顺序。而使用相对编号的反向引用则不用改动，它只关心它左侧从近到远的分组，只要这个相对距离不变，编号就不用变。所以增加一个分组后，原来的编号不变：

```perl
use v5.10;

$_ = "xaa11bb";
if (/(.)(.)\g{-1}11/) {
  print "It matched!\n";
}
```

择一匹配

模式中的竖线字符（|），我们也叫它"或"，表示择一匹配，要么左侧部分匹配，要么右侧部分匹配。如果左侧模式匹配失败，那就尝试右侧模式：

```perl
foreach ( qw(fred betty barney dino) ) {
  if ( /fred|barney/ ) {
    print "$_ matched\n";
  }
}
```

这段程序会打印两个名字，第一次是左侧部分，第二次是右侧部分：

```
fred matched
barney matched
```

当然，我们可以提供更多选项：

```perl
foreach ( qw(fred betty barney dino) ) {
  if ( /fred|barney|betty/ ) {
    print "$_ matched\n";
  }
}
```

于是打印三个名字：

```
fred matched
betty matched
barney matched
```

竖线会把模式切成数块，有时候不是我们想要的效果。比如要寻找姓 Flintstone 的人，不管名字是 Fred 还是 Wilma 都行，如果像下面这样写：

```perl
$_ = "Fred Rubble";
if( /Fred|Wilma Flintstone/ ) {   # 能匹配，但结果不对
  print "It matched!\n";
}
```

确实能匹配，但不是我们要的结果。左侧可选的是单个名字 Fred，而右侧可选的是完整的姓名 Wilma Flintstone。因为 Fred 出现在 $_ 里面，所以最后结果是能匹配的，但和我们的意图有出入。所以如果要限制可选区域，应将它用括号围起来：

```
$_ = "Fred Rubble";
if( /(Fred|Wilma) Flintstone/ ) {  # 不会匹配
  print "It matched!\n";
}
```

如果目标文本中的空白部分混杂使用制表符和空格，就可以用这里的择一匹配(|\t) 兼容两者。如果可能出现多个，就用量词 + 补充说明：

```
$_ = "fred  \t \t  barney"; # 中间空白包含空格和制表符
if (/fred( |\t)+barney/) {
  print "It matched!\n";
}
```

在括号围起来的分组外使用量词，和对括号内各个可选模式分别使用量词的效果是不同的：

```
$_ = "fred  \t \t  barney"; # 中间空白包含空格和制表符
if (/fred( +|\t+)barney/) {  # 全部都是空格，或者全部都是制表符
  print "It matched!\n";
}
```

另外观察一下，如果没有括号的话，又会有什么变化。即便目标文本没有出现 barney，这段代码仍能匹配：

```
$_ = "fred  \t \t  wilma";
if (/fred |\tbarney/) {
  print "It matched!\n";
}
```

这个模式匹配的是 fred 和它后面的空格，或者是制表符加上 barney。要么匹配左侧全部，要么匹配右侧全部。所以如果要限定可选模式的作用范围，就必须用括号加以限定。

现在来看下如何支持大小写兼容的模式匹配。有些人喜欢将 Bamm-Bamm 这个名字的第二部分首字母大写，而有些人不会，那么要匹配这两种情况，分别列出可选模式即可：

```
$_ = "Bamm-Bamm";
if (/Bamm-?(B|b)amm/) {
  print "The string has Bamm-Bamm\n";
}
```

进一步，思考下如何匹配任意小写字母：

/(a|b|c|d|e|f|g|h|i|j|k|l|m|n|o|p|q|r|s|t|u|v|w|x|y|z)/

很麻烦对不对？不过我们有更好的写法，继续学习！

字符集

模式中的字符集是指在单个位置上能匹配的各种模式字符的集合。我们把这些字符归集到方括号中，比如写成 [abcwxyz]，只要在某个位置上出现的字符是这 7 个字符中的任意一个，就算匹配成功。这有点像择一匹配，但只针对单个字符有效。

为了定义方便，我们可以用连字符（-）指定字符范围，所以上面的例子可以改写为 [a-cw-z]。这个例子的好处不够明显，没省下几个字符的输入，但像 [a-zA-Z] 这样的字符集，就可以匹配所有英文大小写字母。类似地，[0-9] 可以匹配任意一个数字：

```
$_ = "The HAL-9000 requires authorization to continue.";
if (/HAL-[0-9]+/) {
  print "The string mentions some model of HAL computer.\n";
}
```

在字符集中如果要匹配连字符本身，要么转义，要么将连字符写在首尾处：

```
[-a]       # 连字符，或是 a
[a-]       # 连字符，或是 a
[a\-z]     # 连字符，或是 a，或是 z
[a-z]      # a 到 z 的全部小写字母
```

在字符集中，点号表示它本身：

```
[5.32]     # 匹配点号，或者数字5、3、2 中的一个
```

所有双引号内可使用的字符书写方式都可以用在字符集定义内，比如 [\000-\177] 可以匹配任意一个 7 比特的 ASCII 字符。方括号内使用的 \n 和 \t 仍表示换行符和制表符。记住，这里说明的语法都是正则表达式这个迷你语言范畴内的规则，和 Perl 本身的语法不尽相同，不要混淆。

现在对于匹配大小写不敏感的字符，我们有了新的武器。在允许大小写的位置使用字符集指明可以出现的字母的大小写版本：

```
$_ = "Bamm-Bamm";
if (/Bamm-?[Bb]amm/) {
  print "The string has Bamm-Bamm\n";
```

```
}
```

有时候，反过来指定要排除匹配的字符更方便，否则就要写满一堆再抠掉几个，意义不明朗，维护不方便。我们只要在字符集内部开头的地方使用 ^ 就可以表示排除了：

```
[^def]      # 任意一个不是 d、e 或 f 的字符
[^n-z]      # 小写 n 到 z 的所有字符都不行，其他可以
[^n\-z]     # 排除 n 和 - 以及 z 这三个字符
```

如果要排除的字符集少于要匹配的字符集，就该用这种写法，不言自明。

字符集的简写

有些字符集的使用频率很高，Perl 为此提供了简写，完整清单见表 7-2。比如之前例子中要匹配空格或制表符的情况，就可以用简写来代替。我们可以用 \s 表示任意空白字符（尽管无法匹配所有 Unicode 空白字符：请参阅后面的 \p{Space}）：

```
$_ = "fred \t \t barney";
if (/fred\s+barney/) {  # 任意空白字符
  print "It matched!\n";
}
```

其实这么写和之前的效果略有不同，因为空白字符不只是制表符和空格这两种，但在这里问题不大。Perl 5.10 之后，如果仅希望匹配水平空白字符，可以用 \h 简写来约束：

```
$_ = "fred \t \t barney";
if (/fred\h+barney/) {  # 任意水平空白字符
  print "It matched!\n";
}
```

 在 Perl 5.18 之前，简写 \s 无法匹配垂直制表符。更多信息请参考阅读我们的博客文章《理解不同语义下字符集的差异》（*Know your character classes under different semantics*）。

我们可以把任意数字的字符集简写为 \d，这样《2001太空漫游》中的人工智能 HAL 的型号部分就可以用 /HAL-\d+/ 代替了：

```
$_ = 'The HAL-9000 requires authorization to continue.';
if (/HAL-\d+/) {
  print "The string mentions some model of HAL computer.\n";
}
```

简写 \w 表示能用作"单词"的字符集。这里的"单词"并非我们一般意义上的单词，而是特指 Perl 里面可以用作变量名或子程序名这类标识符的字符集，即大小写字母、数字和下划线。

Perl 5.10 引入的 \R 简写用于匹配任意种类的换行符，这样不管目标文本来自哪个操作系统，所用的是哪个版本的换行符，\R 都可识别。这就是说，对于像 \r\n 、 \n 以及其他 Unicode 字符集中定义的换行符，都可一次匹配，所以它兼容 DOS 和 Unix 下的换行符匹配。\R 简写不仅能匹配单个字符的换行符，也能匹配两个字符序列的换行 \r\n，这和使用字符集只能匹配单个字符的情况不同。

我们会在第 8 章看到更多有关简写的例子，背后细节会比这里讲解的更为复杂。

简写的反义形式

有时我们需要使用以上简写的相反形式，也就是类似于 [^\d]、[^\w] 或 [^\s] 这样，分别表示除数字外、除单词字符外或除空白字符外。很简单，使用大写版本的简写即可表示相反意义：\D、\W、\S、\H 以及 \V。大写版本的简写表示只要不是小写版本对应的字符集，它都能匹配。

表7-2：ASCII 字符集的简写形式

简写	匹配
\d	十进制数字
\D	非十进制数字
\s	空白字符
\S	非空白字符
\h	水平空白字符（Perl 5.10 起支持）
\H	非水平空白字符（Perl 5.10 起支持）
\v	垂直空白字符（Perl 5.10 起支持）
\V	非垂直空白字符（Perl 5.10 起支持）
\R	广义行尾字符（Perl 5.10 起支持）
\w	"单词"字符
\W	非"单词"字符
\n	换行符（这不是真正的简写）
\N	非换行符（Perl 5.18 起属于稳定特性）

任何使用字符集的地方都可以使用以上这些简写，并且这些简写也可以写在方括号围起来的字符集中。比如，[\s\d] 会匹配某个空白或数字字符。另外有一种复合字符集 [\d\D]，字面上的意思是可以匹配任何数字或非数字，很奇怪对不对？它可以匹配任意字符，包括换行符。这是一种取巧的匹配包括换行符在内的任意字符的方式。

Unicode 字符属性

Unicode 字符能够理解自身含义，它们不只是简单的位序列。每个字符除了位组合之外，还附带着属性信息。所以除了匹配字符本身以外，我们还能根据字符的属性来达成匹配。

每个属性都有一个名字，完整的清单列在 perluniprops 文档中。要匹配某个属性，写作 \p{PROPERTY}，其中 PROPERTY 为属性名。比如，有许多字符属于空白字符，相应的属性名是 Space，匹配时用 \p{Space} 表示即可：

```
if (/\p{Space}/) { # Perl 5.34 中能匹配 25 个不同的空白字符
  print "The string has some whitespace.\n";
}
```

这里的 \p{Space} 比 \s 更详尽，它能匹配 NEXT LINE（次行）和 NONBREAKING SPACE（不断行空格）这两个字符，它还能匹配 LINE TABULATION（垂直制表符），而 \s 在 Perl 5.18 之前是无法匹配这些的。

如果要匹配数字，可以用 Digit 属性，效果上和 \d 完全相同：

```
if (/\p{Digit}/) { # Perl 5.34 中能匹配 650 个不同的数字字符
  print "The string has a digit.\n";
}
```

这两个属性所包含的字符集比你以往见过的都多得多。也有较为特定的属性，比如匹配单个表示十六进制数的字符，可以写成 [0-9A-Fa-f]，也可以用属性 \p{AHex} 限定。下面是匹配连续两个十六进制数字符的模式：

```
if (/\p{AHex}\p{AHex}/) { # 有 22 种不同的字符
  print "The string has a pair of hex digits.\n";
}
```

我们还能匹配不包含特定 Unicode 属性的字符，只要把小写的 p 改成大写的，即表示排除：

```
if (/\P{Space}/) { # 只要不是空格（符合条件的不计其数！）
  print "The string has one or more nonwhitespace characters.\n";
}
```

Perl 使用的 Unicode 属性名取自 Unicode Consortium（统一码协会）约定的名字（有少数例外），另外还加了一些方便日常使用的名字。具体清单可查阅 perluniprops 文档。

锚位

默认情况下，如果字符串的开头不匹配给定模式，就会顺移到下一个字符位置继续尝试。为了让模式只匹配固定位置上的字符，我们可以设置模式锚位。

\A 锚位匹配字符串的绝对开头，也就是说，如果字符串开头处匹配失败，不会顺移位置继续尝试匹配。比如下面的代码可以判断字符串是否以 https 开头：

```
if ( /\Ahttps?:/ ) {
  print "Found a URL\n";
}
```

注意，这个锚位匹配的是条件而不是字符。它匹配的是某个位置上是否符合某个模式，而不是这个位置上的字符，所以我们把这种锚位称为零宽断言（zero-width assertion）。上面的代码要求字符串开头必须为指定字符才能匹配。

如果要匹配字符串的绝对末尾，可以用 \z 锚位。比如下面的代码可以匹配以 .png 结尾的字符串：

```
if ( /\.png\z/ ) {
  print "Found a URL\n";
}
```

为什么说是"字符串的绝对末尾"？我们要强调的是，在 \z 后面再无任何其他东西。这里面有点历史。另外有个类似的行末锚位 \Z，它允许后面出现换行符，这样就算不剔除换行符，也能用它匹配行末出现的模式：

```
while (<STDIN>) {
  print if /\.png\Z/;
}
```

如果要严格匹配行末，就要先剔除换行符，匹配成功之后再手工补回去：

```
while (<STDIN>) {
  chomp;
```

```
        print "$_\n" if /\.png\z/;
    }
```

有时我们需要同时使用这两个锚位,以确保模式能覆盖整个目标文本。常见的例子是 /\A\s*\Z/,它会匹配一个空行,但可以出现空白字符,如制表符和空格,这样整篇文章中的空行都可以通过这个模式分辨。这里如果不加锚位,就会匹配非空行。

\A 、\Z 和 \z 都是 Perl 5 就开始支持的正则表达式特性,但并不是每个人都习惯用。很多人在 Perl 4 时代就养成习惯,用传统的 ^ 和 $ 表示字符串开头和结尾的锚位。当然这两个写法在 Perl 5 里面仍然可用,但已演化成行首(beginning-of-line)和行末(end-of-line)锚位。所以它们还是有所区别的,我们会在第 8 章做更详细的介绍。

单词锚位

锚位并不局限于字符串首尾。比如 \b 是单词边界锚位,它匹配任何单词的首尾。因此,/\bfred\b/ 可匹配 fred,但无法匹配 frederick、alfred 或 manfred mann。这和文字处理器的搜索命令类似,常称为"整词匹配"。

不过,这里所说的单词并不完全等同于一般的英文单词,它是由一组 \w 型单词,也就是由英文字母、数字与下划线组成的字符串。\b 锚位匹配的是一组连续的 \w 字符的开头或结尾。有关 \w 简写的准确定义,请复习一下本章之前的介绍。

在图 7-2 中,每个"单词"下方会出现灰色下划线,\b 能匹配的位置以箭头标识。因为每个单词都会有开头与结尾,所以字符串中的单词边界一定是偶数个。

此处所谓的"单词",是指英文大小写字母、数字与下划线的组合,也就是匹配/\w+/ 模式的字符串。该句共有 5 个单词:That、s、a、word 以及 boundary 。要注意的是,word 两边的引号并不会改变单词边界。这些单词是由一组 \w 字符构成的。

因为单词边界锚位 \b 只匹配每组 \w 字符的开头或结尾,所以每个箭头会指向灰色下划线的开头或结尾。

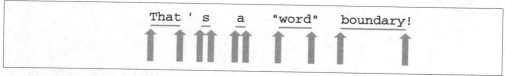

图7-2:用 \b 匹配单词边界

单词边界锚位非常有用，它保证我们不会意外地在 delicatessen 中找到 cat，在 boondoggle 中找到 dog，或在 selfishness 中找到 fish。有时候，你只会用到一个单词边界锚位，像用 /\bhunt/ 来匹配 hunt、hunting 或 hunter，而排除了 shunt；或者用 /stone\b/ 来匹配 sandstone 或 flintstone，但不包括 capstones。

非单词边界锚位是\B，它能匹配所有\b不能匹配的位置。因此，模式/\bsearch\B/ 会匹配 searches、searching 和 searched，但不匹配 search 或 researching。

Perl 5.22 和 5.24 又增加了一些更酷的锚位，不过你需要掌握更多匹配技巧才能理解它们的工作原理。我们会在第 9 章谈及替换操作符时向你介绍。

习题

以下习题答案参见第 318 页上的 "第 7 章习题解答" 一节。

如果正则表达式的运行超乎预料，不要惊讶，这很正常，初学者总是要花些时间，走些弯路才能慢慢掌握它，所以本章的练习尤为重要，请仔细完成：

1. [10] 编写程序，打印输入中带有 fred 的行（对其他行不用有任何操作）。测试以下字符串是否可以匹配：Fred、frederick 或 Alfred。创建一个小型文本文件，凑几行包含 " fred flintstone " 字样以及一些他朋友的名字的内容，然后用此文件作为程序的输入。后面的练习也会沿用此测试文件。

2. [6] 修改上题的程序，使包含 Fred 的行也能匹配。试试看如果输入字符串是 Fred、frederick 或 Alfred 的话是否还能匹配？（把包含这些名称的行添加到之前的测试文件中。）

3. [6] 编写程序，打印输入中带有点号（.）的行，忽略其他行。用之前的测试文件看下，是否能匹配包含 Mr. Slate 的行？

4. [8] 编写程序，打印包含以大写字母开头但不是全大写的单词的行。看看是否能匹配 Fred 但同时不能匹配 fred 和 FRED？

5. [8] 编写程序，打印包含两个连续的相同非空白字符的行。它应该能匹配包含 Mississippi、Bamm-Bamm 或 llama 这样的词的行。

6. [8] 附加题：编写程序，打印输入内容中同时带有 wilma 和 fred 的行。

第8章

用正则表达式进行匹配

在第 7 章里我们已经大致了解了正则表达式的基本概念。接下来，我们将会看到它是如何融入 Perl 世界的。

用 m// 进行匹配

到目前为止，我们都是把正则表达式内容写在一对斜线内，比如 /fred/。但这是简写版本，完整写法是 m//（模式匹配操作符），这里的 m 表示英文 match（匹配）。和之前看到过的 qw// 类似，你可以自行选择用于包围内容的一对字符作为定界符。所以上面这个模式还可以改写为 m(fred)、m<fred>、m{fred} 或 m[fred] 这样使用成对的定界符，或者像 m,fred,、m!fred!、m^fred^ 这样使用不成对的定界符。

不成对定界符没有左右之分，模式两边用同样字符界定即可。

有个特例，如果选择一对斜线作为定界符，则可省略开头的 m。Perl 程序员不喜欢废话，不加说明就是匹配，直接用一对斜线就行了，像 /fred/ 这样。

当然，定界符要选模式中不会出现的字符。比如匹配网址时，标准写法是 /http:\/\//，用于匹配网址的开头部分 "http://"。但转义多了不仅令人眼花，修改起来也容易错，因此可以改为 m%http://%。但最常见的定界符是花括号。如果你用的是程序员专用的文本编辑器，一般都可以从左括号跳到配对的右括号，在代码维护中快速移动光标时就非常方便。

在使用成对定界符时，一般不用担心出现在模式内的定界符，因为该定界符在模式里通常是成对出现的。也就是说，m(fred(.*)barney)、m{\w{2,}} 和 m[wilma[\n\t]+betty] 这样的写法都没问题。另外，即使模式中含有引号也行，因为每个左定界符都会有一个相应的右定界符。但尖括号（< 与 >）不是正则表达式元字符，所以它们可能不会成对出现。如果模式是 m{(\d+)\s*>=?\s*(\d+)}，那么在以尖括号作为定界符的状况下，模式中的大于号前面就需要加上反斜线，才不会过早结束模式。

模式匹配修饰符

正则表达式末尾可以追加一些修饰用的字符，用以调整模式的匹配行为。这些修饰符有时也被称作标志（flag）。

用 /i 进行大小写无关的匹配

要实现大小写无关的模式匹配，比如同时匹配 FRED、fred 和 Fred，请使用 /i 修饰符：

```
print "Would you like to play a game? ";
chomp($_ = <STDIN>);
if (/yes/i) {  # 大小写无关的匹配
  print "In that case, I recommend that you go bowling.\n";
}
```

用 /s 匹配任意字符

默认情况下，点号（.）无法匹配换行符，这符合我们"从一行文本"中寻找匹配这个常见需求。但如果字符串中包含换行符，且希望点号能匹配换行符，那么 /s 修饰符可以完成这个任务。它会将模式中每个点号转换为字符集 [\d\D] 来匹配，这就变成可以匹配任意字符，包括换行符。看下面的代码示例，测试的时候需要包含换行符，才能看出差异：

```
$_ = "I saw Barney\ndown at the bowling alley\nwith Fred\nlast night.\n";
if (/Barney.*Fred/s) {
  print "That string mentions Fred after Barney!\n";
}
```

没有 /s 修饰符的话，上面的匹配就会失败，因为前后两个名字并不在同一行。

但有时这项特性也会带来副作用。修饰符 /s 会把模式中出现的所有 . 都修改成能匹配任意字符，那么要是我们只想其中几个点号匹配任意字符呢？可以换用字符集[^\n]。但输入太麻烦，所以从 Perl 5.12 开始引入了 \N 简写来表示 \n 的否定意义。

如果你不喜欢 /s 修饰符把所有 . 都修改为匹配任意字符，你可以换用自己的字符集，比如改用 [\D\d] 或 [\S\s]。所有数字字符以及非数字字符合起来就是任意字符了。

用 /x 加入辅助空白字符

/x修饰符允许我们在模式里随意加上空白字符，从而使它更易阅读、理解：

```
/-?[0-9]+\.?[0-9]*/        # 都挤在一起，很难看清是什么意思
/ -? [0-9]+ \.? [0-9]* /x  # 加入辅助空白字符后好多了
```

由于加上 /x 后模式里可以随意插入空白字符，所以原来表示空格和制表符本身的空白字符就失去了意义，Perl 会直接忽略。但我们总可以通过转义方式变通实现，比如在空格前面加上反斜线或者使用 \t 等等。不过最常用的还是 \s（或者\s*，抑或 \s+），表示匹配空白字符。当然，我们也可以直接转义空格字符（印刷品上难以示范），或者使用等效的写法 \x{20} 或 \040。

记住，Perl 还会把模式中出现的注释当作空白字符直接忽略，所以我们可以在模式中写上注释，帮助阅读者理解意图：

```
/
  -?        # 一个可有可无的减号
  [0-9]+    # 小数点前必须出现一个或多个数字
  \.?       # 一个可有可无的小数点
  [0-9]*    # 小数点后面的数字，有没有都没关系
/x
```

由于井号表示注释的开始，所以如果要表示井号字符本身时，就得写成 \#，或者使用字符集 [#]：

```
/
  [0-9]+    # 小数点前必须出现一个或多个数字
  [#]       # 井号字符本身
/x
```

另外请特别注意，注释部分不要使用定界符，否则会被视为模式终点，提前终止模式。比如下面这个例子：

```
/
  -?        # 有减号 / 没有减号 <--- 糟糕！这里的斜线会当作模式结尾！
  [0-9]+    # 小数点前必须出现一个或多个数字
  \.?       # 一个可有可无的小数点
  [0-9]*    # 小数点后面的数字，有没有都没关系
/x
```

在本节的开始，我们谈到了"大多数空白"，现在要告诉你那些例外的部分。即使使用 /x，也不能在字符类中使用空白字符来改善其可读性。也就是说：方括号内的任何字符，包括空格和其他空白字符，都会在字符串中得到匹配。不过，我们即将解决这个问题。

字符集中的空格

Perl 5.26 添加了另一种向模式添加空白字符的方法。/xx 修饰符的作用与 /x 相同，但也允许在字符集中添加空白字符，而这些空白字符不会成为字符集的一部分。

考虑这个匹配6个可能字符的字符集：

```
/ [abc123] /x # 匹配 a,b,c,1,2,3
```

目前这还不算难懂，因为正则表达式还算短，但假设这些字母和数字代表了其他的东西。有一组A类的东西，还有另一组B类的东西。所以你可能希望将字符集中的内容分开以显示这一点，但这并不能完全奏效，因为空格现在成了字符集的一部分：

```
/ [abc 123] /x # 匹配 a、b、c、1、2、3或者空格
```

要解决此问题，请将 /x 变成/xx：

```
use v5.26;
/ [abc 123] /xx # 匹配 a、b、c、1、2、3
/ [a-z 0-9] /xx # 匹配小写字母和数字
```

如果有必要，还可以用多行代码的风格：

```
use v5.26;
/
    [
    abc
    123
    ]
/xx
```

但是有一个限制：虽然 /xx 允许添加任意的空白字符来提高可读性，但并不允许在其中添加注释。此示例中的注释实际上是字符集的一部分。这意味着正则表达式还会匹配你没想到的其他字符：

```
use v5.26;
/
[
```

```
        abc # 这其实不是注释！
        123

        ]
    /xx
```

请注意，/xx 允许范围内的空格。虽然其中有一个空格，它仍然是一个范围：

```
use v5.26;
/[0 - 9]/xx # 还是代表数字
```

联合使用修饰符

如果需要对单次匹配使用多项修饰符，只需要把它们接在一起写在末尾，前后顺序无关：

```
if (/barney.*fred/is) {  # 同时使用 /i 和 /s
  print "That string mentions Fred after Barney!\n";
}
```

或者像下面这样展开后并带注释的写法：

```
if (m{
  barney # 小伙子 barney
  .*     # 夹在中间的不管什么字符
  fred   # 大嗓门的 fred
}six) {  # 同时使用 /s、/i 和 /x
  print "That string mentions Fred after Barney!\n";
}
```

注意，我们用花括号作为定界符，这样程序员专用的编辑器就可以根据配对的花括号，快速把定位光标从正则表达式的开头跳至末尾。

选择字符的解释方式

Perl 5.14 开始增加了一些用于告诉 Perl 如何解释字符意义的修饰符，着重于两个重要方面：对大小写的处理以及对字符集简写的阐释。本节所有内容仅适用于 Perl 5.14 及后续版本。

修饰符 /a 告诉 Perl 对字符集采取 ASCII 方式解释，修饰符 /u 表示以 Unicode 方式解释，修饰符 /l 则表示根据本地化语言的设定，用对应的字符集编码作解释。如果不提供这类修饰符，Perl 会根据 perlre 文档中描述的方式采取最为妥贴的行为。通过使用修饰符，你可以显式指定程序确切的行为：

```
use v5.14;
```

```
/\w+/a  # 仅仅是 A-Z、a-z、0-9、_ 这些字符
/\w+/u  # 任何 Unicode 当中定义为单词的字符
/\w+/l  # 类同于 ASCII 的版本，但单词字符的定义取决于本地化设定，
        # 所以如果设定为 Latin-9 的话，Œ 也算单词字符
```

哪一种适合你？很抱歉，这个问题我们无法回答，因为我们不知道你要做什么。这个要看具体情况。当然，如果心存疑虑的话，可以总是采用字符集的方式明确声明要匹配的字符范围。

接下来谈谈比较难的部分。要考虑大小写处理的问题，势必要知道如何通过大写字母得到对应的小写字母。这在 Perl 里面属于"Unicode bug"，字符对应关系其实是在系统内部就写好的。相关细节请参阅 perlunicode 文档。

如果需要在匹配时忽略大小写，Perl 必须得知道如何取得对应的小写字母。在 ASCII 里，我们知道字母 K（0x4B）对应的小写字母是 k（0x6B）。反过来也一样，我们知道 ASCII 里小写的 k 的大写版本是 K（0x4B）。看起来好像理所当然，其实不然。

具体对照表可查阅 Unicode 的大小写转换规则。我们将在下一章的"大小写转换"一节作更多说明。

在 Unicode 世界里，凡事都不简单，但好在始终都有明确的对照表。热力学温度单位，也就是开尔文符号 K（U+212A），对应的小写是 k（0x6B）。尽管从字形上看，K 和 K 几无差别，但对计算机来说，内部编码不同就是不同的字符。这就是说，小写到大写的映射并不是一一对应的。一旦拿到小写版本的 k，就无法取得原来对应的大写版本，上游是两条，该回哪里去呢？不光如此，有些字符，比如合体字 ff（U+FB00），对应的小写版本是两个字符 ff。字母 β 的小写也是两个小写的 ss，但你也许并不希望匹配这样的小写版本。单个 /a 修饰符表示按照 ASCII 方式解释简写意义，如果使用两个 /a，则表示仅仅采取 ASCII 方式的大小写转换处理：

```
/k/aai  # 只匹配 ASCII 字符 K 或 k，但不匹配开尔文符号
/k/aia  # 其实 /a 不必相互紧挨，分开写的效果也是一样的
/ss/aai # 只匹配 ASCII 字符的 ss、SS、sS、Ss，不匹配 ß
/ff/aai # 只匹配 ASCII 字符的 ff、FF、fF、Ff，不匹配 ff
```

用本地化设定的话就没这么简单了。你必须知道正在使用的字符编码是什么。比如序数值为 0xBC 的字符，它究竟是 Latin-9 里面的 Œ 还是 Latin-1 里面的 ¼，或是其他本地化设定中的字符？如果不知道本地化设定是什么字符编码，就没法进行大小写转

换的处理。这里我们通过 chr() 函数构造字符来确保内部编码同我们讲的一致，以免源代码编码不一致导致运行结果不同：

```
$_ = <STDIN>;

my $OE = chr( 0xBC );  # 明确取得我们所讲的那个字符

if (/$OE/i) {          # 大小写无关？未必
  print "Found $OE\n";
}
```

在这个例子里，根据 Perl 处理 $_ 中字符串以及模式匹配中字符串的方式不同，你可能会得到不同的结果。如果程序源代码用 UTF-8 格式，但输入的字符串是 Latin-9 格式的，会发生什么？在 Latin-9 里面，字符 Œ 的序数值为 0xBC，而它的小写版本 œ 的序数值为 0xBD。在 Unicode 里面，Œ 的代码点是 U+0152，而 œ 的代码点是 U+0153。在 Unicode 里，U+0OBC 表示 ¼，它并没有什么小写版本。如果你在 $_ 中输入的是 0xBD 并且 Perl 将正则表达式作为 UTF-8 字符串来处理的话，是不会得到预想的结果的。不过，你可以添加 /l 修饰符强制 Perl 按照本地化设定的规则解析正则表达式的含义：

```
use v5.14;

my $OE = chr( 0xBC ); # 明确取得我们所讲的那个字符

$_ = <STDIN>;
if (/$OE/li) {   # 好多了
  print "Found $OE\n";
}
```

如果希望始终按 Unicode 语义阐释，做法同上面 Latin-1 的例子一样，在正则表达式末尾明确写上 /u 修饰符：

```
use v5.14;

$_ = <STDIN>;
if (/Œ/ui) {   # 现在使用 Unicode
  print "Found Œ\n";
}
```

是不是觉得头很大？没错，谁都不喜欢这么复杂的情形，不过 Perl 在这里已经尽其所能把该做的事都处理好了。要是能推倒历史重新来过的话，也许就不会闹出这么多麻烦来了。

行首和行末锚位

行首（beginning-of-line）和字符串首（beginning-of-string）的区别何在？这要看定义，你是怎么看待行的概念，计算机又是怎么看待的。当匹配 $_ 中的字符串时，Perl 并不关心其中内容。对 Perl 来讲，这堆东西不过是一个大字符串罢了，即便里面有好多换行符也是如此。但对人来讲，换行符起到分割字符单元的作用，看起来就是多行文本：

```
$_ = 'This is a wilma line
barney is on another line
but this ends in fred
and a final dino line';
```

假设给你的任务是找出行末出现 fred 的字符串，而不是整个字符串末尾出现 fred 的字符串。在 Perl 5 里面，你可以用 $ 锚位和 /m 修饰符表示对多行内容进行匹配。下面这个模式能成功匹配，因为在上面这个多行字符串中 fred 位于行末：

```
/fred$/m
```

此外，/m 修饰符还改变了原先在 Perl 4 中锚位的工作方式。上面的模式会匹配给定字符串中所有 fred 以及随后出现的换行符，或者是字符串末尾位置上的 fred。

/m 修饰符同样会改变 ^ 锚位的行为，也就是说，该锚位会同时匹配字符串开头位置和换行符之后的位置。所以下面这个模式会匹配成功，因为多行文本中 barney 出现在了行首：

```
/^barney/m
```

如果没有 /m，^ 和 $ 的行为就如同 \A 和 \z 一样。并且，如果模式写好后哪天又追加了 /m 开关的话，就会改变原来的意图，所以尽可能严谨地使用恰到好处的锚位，不留一点多余，这样总归要安全些。但正如我们之前提到的，很多人从Perl 4开始就养成了习惯，所以身边仍然会看到许多使用^和$锚位的例子，但它们的本意其实只是\A 和\z罢了。在本书后半部分，我们将选用 \A 和 \z 严谨行事，除非真的需要用到匹配多行文本的情况。

 使用模块 re 的话可以启用 flags 模式，用来声明默认启用的修饰符，然后在它之后的词法范围内，所有正则匹配都将追加这些默认修饰符。于是就有人用这个方法，把 /m 设置为默认修饰符，这样后续代码中不用再重复书写。

其他选项

当然还有许多其他修饰符，我们会在用到时再作介绍。你也可以参阅 perlop 文档中有关 m// 的部分，以及本章随后即将介绍的其他正则表达式相关操作符。

绑定操作符 =~

正则表达式默认匹配的目标文本是 $_。如果要指定匹配某个变量中的文本，可以在绑定操作符（binding operator）=~ 的左侧写上变量，右侧写上正则表达式。比如：

```
my $some_other = "I dream of betty rubble.";
if ($some_other =~ /\brub/) {
  print "Aye, there's the rub.\n";
}
```

绑定操作符虽然看起来像某种赋值操作符，其实并非如此！它只是说本来这个模式要匹配 $_ 变量，但现在请匹配左边给出的字符串。若没有绑定操作符，表达式就会使用默认的 $_。

在下面这个（不太常见的）例子里，$likes_perl 会被赋予一个布尔值，这个结果取决于用户键入的内容。这段代码算是随写随用的脚本，所以判断之后就丢弃了用户输入。这段代码先读取输入行，再匹配字符串与模式，然后把是否匹配的结果赋值给变量，同时丢弃了用户输入。这里的匹配操作完全没用到默认变量 $_，也没修改它的值：

```
print "Do you like Perl? ";
my $likes_perl = (<STDIN> =~ /\byes\b/i);
...
# 时间嘀哒...
if ($likes_perl) {
  print "You said earlier that you like Perl, so...\n";
  ...
}
```

 请记住，除非 while 循环的条件表达式中只有整行输入操作符（<STDIN>），否则输入行不会自动存入 $_。

因为绑定操作符的优先级非常高，也就没必要用圆括号括住模式匹配表达式，所以下面这行代码与上面代码的效果完全相同，最后会将匹配结果（而非该行输入内容）存入变量：

```
my $likes_perl = <STDIN> =~ /\byes\b/i;
```

捕获变量

正则表达式中出现的圆括号一般都会触发正则表达式引擎捕获匹配到的字符串。捕获组会把匹配括号中模式的字符串保存到相应变量。如果有不止一个括号，也就有不止一个捕获组。每个捕获组包含的都是原始字符串中的内容，而不是模式本身。我们可以通过反向引用取得这些捕获内容，也可以在匹配操作结束后，通过对应的捕获变量取得这些内容。

由于捕获变量保存的是字符串，所以它实质上是标量变量。在 Perl 里面，它们的名字就是 $1 和 $2 这样的形式。模式中有多少个捕获括号，就有多少个对应名字的捕获变量可用。所以，变量 $4 的意思就是模式中第 4 对括号所捕获的字符串内容，这个内容与模式运行期间反向引用 \4 所表示的内容是一样的。但它们并非同一事物的两个名字：\4 反向引用的是模式匹配期间得到的结果，而 $4 则是模式匹配结束后得到的捕获内容的索引。更多关于反向引用的信息请参阅 perlre 文档。

可以说，捕获变量是正则表达式无比强大的重要原因之一，因为有了它，我们才得以拥有提取字符串中某些特定部分的能力：

```
$_ = "Hello there, neighbor";
if (/\s([a-zA-Z]+),/) {     # 捕获空格和逗号之间的单词
  print "the word was $1\n";  # 打印 the word was there
}
```

或者一次捕获多个字符串：

```
$_ = "Hello there, neighbor";
if (/(\S+) (\S+), (\S+)/) {
  print "words were $1 $2 $3\n";
}
```

运行结果是 words were Hello there neighbor。请注意，在输出结果里没有逗号。因为模式里的逗号放在圆括号外面，所以第二个捕获中不会有逗号。使用这个技巧，我们可以精确筛选想要捕获或跳过的数据。

有时得到的捕获变量可能是空的，因为给出的字符串完全有可能不符合模式要求。所以，捕获变量有可能出现空字符串的情况：

```
my $dino = "I fear that I'll be extinct after 1000 years.";
if ($dino =~ /([0-9]*) years/) {
```

```
  print "That said '$1' years.\n";   # $1 为 1000
}

$dino = "I fear that I'll be extinct after a few million years.";
if ($dino =~ /([0-9]*) years/) {
  print "That said '$1' years.\n";   # $1 为空字符串
}
```

记住，空字符串并不等同于未定义字符串。若模式中有三个或者更少的圆括号，那么 $4 的值就是 undef。

捕获变量的存续期

这些捕获变量的内容一般会保持到下次成功匹配为止。也就是说，匹配失败后不会改动上次成功匹配时捕获的内容，而匹配成功将重置它们的值。这就意味着，捕获变量只应该在匹配成功时使用；否则，得到的就是之前一次成功匹配捕获的内容。下面的代码是错误的使用方式，其本意是要输出从 $wilma 捕获的某个单词。但如果第二次匹配失败，输出的会是之前一次匹配成功后留在 $1 里的字符串：

```
my $wilma = '123';
$wilma =~ /([0-9]+)/;                       # 匹配成功，$1 的内容是 123
$wilma =~ /([a-zA-Z]+)/;                     # 错了！这里没有判断匹配结果是否成功
print "Wilma's word was $1... or was it?\n";  # 所以捕获变量 $1 里的内容仍旧是 123！
```

这就是模式匹配总是出现在 if 或 while 条件表达式里的原因：

```
if ($wilma =~ /([a-zA-Z]+)/) {
  print "Wilma's word was $1.\n";
} else {
  print "Wilma doesn't have a word.\n";
}
```

既然这些捕获内容不会永远留存，那么 $1 之类的捕获变量只应该在模式匹配后的数行内使用。如果程序维护员在原先的正则表达式和 $1 的使用之间加入了一个新的正则表达式，$1 将会是第二次匹配捕获的值，而非第一次。因此，如果需要在数行之外使用捕获变量，通常最好的做法是将它复制到某个普通变量里。这其实也能改善程序代码的可读性：

```
if ($wilma =~ /([a-zA-Z]+)/) {
  my $wilma_word = $1;
  ...
}
```

稍后，在第 9 章我们会学习如何在模式匹配发生的同时，直接将捕获的内容存到变量，而不用另外特意使用 $1 进行赋值。

择一捕获

捕获变量可能会出现在择一匹配中，并且变量编号的规则仍然适用：计算左括号的顺序。但是，只有一个分支可以匹配。所以在这里的两个捕获变量中，哪一个有非空值？

```
if ( $name =~ /(F\w+)|(P\w+)/ ) { # Fred 还是 Pebbles?
print "1: $1\n2: $2\n";
}
```

启用警告功能后，其中一个捕获变量（因为使用未初始化的值）会产生警告消息。

更复杂的是，在择一匹配之外添加第三个捕获，导致 $4 这个捕获变量。其他的规则仍然继续适用：

```
/
( # $1
 (F\w+) | # $2
 (P\d+) # $3
)
\s+
 (\w+) # $4
/x.
```

择一匹配进入另一个分支时会发生什么？该新分支的捕获变量成为 $4，最后一次捕获则进入 $5：

```
/
( # $1
 (F\w+) | # $2
 (P\d+) | # $3
 (Dino) # $4，新捕获
)
 \s+
 (\w+) # 现在是 $5
 /x
```

这非常糟糕。你想要的应该是稳定的逻辑，无论择一匹配的哪个分支得到匹配，捕获内容都会稳定进入固定的数字变量。这样，就可以确定捕获变量的编号只有一种情况，也就是说，新分支不会干扰模式的其余部分。

Perl 5.10 添加了分支重置操作符 (?|...) 来处理这个问题：

```
/
(?|              # 这里所有的都算 $1
  (F\w+) |
  (P\d+) |
  (Dino)
```

```
)
\s+
(\w+)          # $2
/x
```

在上面的示例中，我们可以通过捕获整个择一分支来获得相同的结果，因为每个分支都会捕获所有的内容：

```
/
( # 这里所有的都算 $1
  F\w+ |
  P\d+ |
  Dino
)
\s+
(\w+) # $2
/x
```

当某些分支匹配它们未捕获的额外文本时，分支重置很方便：

```
/
(?|          # 这里所有的都算 $1
  (Fr)ed |
  (Peb)\d+ |
  (D)ino
)
\s+
(\w+)          # $2
/x
```

还有一件事需要注意。每个分支可以有不同数量的捕获，整个分支重置组将占用与捕获数最多的分支相同的捕获数。在此模式中，第三个分支 (D)(.)no 有两个捕获，因此整个分支重置操作符将有两个捕获。即使只有一次捕获的第一个分支匹配，也是如此：

```
/
(?|          # 总是能捕获 $1 和 $2
  (Fr)ed |
  (Peb)\d+ |
  (D)(.)no   # 有两个捕获
)
\s+
(\w+)          # $3
/x
```

禁用捕获的括号

目前所见的圆括号都会捕获匹配字符串到捕获变量中，但有时却需要关闭这个功能，而只用它来进行分组。比如某个正则表达式中有些部分是可选的，另外的部分却是要捕获的。在本例中，巨无霸（bronto）是广告用语，而之后的部分，牛排（steak）或者汉堡（burger）才是我们感兴趣的：

```
if (/(bronto)?saurus (steak|burger)/) {
  print "Fred wants a $2\n";
}
```

尽管有时"bronto"不存在，还是得把 $1 变量留给它。Perl 只是按左圆括号的序号来决定捕获变量名，这导致我们真正想捕获的内容只能进入 $2。在更复杂的模式中，这种情况非常让人困惑。

幸而 Perl 的正则表达式允许禁用捕获，我们称之为非捕获括号（noncapturing parenthese）。书写时要在左括号后加上问号和冒号以示区别，像 (?:) 这样。此时括号仅用于分组，不再捕获匹配字符串。

可以在这里使用非捕获括号来跳过"bronto"，这样就可以用 $1 捕获实际需要的内容：

```
if (/(?:bronto)?saurus (steak|burger)/) {
  print "Fred wants a $1\n";
}
```

之后若要修改正则表达式，支持巨无霸汉堡的"BBQ"版（注意这里有一个空格），就可以在这个模式中加入不捕获的可选项。这时你感兴趣的字符串仍然会进入捕获变量 $1。若没有这个功能，就必须在每次加入分组括号后修改捕获变量的名字：

```
if (/(?:bronto)?saurus (?:BBQ )?(steak|burger)/) {
  print "Fred wants a $1\n";
}
```

Perl 的正则表达式还有许多其他用在圆括号内的修饰符，以微调不同的扩展功能，比如前瞻、后顾、内嵌注释，甚至可以在模式中嵌入运行代码。详细信息可以参考 perlre 文档。

Perl 5.22 之后，如果分组括号很多且都无需捕获，可以在模式末尾使用 /n 修饰符，它会把正则表达式中所有的圆括号都变更为非捕获分组：

```
if (/(bronto)?saurus (BBQ )?(steak|burger)/n) {
  print "It matched\n"; # 现在没有对应的 $1 可用了
}
```

命名捕获

我们可以利用圆括号的捕获功能提取特定字符串并保存到诸如 $1、$2 这样的变量中。不过就算较为简单的模式，要维护数字变量和圆括号之间的对应关系也是一件比较繁琐易错的事。比如下面这个正则表达式，它匹配 $names 中出现的两个名字：

```
use v5.10;

my $names = 'Fred or Barney';
if ( $names =~ m/(\w+) and (\w+)/ ) { # 不会匹配
  say "I saw $1 and $2";
}
```

实际上看不到 say 的输出，因为模式字符串中期望的是 and，而实际变量中给出的是 or。为了应对这种情况，我们觉得应该允许两者并存，所以在正则表达式中加入择一匹配（alternation），不管是 and 还是 or 都没关系。当然，作为择一匹配的部分必须要加上圆括号以表示候选范围：

```
use v5.10;

my $names = 'Fred or Barney';
if ( $names =~ m/(\w+) (and|or) (\w+)/ ) { # 现在能匹配了
  say "I saw $1 and $2";
}
```

呀！虽然现在能看到输出的消息，但第二个名字不对，因为我们刚刚又加上了一对圆括号来捕获其中内容。现在从 $2 拿到的是择一匹配部分中的单词，而原本希望拿到的第二个名字被推后存放到了 $3 变量中，而我们事后并未输出该变量：

```
I saw Fred and or
```

当然我们可以用非捕获括号的写法来解决，但换汤不换药，问题是我们仍旧要记住括号的序号。要是模式中需要提取的内容有很多该怎么办呢？

为了避免记忆$1之类的数字变量，Perl 5.10开始增加了对捕获内容直接命名的写法。最终捕获到的内容会保存在特殊哈希 %+ 里面：其中的键就是在捕获时用的特殊标签，对应的值则是被捕获的字符串。具体的写法是(?<LABEL>PATTERN)，其中 LABEL 可以自行命名。下面把第一个捕获标签定为 name1，第二个标签定为 name2。所以，提取捕获内容时需要访问的变量变成了 $+{name1} 和 $+{name2}：

```
use v5.10;

my $names = 'Fred or Barney';
if ( $names =~ m/(?<name1>\w+) (?:and|or) (?<name2>\w+)/ ) {
```

```
    say "I saw $+{name1} and $+{name2}";
}
```

现在可以看到正确结果了：

```
I saw Fred and Barney
```

一旦使用了捕获标签，就可以随意移动位置并加入更多的捕获括号，不会因为次序变化导致麻烦：

```
use v5.10;

my $names = 'Fred or Barney';
if ( $names =~ m/((?<name2>\w+) (and|or) (?<name1>\w+))/ ) {
  say "I saw $+{name1} and $+{name2}";
}
```

在使用捕获标签后，反向引用的用法也随之有所变化。之前我们用 \1 或者 \g{1} 这样的写法，现在我们可以使用 \g{label} 这样的写法：

```
use v5.10;

my $names = 'Fred Flintstone and Wilma Flintstone';

if ( $names =~ m/(?<last_name>\w+) and \w+ \g{last_name}/ ) {
  say "I saw $+{last_name}";
}
```

我们也可以用另一种语法来表示反向引用。\k<label> 等效于 \g{label}：

```
use v5.10;

my $names = 'Fred Flintstone and Wilma Flintstone';

if ( $names =~ m/(?<last_name>\w+) and \w+ \k<last_name>/ ) {
  say "I saw $+{last_name}";
}
```

实际上，\k<label>与\g{label}大体相同，但 \g{} 语法可以实现相对反向引用，例如 \g{N}。在含有两个或多个拥有相同标签的标记组的模式中，\k<label> 和 \g{label} 总是指最左边的那组。

Perl 还支持 Python 风格的语法，用 (?P<LABEL>...) 构造捕获分组后，可以用 (?P=LABEL) 反向引用捕获的字符串：

```
use v5.10;

my $names = 'Fred Flintstone and Wilma Flintstone';
```

```
if ( $names =~ m/(?P<last_name>\w+) and \w+ (?P=last_name)/ ) {
  say "I saw $+{last_name}";
}
```

自动捕获变量

有三个自由的捕获变量就算不加捕获括号也能使用。听起来不错，不过它们的名字不太好记，甚至有点诡异。

虽然 Larry 可能不会反对给它们取比较正常的名字，像 $gazoo 或 $ozmidiar，但这些都是在你自己的程序里可能会用到的名字。为了让普通的 Perl 程序员给第一个程序的第一个变量命名时不必绕开 Perl 所有的特殊变量名，Larry 给内置变量起了一些稀奇古怪的名字，也可以说是"惊世骇俗"的名字。在这里，他选用的是标点符号：$&、$` 和 $'。它们看起来很奇怪，也很丑陋，非常诡异，不过这就是它们的名字。写在正则表达式中，作为匹配模式的字符串所能匹配到的内容会被自动存进 $& 里：

```
if ("Hello there, neighbor" =~ /\s(\w+),/) {
  print "That actually matched '$&'.\n";
}
```

当上面的程序运行时，会告诉我们字符串里匹配的部分是 " there,"（一个空格、一个单词以及一个逗号）。第一个捕获内容存在 $1 中，是具有 5 个字母的单词 there，但 $& 里保存的是整个匹配区段。

匹配区段之前的内容会存到 $` 里，而匹配区段之后的内容则会存到 $' 里。另外一个理解方法是，$` 保存了正则表达式引擎在找到匹配区段之前略过的部分，而 $' 则保存了字符串中剩下的从未被匹配到的部分。如果将这三个字符串依次连接起来，就一定会得到原来的字符串：

```
if ("Hello there, neighbor" =~ /\s(\w+),/) {
  print "That was ($`)($&)($').\n";
}
```

程序运行时会把字符串显示为 (Hello)(there,)(neighbor)，说明了这三个自动捕获变量的捕获结果。

这三个自动捕获变量中的任何一个或所有可能是空的，它们的存续期和数字编号的捕获变量一样，直到下次模式匹配成功。

我们之前提过这三个变量可以自由使用，但自由也有代价：一旦在程序中某部分用了这些自动捕获变量中的任何一个，其他正则表达式的运行速度也会跟着变慢。

这虽然不会严重拖慢速度，但确实可能会是隐患，令许多 Perl 程序员干脆永远不碰这些自动捕获变量。他们会找出变通办法。比如你可以将整个模式加上括号，然后以 $1 来代替 $&（当然，随之你可能要调整后续的捕获编号）。

如果你用的是 Perl 5.10 或更高版本，那就方便了。修饰符 /p 只会针对当前的正则表达式启用类似的自动捕获变量，但它们的名字不再是 $`、$& 和 $'，而是用 ${^PREMATCH}、${^MATCH} 和 ${^POSTMATCH} 表示。于是，之前的例子可以改写成：

```
use v5.10;
if ("Hello there, neighbor" =~ /\s(\w+),/p) {
  print "That actually matched '${^MATCH}'.\n";
}

if ("Hello there, neighbor" =~ /\s(\w+),/p) {
  print "That was (${^PREMATCH})(${^MATCH})(${^POSTMATCH}).\n";
}
```

这些变量名看起来有点古怪，名字前面加上了脱字符 ^，又在外面围上了花括号。随着 Perl 的进化，用于特殊事物的名字已经不敷使用，加上开头的 ^ 的目的是避免名字冲突（实际上，程序员能够自由命名的变量是不能以 ^ 开头的，它是一个非法字符），外面围住花括号的目的是表示其中的内容是完整的名字。

捕获变量（包括这里介绍的自动捕获变量以及之前介绍的有数字编号的那些）常常用于正则表达式的替换操作。有关这一点，我们可以在第 9 章进一步学习。

优先级

学完正则表达式中这一堆元字符，你可能会觉得需要一张卡片帮助整理思路。这里给出一张优先级表，说明模式中哪些部分的"紧密度"最高。不像操作符的优先级表，正则表达式的优先级表相当简单，只有 5 个级别。我们在这里顺便复习一下 Perl 模式中使用的元字符。对于表 8-1 所展示的优先级顺序，大致阐释如下：

1. 在优先级表顶端的是圆括号 ( )，用于分组和捕获。圆括号里的东西的紧密度总是比其他东西的更高。

2. 第二级是量词，也就是重复操作符：星号（*）、加号（+）、问号（?），以及使用花括号表示的量词，比如 {5,15}、{3,} 和 {5}。它们总是和它们前面的条目紧密相连。

3. 第三级是锚位和字符序列。我们已经介绍过的锚位有：\A、\Z、\z、^、$、\b 和 \B。另外还有一个 \G 锚位本书未作介绍。字符序列（也就是各种元字符和普通字符彼此相接的形式）本身也是操作符，就算没有使用元字符也是如此。这就是说，单词里字母之间的紧密度和锚位与字母之间的紧密度是相同的。

4. 第四级是择一竖线（|）。由于它位于优先级表底部，所以从效果上来看，它会把各种模式拆分成数个组件。另外，择一竖线的优先级之所以放在锚位和字符序列的下面，是因为我们希望类似 /fred|barney/ 这样的模式中，单词里的字母间的紧密度高于择一竖线。否则，该模式的解释方式就成了"匹配 fre，后面所跟的字母必须是 d 或者 b，然后再跟 arney"。所以，择一竖线位于优先级表的底部，这样单词里的字母才会紧密连接在一起，成为一个整体。

5. 最低级别的称为原子（atom）。正是由这些原子构成了大多数基本模式，比如单独字符、字符集合以及反引用等。

表8-1：正则表达式优先级

正则表达式特性	示例
圆括号（分组或捕获）	(…), (?:…), (?<LABEL>…)
量词	a*, a+, a?, a{n,m}
锚位和字符序列	abc, ^, $, \A, \b, \B, \z, \Z
择一	a|b|c
原子	a, [abc], \d, \1, \g{2}

优先级示例

当需要解读相当复杂的正则表达式时，你就得照着 Perl 的方式，用优先级表按部就班地进行分析。

举例来说，/\Afred|barney\z/ 大概不会是程序员想要的模式。因为择一竖线的优先级比较低，这样整个模式就会被拆成两半。这个模式要么匹配字符串开头的 fred，要么匹配字符串结尾的 barney。程序员实际想要的多半是 /\A(fred|barney)\z/，也就是匹配只包含 fred 或只包含 barney 的每一行。那么，模式 /(wilma|pebbles?)/ 该怎么理解呢？实际上，那个问号量词仅仅对接在前面的单个字符起作用，所以这个模式可匹配到 willma、pebbles 以及 pebble 这三个字符串，并且匹配到的这些字符串可能位于某行的任意位置，因为模式中没有锚位定位。

模式 /\A(\w+)\s+(\w+)\z/ 可用来匹配开始是一个单词，再来是一些空白，然后又是一个单词（前面或后面没有其他东西）的行。举例来说，它大概就是用来匹配 fred flintstone 之类的字符串。这里的圆括号的意图应该不是分组，而是要把匹配的字符串捕获下来。

在尝试理解一个很复杂的模式时，试着加上一些圆括号会对弄清优先级有好处。但请记住，圆括号同时也会有捕获的效果。因此建议尽可能用非捕获括号来分组。

还有更多

虽然我们介绍了所有日常编程中会用到的正则表达式特性，但实际远远不止这些。有些进阶特性我们放到 *Intermediate Perl* 一书介绍。不过你可以翻阅 perlre、perlrequick 以及 perlretut 文档，看看 Perl 在模式匹配方面还能做哪些事情。

模式测试程序

编写 Perl 程序的时候，每个程序员都免不了要使用正则表达式，但有时很难轻易看出一个模式能做什么。而且常常会发现，模式匹配的范围总比预期的大些或小些。要不就是开始匹配的位置早些或晚些，要不就是根本无法匹配。

下面这个程序非常实用，可用于检测某些字符串是否能被指定模式匹配以及在什么位置上匹配：

```
while (<>) {              # 每次读一行输入
  chomp;
  if (/YOUR_PATTERN_GOES_HERE/) {
  print "Matched: |$`<$&>$'|\n";  # 特殊捕获变量
  } else {
  print "No match: |$_|\n";
  }
}
```

如果你正在阅读的不是电子书，无法复制粘贴的话，请访问本书网站，到下载区自行下载这段程序的源代码。

这个模式测试工具是给程序员使用的，而不是给最终用户，你一看便知分晓，因为并没有提示符，也没有用法说明。它会把所有输入一行行读进来，然后以你在 YOUR_PATTERN_GOES_HERE 指定的模式进行匹配。如果该行匹配模式，就会用三个特殊匹配变量（$`、$& 和 $'）展示实际匹配结果。假设你使用的模式是 /match/，而输入的字符串是 beforematchafter，那么你会看到的程序输出就是 |before<match>after|，

尖括号里面的内容是字符串匹配模式的部分。如果结果跟你预想的不一样，马上就可以看出来。

习题

以下习题答案参见第 319 页上的"第 8 章习题解答"一节。

有几道题需要用到本章给出的模式测试程序。你当然可以自行输入该程序源代码，但要小心不要打错标点符号。当然你也可以上网，到本书配套网站的下载区自行下载。

1. [8] 利用模式测试程序写个模式，使它能匹配 match 这个字符串。你可以测试一下字符串 beforematchafter，是否会正确显示匹配到的部分以及前后的部分？

2. [7] 利用模式测试程序，写个模式，使其能够匹配任何以字母 a 结尾的单词（以 \w组成的单词）。此模式是否能够匹配到 wilma？是否无法匹配到barney？是否能够匹配到Mrs. Wilma Flintsone？还有wilma&fred 呢？把第 7 章里的示例文本文件拿到这里测测看（并把这些测试字符串加到该文本文件里）。

3. [5] 修改上题的程序，使其在匹配到以 a 结尾的单词的同时也将其存储在 $1 里。接着修改程序的输出，让变量的内容出现在单引号中，例如：$1 contains 'Wilma'。

4. [5] 修改上题的程序，使用命名捕获而不是 $1 这样的老办法。接着修改程序输出，让标签名字出现在结果中，例如：'word' contains 'Wilma'。

5. [5] 附加题：修改上题的程序，使其在定位到以 a 结尾的单词后，再将之后的 5 个字符（如果有那么多的话）捕获至一个独立的捕获变量。修改程序输出，把所用到的这两个捕获变量都输出。假设你输入的字符串是 I saw Wilma yesterday，那么后面取到的 5 个字符就是" yest"（注意第一个字符是空格）。如果你输入的是 I, Wilma!，那么第二个捕获变量的内容只会有一个字符。看看你的模式是否还可以成功匹配 wilma 这个简单的字符串。

6. [5] 写个新程序（不是之前给出的测试程序），输出任何以空白字符结尾（换行符不算）的输入行。输出的时候，在行尾多加一个记号，这样比较容易看出空白字符。

## 第9章

用正则表达式处理文本

正则表达式也可用于修改文本。之前我们只是介绍如何利用正则表达式进行模式匹配。现在我们来学习如何用正则表达式的模式修改特定位置的字符串。

用 s/// 进行替换操作

如果把 m// 模式匹配（pattern match）想象成文字处理器的"查找"功能，那么 s/// 替换操作符（substitution operator）就是"查找并替换"功能。它只是把存在变量中匹配模式的那部分内容替换成另一个字符串：

```
$_ = "He's out bowling with Barney tonight.";
s/Barney/Fred/;  # 把 Barney 替换为 Fred
print "$_\n";
```

 不像 m// 可以匹配任何字符串表达式，s/// 修改的数据必须是预先存放在某个变量中的。这个变量一般位于该操作符的左边，所以也称为左值（lvalue）。一般来说，左值都是某个变量，但其实不管是什么，只要是放在赋值语句左边的东西都可以。

如果匹配失败，则什么事都不会发生，原来变量里的内容也不受影响：

```
# 接着上面代码的运行结果，$_ 的值已改为 "He's out bowling with Fred tonight."
s/Wilma/Betty/;  # 试图把 Wilma 替换为 Betty，但会失败
```

当然，模式字符串与替换字符串还可以更加复杂。下面的替换字符串用到了第一个捕获变量，也就是 $1，模式匹配时会对它赋值：

```
s/with (\w+)/against $1's team/;
print "$_\n";  # 打印 "He's out bowling against Fred's team tonight."
```

这里还有一些替换操作的例子，不过仅仅出于示范的目的，实际使用时一般不会出现这么多互不相关的替换操作：

```
$_ = "green scaly dinosaur";
s/(\w+) (\w+)/$2, $1/;      # 替换后为 "scaly, green dinosaur"
s/\A/huge, /;              # 替换后为 "huge, scaly, green dinosaur"
s/,.*een//;               # 空替换：此时为 "huge dinosaur"
s/green/red/;             # 匹配失败：仍为 "huge dinosaur"
s/\w+$/($`!)$&/;          # 替换后为 "huge (huge !)dinosaur"
s/\s+(!\W+)/$1 /;          # 替换后为 "huge (huge!) dinosaur"
s/huge/gigantic/;         # 替换后为 "gigantic (huge!) dinosaur"
```

s/// 操作符返回的是布尔值，替换成功时为真，否则为假：

```
$_ = "fred flintstone";
if (s/fred/wilma/) {
  print "Successfully replaced fred with wilma!\n";
}
```

用 /g 进行全局替换

在前面的例子中你可能注意到了，即使有其他可以替换的部分，s/// 也只会进行一次替换。当然，这只不过是默认的行为。/g 修饰符可让s///替换所有符合条件的字符串：

```
$_ = "home, sweet home!";
s/home/cave/g;
print "$_\n";  # 打印 "cave, sweet cave!"
```

一个相当常见的全局替换是缩减空白字符，也就是将任何连续的空白字符转换成单一空格：

```
$_ = "Input  data\t may have     extra whitespace.";
s/\s+/ /g;  # 现在它变成了 "Input data may have extra whitespace."
```

每次只要我们提到这个缩减空白字符的操作，就会有人问如何删除每行首尾的空白字符。很简单，只要两步：

```
s/\A\s+//;  # 将开头的空白字符替换成空字符串
s/\s+\z//;  # 将结尾的空白字符替换成空字符串
```

可以精简到只有一步，使用择一匹配的竖线符号并配合 /g 修饰符：

```
s/\A\s+|\s+\z//g;  # 去除开头和结尾的空白字符
```

但这么写其实会运行得稍微慢一点点，至少在编写本书时还是如此。正则表达式引擎会不断改进，如果要进一步了解如何写出更快或更慢的模式，可参阅 Jeffery Friedl 写的 *Mastering Regular Expressions* 一书。

不同的定界符

就像 m// 和 qw// 一样，我们也可以改变 s/// 的定界符。但由于替换操作会用到三个定界符，所以情况又有点不同。

对于一般没有左右之分的（非成对）字符，用法跟使用斜线一样，只要重复三次即可。比如用井号作为定界符：

```
s#\Ahttps://#http://#;
```

但如果使用有左右之分的成对字符，就必须使用两对：一对包住模式，一对包住替换字符串。并且这种情况下，包住字符串的定界符和包住模式的定界符不必相同。事实上，其中一对甚至可用非成对的定界符。这里的道理很浅白：只要不产生歧义，怎样都行。所以下面三行替换操作的写法固然不同，效果却都一样：

```
s{fred}{barney};
s[fred](barney);
s<fred>#barney#;
```

替换操作的修饰符

除了 /g 修饰符外，我们还可以把用在普通模式匹配中的 /i, /x, /m以及 /s 修饰符用在替换操作中（一起使用时前后顺序无关）：

```
s#wilma#Wilma#gi;   # 将所有的 WiLmA 或者 WILMA 等一律替换为 Wilma
s{__END__.*}{}s;    # 将 __END__ 标记和它后面的所有内容都删掉
```

绑定操作符

就像在说明 m// 时提到的，我们可以用绑定操作符为 s/// 指定不同的替换目标：

```
$file_name =~ s#\A.*/##s;   # 把文件名 $file_name 中所有 Unix 风格的路径删除
```

非破坏性替换

如果需要同时保留原始字符串和替换后的字符串，该怎么办？传统的做法是先复制一份后再替换：

```
my $original = 'Fred ate 1 rib';
my $copy = $original;
$copy =~ s/\d+ ribs?/10 ribs/;
```

也可以把后面两步并作一步，先做赋值运算，然后针对副本变量进行替换：

```
(my $copy = $original) =~ s/\d+ ribs?/10 ribs/;
```

看起来确实叫人眼花缭乱，其实左边的赋值运算就好比是普通的字符串，实际做替换的是副本变量 $copy。Perl 5.14 增加了一个 /r 修饰符，专门用于解决这类问题。原先 s/// 操作完成后返回的是成功替换的次数，加上 /r 之后，就会保留原来变量中的值不变，而把替换结果作为替换操作的返回值返回：

```
use v5.14;

my $copy = $original =~ s/\d+ ribs?/10 ribs/r;
```

形式上看起来和之前的例子差别不大，只不过拿掉了括号。但这个例子中，操作顺序却是相反的，先做替换，再做赋值。第 2 章（以及 perlop 文档）提供了操作符的优先级表可供查询。这里匹配操作符 =~ 的优先级高于赋值操作符 =，所以先匹配，再赋值。

大小写转换

在替换操作中，常常需要把所替换的单词改写成全部大写（或全部小写）。Perl 做这类事最拿手了，只要用特定的反斜线转义符就行。\U 转义符会将其后的所有字符转换成大写的：

```
$_ = "I saw Barney with Fred.";
s/(fred|barney)/\U$1/gi;  # $_ 变为 "I saw BARNEY with FRED."
```

请回忆一下第 8 章的"选择字符的解释方式"一节里提到的所有警告。

类似地，\L 转义符会将它后面的所有字符转换成小写的。继续前面的例子：

```
s/(fred|barney)/\L$1/gi;  # $_ 变为 "I saw barney with fred."
```

默认情况下，它们会影响之后全部的（替换）字符串。你也可以用 \E 关闭大小写转换的功能：

```
s/(\w+) with (\w+)/\U$2\E with $1/i;  # $_ 变为 "I saw FRED with barney."
```

使用小写形式（\l 与 \u）时，它们只会影响紧跟其后的第一个字符：

```
s/(fred|barney)/\u$1/ig;   # $_ 变为 "I saw FRED with Barney."
```

你甚至可以将它们并用。同时使用 \u 与 \L 来表示"后续字符全部转为小写的，但首字母大写"：

```
s/(fred|barney)/\u\L$1/ig;   # $_ 变为 "I saw Fred with Barney."
```

附带一提，虽然这里介绍的是替换时的大小写转换，但它们同样可用在任何双引号内插的字符串中：

```
print "Hello, \L\u$name\E, would you like to play a game?\n";
```

\L 和 \u 一起使用时，谁先谁后都可以。 Larry 发现大家经常颠来倒去的，于是干脆让 Perl 统一按照首字母大写，其余小写的方式执行。

我们经常需要将字符串全部转为小写版本，归一化后再比较字符串内容是否等同：

```
my $input  = 'fRed';
my $string = 'FRED';
if( "\L$input" eq "\L$string" ) {
  print "They are the same name\n";
}
```

但并不是所有字符串改成小写版本后就一定等同。碰到像 β 这样的字符，即便对应的小写版本是 ss，比较结果还是不等同：

```
use utf8;

my $input  = 'Steinerstraße';
my $string = 'STEINERSTRASSE';
if ( "\L$input" eq "\L$string" ) {          # 不等同
  print "They are the same name\n";
}
```

因为 Perl 小写化时并不知道这其中的 Unicode 转换规则，所以虽然逻辑上看这两个字符串应该相同，但实际却会失败。如果用 Perl 5.16 及其后续版本，可以用 \F 转义符提示后续字符串按大小写转换规则处理，这里的 F 代表"foldcase"：

```
use v5.16;

my $input  = 'Steinerstraße';
my $string = 'STEINERSTRASSE';
if ( "\F$input" eq "\F$string" ) {          # 等同
  print "They are the same name\n";
}
```

新的大小写转换特性对于 İstanbul 之类加点的字符串不起作用。因为其中I的小写版本其实是一个组合了点号的 i，类似 i。你可以借助Unicode::Casing 模块完成类似的复杂转换操作。

这些大小写转换操作符其实也可以用内置函数 lc、uc、fc、lcfirst以及 ucfirst 来实现：

```
my $start    = "Fred";
my $uncapp   = lc( $start );          # fred
my $uppered  = uc( $uncapp );         # FRED
my $lowered  = lc( $uppered );        # fred
my $capped   = ucfirst( $lowered );   # Fred
my $folded   = fc( $uncapped );       # fred
```

元字符转义

还有一个类似大小写转换的转义操作。\Q 会把后续字符串中出现的所有元字符自动转义为本意字符。比如下面的代码，想把名字前出现的所有左括号字符去除，于是写成这样：

```
if ( s/(((Fred/Fred/ ) {          # 编译时就会提示错误!
  print "Removed parens\n";
}
```

上面的代码在编译时就会提示错误，所以必须把每个括号转义为字符本身：

```
if ( s/\(\(\(Fred/Fred/ ) {       # 编译通过，但看起来很凌乱!
  print "Removed parens\n";
}
```

简直就是烦人。所有的反斜线把模式的结构拆得支离破碎。借助 \Q 把它后面所有元字符都自动转义后，写起来就清楚很多了：

```
if ( s/\Q(((Fred/Fred/ ) {        # 好多了
  print "Removed parens\n";
}
```

如果要引起部分模式，可以用 \E 标明结束位置：

```
if ( s/\Q(((\E(Fred)/$1/ ) {   # 更清楚了
  print "Cleansed $1\n";
}
```

在模式中引入某个变量，使用变量内容作为特征时，这个特性可以避免潜在元字符带来的混乱。先是变量内插，然后用 \Q 对它的值全部自动转义：

```
if ( s/\Q$prefix\E(Fred)/$1/ ) {        # 编译通过!
  print "Replaced $1\n";
}
```

我们也可以事先用 quotemeta 函数预转义:

```
my $prefix = quotemeta( $input_pattern );
if ( s/$prefix(Fred)/$1/ ) {        # 编译通过!
  print "Replaced $1\n";
}
```

split 操作符

另一个使用正则表达式工作的操作符是 split,它会根据给定模式拆分字符串为一组字段列表。对于使用制表符、冒号、空白字符或任意符号分隔不同字段数据的字符串来说,用这个操作符分解提取字段相当方便。只要将分隔符写成模式(单个字符就是最简正则表达式),就可以用 split 分解数据,用法如下:

```
my @fields = split /separator/, $string;
```

直接用 split 处理逗号分隔值(CSV)文件很容易出问题,因为有时字段内容会用引号引起,其中可能还有逗号。所以推荐用 CPAN 上专门的 Text::CSV 模块来做解析工作。

这里的 split 操作符用拆分模式扫描指定的字符串并返回子字符串构成的字段列表。期间只要模式在某处匹配成功,该处就是当前字段的结尾、下一个字段的开头。所以,任何匹配模式的内容都不会出现在返回字段中。下面就是典型的以冒号作为分隔符的 split 模式:

```
my @fields = split /:/, "abc:def:g:h";  # 得到 ("abc", "def", "g", "h")
```

如果两个分隔符连在一起,就会产生空字段:

```
my @fields = split /:/, "abc:def::g:h";  # 得到 ("abc", "def", "", "g", "h")
```

这里有个规则,它乍看之下很古怪,但很少造成问题:split 会保留开头处的空字段,却会省略结尾处的空字段。例如:

```
my @fields = split /:/, ":::a:b:c:::";  # 得到 ("", "", "", "a", "b", "c")
```

如果需要保留末尾的那些空字段,可以将 split 的第三个参数指定为 -1:

```
my @fields = split /:/, ":::a:b:c:::", -1;  # 得到
("", "", "", "a", "b", "c", "", "", "")
```

利用 /\s+/ 模式根据空白字符分割字段也是比较常见的一种操作。该模式把所有连续空白字符都视作单个空格并以此切分数据：

```
my $some_input = "This  is a \t         test.\n";
my @args = split /\s+/, $some_input;  # 得到 ("This", "is", "a", "test.")
```

默认 split 会以空白字符分割 $_ 中的字符串：

```
my @fields = split;  # 基本等效于 split /\s+/, $_;
```

这基本等效于用 /\s+/ 作为模式分解，但不同之处是这种写法会省略开头的空字段。所以，即使该行以空白字符开头，你也不会在返回列表的开头处看到空字段。如果要以这种写法来分解用空格分隔的字符串，可以用一个空格作为分解模式：split ' ', $other_string。这种使用空格代替模式的写法，可认为是 split 的特殊用法。

一般来说，用在 split 中的模式就像之前看到的那样简单。但如果你用到更复杂的模式，请避免在模式里使用捕获括号，因为这会意外启动（通常）不必要的"分隔符保留模式"（详情请参考 perlfunc 文档）。如果需要在模式中使用分组匹配，请在 split 里使用非捕获括号 (?:) 的写法，以避免意外发生。

join 函数

join 函数不使用模式，它的功能和 split 恰好相反：split 会将字符串分解为若干片段（子字符串），而 join 则会把这些片段接合成一个字符串。join 函数的用法如下：

```
my $result = join $glue, @pieces;
```

你可以把 join 的第一个参数理解为胶水，它可以是任意字符串。其余参数则是一串字符串片段。join 会把胶水涂进每个片段之间并返回结果字符串：

```
my $x = join ":", 4, 6, 8, 10, 12;  # $x 为 "4:6:8:10:12"
```

在这个例子中，我们有 5 个条目，所以最后接合而成的字符串只有 4 个冒号。也就是说，有 4 层胶水。胶水只在两个片段中间出现，不在其前也不在其后。所以胶水的层数会比列表中的条目数少一个。

这就意味着列表至少要有两个元素，否则胶水无法涂进去：

```
my $y = join "foo", "bar";        # 只有一个 "bar"，这里不会起作用
my @empty;                        # 空数组
my $empty = join "baz", @empty;   # 没有元素，所以得到一个空的字符串
```

使用上面的 $x，我们可先分解字符串，再用不同的定界符将它接起来：

```
my @values = split /:/, $x;  # @values 为 (4, 6, 8, 10, 12)
my $z = join "-", @values;   # $z 为 "4-6-8-10-12"
```

虽然 split 和 join 合作无间，但请别忘了 join 的第一个参数是字符串，而不是模式。

列表上下文中的 m//

在使用 split 时，模式指定的只是分隔符：分解得到的字段未必就是我们需要的数据。有时候，通过模式指定想要留下的部分反而比较简单。

在列表上下文中使用模式匹配（m//）时，如果模式匹配成功，那么返回的是所有捕获变量的列表；如果匹配失败，则会返回空列表：

```
$_ = "Hello there, neighbor!";
my ($first, $second, $third) = /(\S+) (\S+), (\S+)/;
print "$second is my $third\n";
```

这样就能给匹配变量起好记的名字，并且下一次模式匹配时仍能使用这些变量。（注意，由于代码中并未用到 =~ 绑定操作符，所以该模式匹配默认是针对 $_ 进行的。）

Perl 5.26 添加了特殊的 @{^CAPTURE} 数组变量来保存所有捕获变量。此数组第一个元素与 $& 相同（整个匹配）；其余元素与捕获缓冲区编号顺序相同。

之前在 s/// 的例子中看到的 /g 修饰符同样也可以用在 m// 上，其效果就是让模式能够匹配到字符串中的多个地方。下面的例子中，模式内圆括号匹配到的字符串会被返回到目标数组：

```
my $text = "Fred dropped a 5 ton granite block on Mr. Slate";
my @words = ($text =~ /([a-z]+)/ig);
print "Result: @words\n";
# 打印 Result: Fred dropped a ton granite block on Mr Slate
```

这就好比是 split 的逆功能：模式指定的并非想要去除的部分，反而是要留下的部分。

事实上，如果模式中有多组圆括号，那么每次匹配就能捕获多个字符串。假设我们想把一个字符串变成哈希，就可以这样做：

```
my $text = "Barney Rubble Fred Flintstone Wilma Flintstone";
my %last_name = ($text =~ /(\w+)\s+(\w+)/g);
```

每次模式匹配成功，就会返回一对被捕获的值，而这一对值正好成为新哈希的键-值对。

更强大的正则表达式

在读了三章有关正则表达式的内容后，你现在应该明白，这已成个一项深入 Perl 核心的强大特性。但不止如此，Perl 开发人员还在加入更多特性，你会在接下来的一节看到其中最重要的几个。同时你也会看到正则表达式引擎更有趣的内部运作机制。

非贪婪量词

目前为止，我们看到的量词都是贪婪（greedy）量词。它们按照从最左端起最长匹配的原则尽可能多地匹配文本，但有时候匹配范围过宽。

阅读下面的代码，我们想要把位于标签之间的名字都改成全大写版本：

```
my $text = '<b>Fred</b> and <b>Barney</b>';
$text =~ s|<b>(.*)</b>|<b>\U$1\E</b>|g;
print "$text\n";
```

但不会成功：

```
<b>FRED</B> AND <B>BARNEY</b>
```

发生了什么？我们尝试执行的是全局匹配并希望能匹配到两个结果，但实际匹配到几个？

```
my $text = '<b>Fred</b> and <b>Barney</b>';
my $match_count = $text =~ s|<b>(.*)</b>|\U$1|g;
print  "$match_count: $text\n";
```

是的，这里只匹配到一个字符串：

```
1: FRED</B> AND <B>BARNEY
```

由于 .* 属于贪婪匹配，它会从第一个 <b> 开始一直匹配到最后一个 </b> 为止。但我们想要的是从 <b> 到下一个 </b> 之间的部分。这是用正则表达式解析 HTML 源代码经常会碰到的问题。

大部分 Perl 开发者会跟你说，不要用正则表达式解析 HTML，但这并非绝对的，实际上取决于你对 Perl 的掌控能力有多强。Tom Christiansen 在 StackOverflow上的一个回答里向我们展示了他的技巧。

在这里，我们不希望 .* 一举拿下所有东西。我们只要够用的一点就好了。如果量词后面换成 ?，就会在第一次找到合适的位置时结束：

```
my $text = '<b>Fred</b> and <b>Barney</b>';
my $match_count = $text =~ s|<b>(.*?)</b>|\U$1|g; # 不贪婪
print "$match_count: $text\n";
```

现在得到两个成功匹配并按原意将名字改为大写的：

```
2: FRED and BARNEY
```

使用非贪婪量词后，正则表达式引擎不会一次找到底再逐步回退这样去浪费时间，它直接找最接近的符合条件的部分（参考表 9-1）。

表9-1：使用非贪婪修饰符的正则表达式量词

元字符	意义
??	匹配零个或一个字符
*?	零个或多个，越少越好
+?	一个或多个，越少越好
{3,}?	至少 3 个，越少越好
{3,5}?	至少 3 个，最多 5 个，但也是越少越好
{3}?	正好 3 个

更为别致的单词边界符

\b 匹配"单词"和非"单词"字符间的交替边界。我们之前在第 7 章提过，Perl 所说的单词和我们平时说的单词的定义不同。假设我们需要把字符串中每个单词的首字母改为大写的，第一个想法是把单词边界后的字母替换为它的大写版本：

```
my $string = "This doesn't capitalize correctly.";
$string =~ s/\b(\w)/\U$1/g;
print "$string\n";
```

按照 Perl 的定义，单词字符不包括撇号。所以撇号字符两侧都能匹配交替边界，于是输出结果成了：

```
This Doesn'T Capitalize Correctly.
```

 Unicode 规范 Unicode Technical Report #18 对于正则表达式的处理提供了指导原则，并对边界定位提供了完备的处理意见。Perl 的目标是成为最兼容 Unicode 的语言。

自 Perl 5.22 开始增加了基于 Unicode 规范的新单词边界符。这个边界符会探视周围，猜测最符合语义的单词开始和结束位置。新边界符的语法是 \b 的延伸，增加了花括号并给出边界类型：

```
use v5.22;

my $string = "this doesn't capitalize correctly.";
$string =~ s/\b{wb}(\w)/\U$1/g;
print "$string\n";
```

\b{wb} 比较聪明，它认为撇号后的 t 不是独立单词，应该和之前的部分一起成为一个单词：

```
This Doesn't Capitalize Correctly.
```

它的内部实现机制比较复杂，也不能说非常完美，但已经强过 \b 很多了。

此外还有一个新的单词边界符 \b{sb}，同样自 Perl 5.22 开始引入。它按照一系列规则推断某个标点符号是句子的末尾，还是类似"Mr. Flintstone"这样作为缩略语的一部分。

不止这些，自 Perl 5.24 开始又增加了行边界符，以此推断合理的行与行之间的边界，避免换行时打断某个单词，或在单词内的标点符号处换行，或在其他不该换行的空格处换行。行边界符 \b{lb} 知道如何在正确的句子末尾塞入一个换行符：

```
$string =~ s/(.{50,75}\b{lb})/$1\n/g;
```

和之前两个别致的单词边界符一样，它的工作基于启发式的推断，大部分时候给你惊喜，偶尔也会和你期望的不太一样，它并不完美。

跨行模式匹配

传统的正则表达式都是用来匹配单行文本。由于 Perl 可以处理任意长度的字符串，其模式匹配自然也可以处理多行文本。这其实和处理单行文本并无本质上的差别。当然了，先得有表达式可以表示多行文本才行，下面的写法可以表示 4 行的文本：

```
$_ = "I'm much better\nthan Barney is\nat bowling,\nWilma.\n";
```

我们知道，^ 和 $ 都是用于匹配整个字符串的开始和结尾的锚位（见第 8 章）。但当模式加上 /m 修饰符之后，就可以用它们匹配字符串内的每一行（把 m 看作多行（multiple lines）匹配会比较容易记住），这样一来，它们代表的位置就不再是整个字符串的首尾，而是每行的开头跟结尾了。因此，下面的模式会成功匹配：

```
print "Found 'wilma' at start of line\n" if /^wilma\b/im;
```

同样地，你也可以对多行文本逐个进行替换。下面的代码先把整个文件读进一个变量，然后在每行开头补充文件名：

```
open FILE, $filename
  or die "Can't open '$filename': $!";
my $lines = join '', <FILE>;
$lines =~ s/^/$filename: /gm;
```

一次更新多个文件

通过程序自动更新文件内容时，最常见的做法就是先打开一个和原来内容一致的新文件，然后在需要的位置进行改写，最后用修改后的文件替换原来的文件。这么做和直接修改原始文件的效果大致相同，并且还有些额外好处。

比如下面这个例子，假设现在有几百个格式类似的文件。其中一个叫做 *fred03.dat*，其内容像下面这样：

```
Program name: granite
Author: Gilbert Bates
Company: RockSoft
Department: R&D
Phone: +1 503 555-0095
Date: Tues March 9, 2004
Version: 2.1
Size: 21k
Status: Final beta
```

我们想要修改这个文件，更新一些信息。下面大致是最终改好后的样子：

```
Program name: granite
Author: Randal L. Schwartz
Company: RockSoft
Department: R&D
Date: June 12, 2008 6:38 pm
Version: 2.1
Size: 21k
```

```
Status: Final beta
```

我们要做三项改动：Author 字段的姓名要改，Date 要改成今天的日期，Phone 行则要删除。其他几百个文件也要进行类似修改。

要在 Perl 中直接修改文件内容可以使用钻石操作符 <>。虽然无法直观理解，但下面的代码确实可以完成我们的要求。这段程序的特别之处在于特殊变量 $^I，这里暂时跳过，稍后说明：

```perl
#!/usr/bin/perl -w

use strict;

chomp(my $date = `date`);
$^I = ".bak";

while (<>) {
  s/\AAuthor:.*/Author: Randal L. Schwartz/;
  s/\APhone:.*\n//;
  s/\ADate:.*/Date: $date/;
  print;
}
```

因为我们需要今天的日期，所以这个程序一开始就使用了系统的 *date* 命令。此外也可以在标量上下文中使用 Perl 自己的 localtime 函数（两者的格式稍有不同），性能更好些：

```perl
my $date = localtime;
```

下一行则是对 $^I 变量赋值，但我们先跳过不看。

钻石操作符会读取命令行参数指定的那些文件。程序的主循环一次会读取、更新及输出一行（以之前学到的知识来推断，你没准觉得经过修改的内容会飞快地在终端上滚过，而本来的文件却没修改。不过请耐心看下去）。注意第二个替换是把电话号码那一行换成空字符串，连换行符也一起去掉。所以到了要输出的时候，其实什么都不会输出，好像从来就没有出现过 Phone 这个字段一样。由于大部分的输入行都不会匹配这三个模式，所以它们在输出的时候都不会有任何变动。

这样的结果跟我们想要的已经相差不远了，但我们还没有告诉你更新过的内容是如何写回文件的。这个问题的答案就在 $^I 这个变量中。这个变量的默认值是 undef，表示什么都不会发生。但如果将其赋值为某个字符串，钻石操作符（<>）就据此变化出新的魔力。

对于钻石操作符的魔力我们已经知道了不少：它会自动帮你打开和关闭许多文件，而且如果没有指定文件，它就会从标准输入读进数据。但如果 $^I 中是个字符串，该字符串就会变成备份文件的扩展名。现在我们来看看这是如何运作的。

先假设钻石操作符正好打开了文件 *fred03.dat*。除了像以前一样打开文件之外，它还会把文件名改成 *fred03.dat.bak*。虽然打开的是同一个文件，但是它在磁盘上的文件名已经不同了。接着，钻石操作符会打开一个新文件并将它命名为 *fred03.dat*。这么做并不会有任何问题，因为我们已经没有同名文件了。现在钻石操作符会把默认的输出设定为这个新打开的文件，所以输出来的所有内容都会被写进这个文件。这样 while 循环会从旧文件读进一行输入，做了一些改动之后把新的内容写进新文件。在普通的机器上，这样的程序可以在几秒内更新上百个文件。够厉害吧？

钻石操作符也会尽可能复制原文件的使用者权限以及所有者设定。如果本来的文件是所有用户皆可读取，那么新的文件也该如此。具体细节请参考你使用的操作系统文档。

所以程序结束后，用户会发现什么呢？他们会说："喔，我懂了。Perl 根据我的需要编辑了 *fred03.dat* 文件的内容，而且好心地把原始文件的副本备份到 *fred03.dat.bak* 文件。"不过我们知道真相，Perl 并没有编辑任何文件，它只是创建了一个修改过的副本。趁我们还在盯着他那冒烟的魔术师手杖看的时候，把文件偷偷调了包。真是高明呀！

有些人会把 $^I 的值设为 ~ 这个字符，因为 *emacs* 在处理备份文件的文件名时也是这么做。而如果把 $^I 设为空字符串，就会直接修改文件的内容，但不会留下任何备份。只要模式中不小心打错一个字，就可能会把整份数据全都清空，所以如果你真的想看看备份磁带质量如何，就尽情地用空字符串吧！全部确认无误之后再把备份文件删除是轻而易举的事。如果做错了，则需要把已备份的文件还原回来，大概你已经想到可以用 Perl 来做这件事了（参见第 13 章的"重命名文件"一节中的例子）。

从命令行直接替换文件内容

之前一节通过编程修改文件内容的方式已经非常简单了，不过，Larry 认为那还不够。

假设你需要更新上百个文件，把里面拼错成Randall的名字改成只有一个l的Randal。你可以写个和之前类似的程序完成此事。或者，也可以在命令行上使用如下单行程序一步完成：

```
$ perl -p -i.bak -w -e 's/Randall/Randal/g' fred*.dat
```

Perl 的命令行选项设计非常巧妙，让你只用极少的按键就能建立一个完整的程序。我们先来看看这个例子中各选项的用处。

以 *perl* 开头的命令的作用如同在文件的开头写上 #!/usr/bin/perl：表示使用 *perl* 程序来处理随后的脚本。

-p 选项则可以让 Perl 自动生成一小段程序，类似下面的代码：

```
while (<>) {
  print;
}
```

如果不需要这么多功能，还可以改用 -n 选项，这样可以把自动执行的 print 去掉，所以你可以自行决定什么内容需要打印（*awk* 的粉丝们会比较熟悉 -p 和 -n 选项）。这点细微差别对大程序来说无关轻重，但对于节约按键时间来说还是很有好处的。

下一个出现的选项是 -i.bak，其作用就是在程序开始运行之前把 $^I 设为 ".bak"。如果你不想做备份，请直接写出 -i，不要加扩展名。如果你不带备用的降落伞，那就带上备用飞机吧。

之前已经介绍过 -w 选项了，它能开启警告功能。

选项 -e 用来告诉 Perl 后面跟着的是可供执行的程序源代码。也就是说，s/Randall/Randal/g 这个字符串会被直接当成 Perl 程序代码。因为目前我们已经有个 while 循环了（来自 -p 选项），所以这段程序代码会被放到循环中 print 前面的位置。基于一些技术上的原因，用 -e 选项指定的程序中可以省略末尾的分号。如果你指定了多个 -e 选项，就会有多段程序代码，此时只有最后一段程序末尾的分号可以省略。

最后一个命令行参数是 fred*.dat，表示 @ARGV 的值应该是匹配此文件名模式的所有文件名。把以上所有片段全都组合在一起，就好像写了下面这个程序并且用 fred*.dat 这个参数调用它一样：

```
#!/usr/bin/perl -w

$^I = ".bak";

while (<>) {
  s/Randall/Randal/g;
  print;
}
```

把这个程序与我们在上一节使用的程序相比，会发现这两者十分相似。通过命令行选项就能完成这么一大堆事情，写起来又轻便，是不是很棒？

习题

以下习题答案参见第 321 页上的"第 9 章习题解答"一节：

1. [7] 建立一个模式，无论 $what 的值是什么，它都可以匹配三个 $what 变量的内容连在一起的字符串。也就是说，如果 $what 的值是 fred，那么你的模式应该匹配 fredfredfred；若 $what 的值为 fred|barney，那么你的模式应该匹配 fredfredbarney、barneyfredfred、barneybarneybarney或许多其他组合。（提示：你应该在模式测试程序的开头放上类似 my $what = 'fred|barney';这样的语句。）

2. [12] 写个程序来复制并修改指定的文本文件。在副本里，此程序会把出现字符串 Fred（不区分大小写）的每一处都换成 Larry（也就是 Manfred Mann 换成 ManLarry Mann）。输入文件名应该在命令行上指定（不询问用户），输出文件名则是本来的文件名加上 .out。

3. [8] 修改前一题的程序，把所有的 Fred 换成 Wilma 并把所有的 Wilma 换成 Fred。如果输入的是 fred&wilma，那么正确的输出应是 Wilma&Fred。

4. [10] 附加题：写个程序，把你目前写过的所有程序都加上版权声明，也就是加上一行这样的文字：

    ## Copyright (C) 20XX by Yours Truly

    把它放在 shebang 行之后。你应该"就地"修改文件内容并且做备份。假设你将在命令行指定待修改文件的名称。

5. [15] 额外附加题：修改前一题程序里的模式，如果文件里已经有版权声明，就不再进行修改。提示：你可能需要知道钻石操作符当前正在读取的文件的名称，可以在 $ARGV 里找到。

第10章

其他控制结构

本章你会看到其他编写 Perl 程序的方式。总的来说，这些技术并不会提升 Perl 语言本身的威力，但用来完成任务、解决问题还是非常轻松容易的。你不一定要在自己的程序中使用这些技术，不过可别因此小看这些内容，迟早你都会在别人的程序代码中看到这些控制结构（事实上，读完本书前，你肯定会看到这些技术的实际用例）。

unless 控制结构

在 if 控制结构中，只有当条件表达式为真时，才执行某块代码。如果你想让代码块在条件为假时才执行，请把 if 改成 unless：

```
unless ($fred =~ /\A[A-Z_]\w*\z/i) {
  print "The value of \$fred doesn't look like a Perl identifier name.\n";
}
```

使用 unless 意味着，除非（unless）执行条件为真，否则就执行里面的代码。这就好像使用 if 控制结构来判断相反的条件。另一种说法是它类似于独立的 else 子句。也就是说，当看不懂某个 unless 语句时，你总可以用下面这样的 if 控制结构等价表示（心里默默转换也好，实际改写也罢）：

```
if ($fred =~ /\A[A-Z_]\w*\z/i) {
  # 什么都不做
} else {
  print "The value of \$fred doesn't look like a Perl identifier name.\n";
}
```

这么做与运行效率高低无关，两种写法应该会被编译成相同的内部字节码。另外一个改写的方法，就是以取反操作符！来否定条件表达式：

```
if ( ! ($fred =~ /\A[A-Z_]\w*\z/i) ) {
  print "The value of \$fred doesn't look like a Perl identifier name.\n";
}
```

一般来说，我们应该选择最容易理解的方法写代码。对程序维护员来说，读得越顺，理解起来也就越容易。如果用 if 表达比较拗口，加上否定才通顺的话，那就应该改用 unless。以后你就会发现，有时候只有使用 unless 才更自然。

伴随 unless 的 else 子句

其实 unless 结构也可以使用 else 子句。不过这种语法写出来比较容易叫人皱眉：

```
unless ($mon =~ /\AFeb/) {
  print "This month has at least thirty days.\n";
} else {
  print "Do you see what's going on here?\n";
}
```

确实有人希望能这么写，特别当第一个子句相当短（也许只有一行）而第二个子句又有很多行的时候。不过我们可以把它改写成取反操作的 if 语句，或者干脆对调两个代码块成为一个普通 if 控制结构：

```
if ($mon =~ /\AFeb/) {
  print "Do you see what's going on here?\n";
} else {
  print "This month has at least thirty days.\n";
}
```

有一点很重要，请记住，代码的读者永远可以分为两类：执行代码的机器以及维护代码的人类。如果人类都无法理解你写的程序，那迟早机器也会做错事情。

until 控制结构

有时你也许想要颠倒 while 循环的条件表达式。那么，请使用 until 语句：

```
until ($j > $i) {
  $j *= 2;
}
```

这个循环会一直执行，直到条件为真。它只不过是个改装过的 while 循环罢了，两者之间的唯一差别在于，until 会在条件为假时重复执行，而不是为真时执行。因为条件判断发生在循环第一次迭代之前，所以它仍旧是一个执行零次以上的循环，和while循环一样。类似 if 和 unless 转化的例子，你可以用否定条件表达式的方法，把任意一个 until 循环改写成 while 循环。不过随着时间推移，你会逐渐习惯采用简单而自然的写法来使用 until 控制结构。

表达式修饰符

为了进一步简化代码书写，表达式后面可以接一个用于控制它行为的修饰符。比如下面这个 if 修饰符，其实际作用相当于一个 if 语句块：

```
print "$n is a negative number.\n" if $n < 0;
```

这其实能达到和以下代码完全相同的效果，但我们省去了键入圆括号和花括号的工作：

```
if ($n < 0) {
  print "$n is a negative number.\n";
}
```

之前曾经提到，那些使用 Perl 的家伙都懒于打字。不过这个更短的版本其实也更容易用英语读出来：print this message if $n is less than zero。

注意，即使条件表达式写在后面，它仍然会先执行。这与通常由左至右的顺序相反。阅读 Perl 代码的方法就是学习 Perl 解释器的内部工作原理，先把语句全部读完再判断其含义。

还有其他几个修饰符：

```
&error("Invalid input") unless &valid($input);
$i *= 2 until $i > $j;
print " ", ($n += 2) while $n < 10;
&greet($_) foreach @person;
```

以上写法都能按照我们原本的意图正常工作。换句话说，上面每一行都可以效仿 if 修饰符示例进行改写。比如第三条可以改写成：

```
while ($n < 10) {
  print " ", ($n += 2);
}
```

值得注意的是，在 print 参数列表中，圆括号里的表达式会将 $n 加 2，并将结果存回 $n，然后返回最新的值并打印。

这些简写形式读起来像自然语言：调用 &greet 子程序问候 @person 中的每个成员。倍增 $i 直到它大于 $j。这些修饰符的常见用法之一，就是写成下面这样的语句：

```
print "fred is '$fred', barney is '$barney'\n" if $I_am_curious;
```

用这种"倒装句"编写程序可以把语句中重要的部分放在前面。上面那条语句的重点是查看一些变量的值，而不是检查你是否好奇。当然，$I_am_curious 这个变量是我们杜撰出来的，并非内置的 Perl 变量。通常使用这个技巧的时候，变量会被命名为 $TRACING，或者用 constant 编译指令来声明一个全局常量。有些人喜欢将整个语句写成一行，也可能在 if 之前加上些制表符使它向右边缩进一些，上面那个例子就是如此。也有人喜欢将 if 修饰符放在下一行并缩进一段距离：

```
print "fred is '$fred', barney is '$barney'\n"
  if $I_am_curious;
```

虽然这些带有修饰符的表达式都可以用块的形式重写，即用最传统的方法写，但反过来，由传统写法往带有修饰符的写法改写却未必可以。修饰符的两边都只能写单个表达式，因此不能写某事 if 某事 while 某事 until 某事 unless 某事 foreach 某事，因为那样太让人困惑了。另外修饰符的左边也不能放多条语句。如果确实需要，还是建议你回到传统写法，仍然写那些圆括号和花括号。

如同我们之前在 if 修饰符部分谈到的，右边的控制表达式总是先求值，和传统写法的执行顺序是一样的。

在使用 foreach 修饰符的时候无法自选控制变量，必须使用 $_。这通常不是问题，不过若真需要自选控制变量，可以用传统的 foreach 循环改写。

裸块控制结构

所谓裸块（naked block），就是没有关键字或条件表达式的代码块。好比现在有一个 while 循环，如下所示：

```
while (condition) {
  body;
  body;
  body;
}
```

然后拿走关键字 while 和条件表达式，就会得到一个裸块：

```
{
  body;
  body;
  body;
}
```

裸块就像一个 while 或 foreach 的循环体，只是不重复执行，仅执行一次后就结束。所以，裸块其实并非循环！

有关裸块的其他用法稍后会再讨论，这里先看如何用它为临时词法变量限定作用域：

```
{
    print "Please enter a number: ";
    chomp(my $n = <STDIN>);
    my $root = sqrt $n;  # 计算平方根
    print "The square root of $n is $root.\n";
}
```

这个块中的 $n 和 $root 都是限于局部访问的临时变量。一个关于局部变量的准则是：最好把变量声明在最小使用范围之内。如果某个变量只会在几行代码里使用，你可以把这几行放到一个裸块里并就近声明变量。当然，如果稍后还要用到 $n 或者 $root 的值，便要在更大范围中声明这些变量。

你可能已经注意到这里的 sqrt 函数很陌生，没错，这个函数我们未曾见过。Perl 有许多内置函数无法在本书一一介绍，请查阅 perlfunc 文档自行学习。

elsif 子句

我们经常需要逐项检查一系列的条件表达式，看看其中哪个为真。这可以通过 if 控制结构的 elsif 子句达成，比如下面的代码：

```
if ( ! defined $dino) {
    print "The value is undef.\n";
} elsif ($dino =~ /^-?\d+\.?$/) {
    print "The value is an integer.\n";
} elsif ($dino =~ /^-?\d*\.\d+$/) {
    print "The value is a _simple_ floating-point number.\n";
} elsif ($dino eq '') {
    print "The value is the empty string.\n";
} else {
    print "The value is the string '$dino'.\n";
}
```

Perl 会一个接一个地测试这些条件表达式。当其中某个符合条件时，就会执行相应代码块，然后整个控制结构结束，并继续执行剩余的程序代码。如果没有任何一个符合条件，则执行最末端的 else 语句块。（当然，else 子句无疑是可以省略的，但这里最好保留，方便说明。）

elsif 子句的数量并没有限制，但别忘了 Perl 必须执行前面的 99 个失败的测试，才会到达第 100 个。如果要写十几个 elsif，不妨考虑使用更高效的写法。

你可能已经注意到了，这个关键字的拼写居然是 elsif，好像缺少了一个 e。但如果你写成具有两个 e 的 elseif，Perl 会告诉你拼写错误。为什么呢？因为 Larry 说了算。

自增与自减

编程中常常要对标量变量的值递增1或递减1。因为这种需求太普遍了，所以像其他常用表达式一样，有相应的简写。

使用自增操作符 ++ 能将标量变量值加 1 ，就像 C 语言及相似程序语言中的相同操作符那样：

```
my $bedrock = 42;
$bedrock++;  # $bedrock 加1，变成 43
```

和其他将变量值加 1 的方法一样，标量若未定义将会被自动创建：

```
my @people = qw{ fred barney fred wilma dino barney fred pebbles };
my %count;                         # 新的空哈希
$count{$_}++ foreach @people;  # 按需要创建新的键-值对
```

第一次处理 foreach 循环时，$count{$_} 会自增。先是 $count{"fred"}，因此它会从 undef 成为 1，因为之前这个哈希值不存在。下一次执行循环时，$count{"barney"} 会变成 1；在这之后，$count{"fred"} 会变成 2。每次处理循环时，%count 中的某个元素就会自动递增，当然也有可能被创建。在整个循环完成后，$count{"fred"} 的值应该是 3。这是个快速而简易的方法，可用来检查列表中有哪些元素并计算每个元素出现的次数。

类似地，自减操作符 -- 会将标量变量值减去1：

```
$bedrock--;  # $bedrock 减1，又变回 42 了
```

自增的值

我们可以在取得变量值的同时修改变量值。把 ++ 操作符写在变量名之前就能先增加变量的值，然后取新值。我们把这种操作称为前置自增（preincrement）：

```
my $m = 5;
my $n = ++$m;  # 先增加 $m 的值到 6，再把该值赋给 $n
```

或者把 -- 操作符放在变量之前，先自减，再取新值。我们把这种操作称为前置自减（predecrement）：

```
my $c = --$m;  # 先减少 $m 的值到 5，再把该值赋给 $c
```

接下来是比较特别的操作。将变量名称放在前面就表示先取值，然后再自增或自减。这样的操作我们称为后置自增（postincrement）或后置自减（postdecrement）：

```
my $d = $m++;  # $d 得到的是 $m 之前的值（5），然后 $m 增加到 6
my $e = $m--;  # $e 得到的是 $m 之前的值（6），然后 $m 减少到 5
```

之所以说它特别，是因为这里同时做了两件事。我们在同一个表达式中取值并且修改它的值。如果操作符在前，就会先自增或自减，然后使用新值；如果变量在前，就会先返回其原来的值，然后再自增或自减。换种说法就是，这些操作符会返回某个变量值，顺便还连带修改变量值。

如果表达式中只有变量自增或自减操作，但不取新值，只是利用连带的改值功能的话，那么操作符前置或后置都一样，没有任何区别：

```
$bedrock++;  # $bedrock 加 1
++$bedrock;  # 同样，$bedrock 加 1
```

这类操作符的一个常见用法就是判断之前是否见过某个元素，一般会借助哈希计数：

```
my @people = qw{ fred barney bamm-bamm wilma dino barney betty pebbles };
my %seen;

foreach (@people) {
  print "I've seen you somewhere before, $_!\n"
    if $seen{$_}++;
}
```

当barney第一次出现时，$seen{$_}++ 的值为假，因为 $seen{$_} 的值也就是 $seen{"barney"}的值，为 undef。不过由于这个表达式具有将 $seen{"barney"} 递增的连带作用，所以再次遇到 barney 时，$seen{"barney"} 的值就是真，可以被打印了。

for 控制结构

Perl 的 for 控制结构类似其他语言（如 C 语言）当中的常见 for 循环。大体结构看起来就像这样：

```
for (initialization; test; increment) {
  body;
  body;
}
```

虽然对 Perl 而言，这种类型的循环事实上只是一种变相的 while 循环，如下所示：

```
initialization;
while (test) {
  body;
  body;
  increment;
}
```

`for` 循环目前最常见的用途就是控制重复的运算过程：

```
for ($i = 1; $i <= 10; $i++) {   # 从 1 数到 10
  print "I can count to $i!\n";
}
```

如果之前见过这种用法，那么不看注释也会知道第一行在说什么。在循环开始前，控制变量 $i 被设置为 1。然后，它就像 while 循环一样，当 $i 的值小于或等于10 时，循环会不断迭代执行。每次迭代之后，下一次迭代之前，会进行递增运算，也就是将控制变量 $i 的值加 1。

因此，在循环第一次执行时，$i 是 1。因为它小于或等于 10，所以程序会输出信息。虽然递增操作符被写在循环顶端，但逻辑上它却位于循环底部，等输出信息之后才会执行。于是，$i 递增到 2，依然小于或等于 10，因此程序会再次输出信息。接着 $i 递增到 3，还是小于或等于 10，以此类推。

最终程序会输出数到 9 的信息。然后 $i 递增到 10，依然小于或等于 10，所以程序会执行最后一次循环，并且输出信息表明数到了 10。$i 在最后一次递增时变成了 11，这次不再小于或等于 10。所以程序会在循环以外继续执行接下来的代码。

因为这三个部分被一起放在循环的开头，所以老练的程序员看到第一行就明白："这是一个将 $i 从 1 数到 10 的循环。"

注意，当循环结束之后，它的控制变量取值会在范围之外。在这个例子里面，控制变量的值已经涨到了 11。这种循环非常灵活，可以用来进行各式各样的计数。比如从 10 倒数到 1：

```
for ($i = 10; $i >= 1; $i--) {
  print "I can count down to $i\n";
}
```

这个循环从 -150 开始累加 3，一直加到 1000：

```
for ($i = -150; $i <= 1000; $i += 3) {
  print "$i\n";
}
```

注意，其实是不可能真的数到 1000 的，最后一次迭代时小于 1000 的数字是 999，因为 $i 所有的值都应该是 3 的整数倍。

事实上这三个循环控制部分（初始化、测试和递增）都可以为空，但即使不需要它们也得保留分号。在下面这个不太常见的例子里，测试部分是一个替换操作，而递增部分则是空：

```perl
for ($_ = "bedrock"; s/(.)//; ) {   # 当 s/// 这个替换成功时，循环继续
  print "One character is: $1\n";
}
```

在隐式while循环中的测试表达式是一个替换操作，成功替换时会返回真。在这个例子里第一次执行循环时，替换操作会拿走bedrock中的字母b。每次执行循环会拿走一个字母，直到字符串为空。这时替换操作会失败，导致循环结束。

在测试表达式为空的时候，两个连续的分号会被强行解释为真，从而导致死循环。不过请先不要尝试运行这段代码，稍后我们就会告诉你如何中断死循环：

```perl
for (;;) {
  print "It's an infinite loop!\n";
}
```

如果真的需要，更具 Perl 风格的死循环是 while 版本的：

```perl
while (1) {
  print "It's another infinite loop!\n";
}
```

如果不小心进入死循环，试试按 Ctrl+C 终止它。

虽然 C 程序员比较熟悉第一种方式，但即使是初学 Perl 的人也知道 1 总是真，自然地构造出一个死循环，因此第二种写法更好一些。Perl 很聪明地意识到这种常量表达式是可以优化的，因此不会导致性能问题。

foreach 和 for 之间的秘密关系

也许你不知道，在 Perl 解析器里，foreach 和 for 这两个关键字实际上是等价的。也就是说，当 Perl 看到其中一个时，就好像看见了另一个。Perl 可以从圆括号里的内容判断出你的意图。如果里面有两个分号，它就是之前介绍的 for 循环；若没有分号，就说明它是一个 foreach 循环：

```perl
for (1..10) {   # 实际上就是一个从 1 到 10 的 foreach 循环
```

```
    print "I can count to $_!\n";
  }
```

这实际上就是一个 foreach 循环，但用的却是 for 关键字。除此以外，本书其他例子都会写成 foreach 的形式。最终选用哪个，取决于你的个人偏好。

在 Perl 世界里，纯正的 foreach 循环几乎总是更好的选择。在上面的 foreach 循环例子（表面上写成了 for 循环）里，我们可以一眼看出它是从 1 到 10 的循环。但对于下面具有同样功能的代码，你看得出来问题在哪里吗？

```
for ($i = 1; $i < 10; $i++) {  # 糟糕！这里有错！
  print "I can count to $_!\n";
}
```

估计每个人这辈子都会犯这样的错。看出问题来了吗？虽然在比较部分写的数字没错，但比较操作符选错了。数字 10 是不可能小于 10 的，所以这段代码实际只能计数到 9。这类错误称作单步偏差（off by one）错误。补上一个字符就能修复这个错误：

```
for ($i = 1; $i <= 10; $i++) {  # 现在好了
  print "I can count to $_!\n";
}
```

循环控制

现在你大概已经感觉到，Perl 是一种所谓的"结构化"编程语言。特别是 Perl 程序的任何块都只有一个入口，也就是代码块的顶端。不过相比前面介绍过的结构，有时候需要更多样化的控制方式。比如有时你需要一个至少执行一次的 while 循环，或者需要提早退出代码块。Perl 有三个循环控制操作符，你可以在循环里使用它们，灵活控制代码流向。

last 操作符

last 操作符能立即中止循环的执行，就像 C 这类语言中的 break 操作符一样。它是循环的紧急出口。当你看到 last，循环就会结束。

例如：

```
# 打印所有提到 fred 的输入行，直到碰到 __END_ 记号为止
while (<STDIN>) {
  if (/__END__/) {
    # 碰到这个记号说明再也没有其他输入了
    last;
  } elsif (/fred/) {
```

```
        print;
    }
}
## last 之后就会跳到这里 ##
```

只要输入行中有 __END__ 记号，这个循环就会结束。当然，结尾的那行注释只是提醒而已，完全可以省略。我们只是将它放在那里，好让整个流程更加清晰。

在Perl中有 5 种循环块，它们分别是 for、foreach、while、until以及裸块。而if块或子程序带的花括号不是循环块。如同前面的例子，last操作符对整个循环块起作用。

last 操作符只会对当前运行中的最内层的循环块发挥作用。要跳出外层块，请继续看下去，我们很快就会提到。

next 操作符

有时候你并不需要立刻退出循环，但要立刻结束当前这次循环迭代。这就是 next 操作符的用处，它会跳到当前循环块的底端。在 next 之后，程序将会继续执行循环的下一次迭代（这和 C 这类语言中的 continue 操作符的功能相似）：

```
# 分析输入文件中的单词
while (<>) {
  foreach (split) {  # 将 $_ 分解成单词，然后每次将一个单词赋值给 $_
    $total++;
    next if /\W/;     # 如果碰到不是单词的字符，跳过循环的剩余部分
    $valid++;
    $count{$_}++;     # 分别统计每个单词出现的次数
    ## 上面的 next 语句如果运行，会跳到这里 ##
  }
}

print "total things = $total, valid words = $valid\n";
foreach $word (sort keys %count) {
  print "$word was seen $count{$word} times.\n";
}
```

这个例子比前面的要复杂些，所以我们逐步进行解说。while 循环逐行读取来自钻石操作符的输入并放进 $_，这我们已经知道了。循环每次执行时，$_ 就得到输入数据的下一行。

在循环中，foreach能遍历split返回的列表。你还记得split不带参数时的默认行为么？它会用空白字符来切分$_，也就是说把$_分解成由单词组成的列表。既然foreach循环没有提到其他控制变量，控制变量就应该是$_。因此我们会在$_中依次看到所有单词。

可是，我们不是才说过 $_ 是用来存储每一行的输入么？在外层循环就是这样。但在 foreach 循环里，它却能循环存储每一个单词。Perl 能正确处理 $_ 的多版本重用，这种事并不奇怪。

对 foreach 循环来说，每当我们在 $_ 中看到一个单词时，$total 就会递增，所以它会是全部单词的总数。下一行（是这个例子的关键）会检查单词里是否包含任何非单词字符（字母、数字和下划线以外的字符）。因此如果其中出现了像 Tom's 、full-sized 或者后面紧接着逗号、引号或任何其他奇怪字符的单词，那它就会匹配这个模式，导致循环直接跳到下一个单词。

不过如果找到了一个普通的单词，比如 fred ，在此情况下，我们会将 $valid 的值加 1 ，连带$count{$_}也累加以记录此单词出现的次数。所以，在这两个循环执行完毕后，我们就完成了对用户指定的所有文件中的每一行里的每个单词的计数。

我们不打算解释最后几行的意思。到了这里，我们希望你已经有能力应付这样的程序代码。

跟last一样，next也可以用在 5 种循环块中：for、foreach、while、until或裸块。同样地，如果有多层的嵌套循环块，next只会对最内层起作用。这一节的最后，我们将看到如何突破这种限制。

redo 操作符

循环控制操作符的第三个成员是 redo。它能将控制返回到当前循环块的顶端，不经过任何条件测试，也不会进入下一次循环迭代。而那些用过 C 这类语言的人却会对这个操作符感觉陌生，因为那些语言里没有这个概念。来看具体的例子：

```perl
# 打字测试
my @words = qw{ fred barney pebbles dino wilma betty };
my $errors = 0;

foreach (@words) {
  ## redo 指令会跳到这里 ##
  print "Type the word '$_': ";
  chomp(my $try = <STDIN>);
  if ($try ne $_) {
    print "Sorry - That's not right.\n\n";
    $errors++;
    redo;  # 跳回循环的起点
  }
}
print "You've completed the test, with $errors errors.\n";
```

和另外两个操作符一样，redo 在 5 种循环块里都可以使用，并且在循环块嵌套的情况下只对最内层的循环起作用。

next 和 redo 之间最大的区别在于，next 会正常继续下一次迭代，而 redo 则会重新执行这次的迭代。下面的程序可以让你体验这三种操作符在工作方式上的区别：

```
foreach (1..10) {
  print "Iteration number $_.\n\n";
  print "Please choose: last, next, redo, or none of the above? ";
  chomp(my $choice = <STDIN>);
  print "\n";
  last if $choice =~ /last/i;
  next if $choice =~ /next/i;
  redo if $choice =~ /redo/i;
  print "That wasn't any of the choices... onward!\n\n";
}

print "That's all, folks!\n";
```

如果不键入任何字符，只是按下回车键，则循环会逐次增加计数。如果你在显示数字 4 的时候选择 last，那么循环就会因此而结束，你将看不到数字 5；如果你在显示数字 4 的时候选择 next，就会直接跳到数字 5 而不提示"onward"信息；如果你在显示数字 4 的时候选择 redo，那么会回到 4 这个数字上重来。

带标签的块

当你需要从内层对外层的循环块进行控制时，请使用标签（label）。在 Perl 里，标签和其他标识符一样，是由字母、数字和下划线组成的，但不能以数字开头。然而由于标签没有前置符号，可能和内置函数名或自定义子程序名混淆，所以将标签命名为 print 或 if 是很糟糕的选择。因此，Larry 建议用全大写字母命名标签，这样不仅能防止它与其他标识符相互冲突，也使得它在程序中突显出来。无论大写还是小写，标签总是罕见的，只会在很少的 Perl 程序中出现。

要对某个循环块加上标签，通常只要将标签及一个冒号放在循环前面就行了。之后在循环里的 last、next 或 redo 后面加上这个标签即可定向：

```
LINE: while (<>) {
  foreach (split) {
    last LINE if /__END__/;  # 跳出标签为 LINE 的循环
    ...
  }
}
```

为了增进可读性，通常的建议是把标签靠左写，哪怕当前代码的层次缩进很深。注意，标签应该用来命名整块代码，而不是用来标明程序中的某个具体位置。在上面的例子里，特殊的 __END__ 记号代表了输入的结束。只要看到这个记号，程序就会忽略所有接下来的输入行，即使还有其他未读文件。

通常应该以名词来为循环命名。由于外层循环是每次处理一行，所以可称之为 LINE。如果也要为内层循环取个名字，我们可能会叫它 WORD，因为它每次处理一个单词。如此一来，写出 next WORD （移到下个单词）或者 redo LINE （重处理当前这行）之类的代码也就非常自然了：

```
LINE: while (<>) {
  WORD: foreach (split) {
    last LINE if /__END__/;   # 跳出 LINE 循环
    last WORD if /EOL/;       # 忽略本行剩下的单词
    ...
  }
}
```

条件操作符

当 Larry 考虑 Perl 要提供哪些操作符时，他不想让早期的 C 程序员有机会怀念那些 C 有而 Perl 没有的东西。所以他把 C 所有的操作符都搬过来了。这个决定导致 Perl 拥有了 C 语言中最让人困惑的操作符，也就是条件操作符 ?:。虽然它可能令人困惑，不过存在必合理，这个操作符还是相当有用的。

条件操作符就像 if-then-else 这样的控制结构。由于使用时需要三个操作数，所以有时也称之为三目操作符。它看起来像这样：

```
expression ? if_true_expr : if_false_expr
```

有些人习惯把条件操作符称为三目操作符。它确实需要三个部分一起，才能构造完整的运算，这和其他 Perl 操作符截然不同。早期的 Perl 程序员可能习惯那么说，不过既然我们的读者才开始学，就不用照着旧习，还是回归本质，叫它条件操作符好了。

回过头来看它是如何工作的。首先，Perl 执行条件表达式，看它究竟是真还是假。如果为真，执行冒号前的表达式；否则，执行冒号后的表达式。每次使用时都会执行问号右边两个表达式中的一个，另一个则会被跳过。换句话说，若条件表达式为真，则第二个表达式会被求值并返回，而忽略第三个表达式；倘若条件表达式为假，则忽略第二个表达式，而对第三个表达式求值并返回。

在下面的例子里，子程序 &is_weekend 的执行结果决定了哪个字符串表达式会被赋值给变量：

```
my $location = &is_weekend($day) ? "home" : "work";
```

下面的例子中，我们会计算并输出一个平均值，或者在无法计算时用一行连字符代替：

```
my $average = $n ? ($total/$n) : "-----";
print "Average: $average\n";
```

任何使用 ?: 操作符的表达式都可以改写成 if 结构，但常常会更拖沓冗长：

```
my $average;
if ($n) {
  $average = $total / $n;
} else {
  $average = "-----";
}
print "Average: $average\n";
```

这可能是你喜欢的技巧，用来写出干净利落的多路分支：

```
my $size =
  ($width < 10) ? "small"  :
  ($width < 20) ? "medium" :
  ($width < 50) ? "large"  :
          "extra-large"; # 默认值
```

实际上，这是由三层嵌套的 ?: 操作符组成的。一旦你明白其诀窍所在，就会觉得十分简洁。

当然，这个操作符并不是非用不可，初学者常常避而远之。不过，迟早你会在其他人的程序里看到它，而我们希望有一天你也会在自己的程序里使用它。

逻辑操作符

和你猜想的一样，Perl 拥有全套的逻辑操作符，可以用来对付布尔（真/假）值。比如常用来进行联合逻辑测试的逻辑与操作符 && 和逻辑或操作符 ||：

```
if ($dessert{'cake'} && $dessert{'ice cream'}) {
  # 两个条件都为真
  print "Hooray! Cake and ice cream!\n";
} elsif ($dessert{'cake'} || $dessert{'ice cream'}) {
  # 至少一个条件为真
  print "That's still good...\n";
} else {
```

```
    # 两个条件都为假，什么也不干（我们有点伤感）
}
```

Perl 在这里可能会走捷径。如果逻辑与操作符的左边表达式为假，整个表达式就不可能为真，因为必须两边的表达式都为真时才会得到真。因此这时不必再检查右边的表达式，从而避免对其求值。针对下面的例子，请考虑 $hour 是 3 的时候会怎样：

```
if ( (9 <= $hour) && ($hour < 17) ) {
  print "Aren't you supposed to be at work...?\n";
}
```

相似的地方还有，若逻辑或操作符的左边表达式为真，那么右边也会免于求值。请考虑下面的例子中 $name 是 fred 会如何：

```
if ( ($name eq 'fred') || ($name eq 'barney') ) {
  print "You're my kind of guy!\n";
}
```

因为这个特性，这种操作符被称为"短路（short-circuit）"逻辑操作符。只要有可能，它们就会走捷径来获得结果。事实上，依赖这种短路行为的代码很常见，比如求得平均值的程序：

```
if ( ($n != 0) && ($total/$n < 5) ) {
  print "The average is below five.\n";
}
```

这个例子里，右边的表达式只有在左边为真的时候才被求值，因此程序不会因为意外的"除以零"而崩溃（我们会在第 16 章的"捕获错误"一节展示其他相关的例子）。

短路操作符的返回值

和 C 这类语言不同，Perl 的短路操作符求得的值不只是简单的布尔值，而是最后运算的那部分表达式的值。这提供了一样的结果，因为当整个测试应该为真时，最后部分的值总为真，而当整个测试应该为假时，则最后部分的值总为假。

但是这个返回值会很有用，我们常常利用逻辑或操作符提供变量的默认取值：

```
my $last_name = $last_name{$someone} || '(No last name)';
```

如果 $someone 在哈希中并不存在，左边的计算结果就是 undef，也就是假。所以逻辑或操作符必须对右边的表达式求值，使它成为左边变量的默认值。在这种习惯用法中，不光在结果为 undef 时会使用默认值，其他求值结果在等效于假的情况下也会被替换为默认值。如果要只在未定义情况下才提供默认值的初始化，可以把它改成使用条件操作符的写法：

```
my $last_name = defined $last_name{$someone} ?
    $last_name{$someone} : '(No last name)';
```

写起来麻烦了点，而且 $last_name{$someone} 重复出现了两次。好在 Perl 5.10 提供了更简洁的写法，请看下一节。

定义或操作符

前一节我们谈到 ‖ 操作符能用于提供变量的默认值。但没有考虑到特殊情况，就是已定义的假值也可能被意外替换为默认值。因此后来又改用更丑陋的条件操作符版本。

为了避免这样的问题，Perl 5.10 引入了定义或（defined-or）操作符 //，它在发现左边的值已定义时进行短路操作，而非根据该值是逻辑真还是逻辑假。所以即使有人的名字是 0，这段代码也不会重置名字为默认值：

```
use v5.10;

my $last_name = $last_name{$someone} // '(No last name)';
```

有时候需要给一个未定义变量赋值，若它已定义则保留其原值。比如程序常常会参考 VERBOSE 环境变量来决定是否打印信息。现在可以检查 %ENV 哈希中 VERBOSE 键的值是否已定义，若未定义则对它赋值：

```
use v5.10;

my $Verbose = $ENV{VERBOSE} // 1;
print "I can talk to you!\n" if $Verbose;
```

可以多弄几个值来测试一下 //，看看它会在哪种情况下返回 default 值：

```
use v5.10;

foreach my $try ( 0, undef, '0', 1, 25 ) {
  print "Trying [$try] ---> ";
  my $value = $try // 'default';
  say "\tgot [$value]";
}
```

输出显示只有在 $try 是 undef 的时候才会收到 default 字符串：

```
Trying [0] --->    got [0]
Trying [] --->     got [default]
Trying [0] --->    got [0]
```

```
Trying [1] --->      got [1]
Trying [25] --->     got [25]
```

有时你想要对一个未定义的变量赋值。比如，当你开启警告功能并打印一个未定义的
变量值，就会收到烦人的警告信息：

```
use warnings;

my $name;  # 没有值，属于未定义！
printf "%s", $name; # 发出警告: Use of uninitialized value in printf ...
```

这种错误一般没啥大碍，通常可以忽略。但如果确实要打印未定义的值，可以用一个
空字符串来代替：

```
use v5.10;
use warnings;

my $name;  # 没有值，属于未定义！
printf "%s", $name // '';
```

使用部分求值操作符的控制结构

之前看到的 4 个操作符 &&、||、// 和 ?: 都有一个共性：根据左边的值决定是否计算
右边的表达式。有些情况下会执行，相反情况下则不执行。因此将这些操作符统称为
部分求值（partial-evaluation）操作符。部分求值操作符是天然的控制结构，它们不
会执行所有预备好的表达式。这并非 Larry 为了加入更多控制结构而做的过度设计，
而是在他为解决问题而引入这些操作符的时候，它们就天然成了语言本身的控制结
构。毕竟任何能激活或跳过某段程序代码的东西都算是控制结构。

好在我们往往在代码实际赋值或打印输出时，才会注意到其中的控制结构带来的效
应。比如下面这段代码：

```
($m < $n) && ($m = $n);
```

我们很快就会意识到，这里的逻辑与运算的结果并未被使用或赋值给变量。为什么要
丢弃这个运算结果呢？

如果 $m 真的小于 $n，左边就为真，所以会执行右边的赋值运算。如果 $m 不小
于 $n，则左边为假并导致跳过右边的代码。所以，上面的代码基本上和下面这行完成
的是相同的任务，而下面的写法显然更容易理解：

```
if ($m < $n) { $m = $n }
```

或倒过来使用修饰符的写法：

```
$m = $n if $m < $n;
```

或者在维护别人代码时看到这样的写法：

```
($m > 10) || print "why is it not greater?\n";
```

如果 $m 真的大于 10，那么左边为真，因此逻辑或运算就算完成了。若非如此，则左边为假，于是会接着输出信息。跟上面一样，这其实可以（可能也应该）转为使用传统的写法，比如用 if 或 unless 来写。经常写 shell 脚本的人常常使用这类风格的写法，所以他们开始写 Perl 的时候，也就照搬了原来的习惯。

而那些思维特别奇特的人甚至学会了用读英语的方式来读这几行程序代码。比如：检查 $m 是否小于 $n，若是如此，则进行赋值；检查 $m 是否大于 10，若非如此，则输出信息。

会以这种方式来写控制结构的人通常以前是 C 程序员或是早期的 Perl 程序员。他们之所以这样写是为了提高所谓的效率，也有人认为这些技巧能让他们的程序比较酷，还有一些人只是模仿别人的编程风格而已。

条件操作符同样可以成为控制结构。在下面的例子里，我们想将 $x 赋值给两个变量中较小的那个：

```
($m < $n) ? ($m = $x) : ($n = $x);
```

如果 $m 比较小，它会得到 $x；否则的话，就归 $n 所有了。

逻辑与和逻辑或操作符还有另一种写法。你可以将它写成单词：and 和 or。这种单词操作符和标点符号形式的效果相同，但是前者在运算优先级上要低得多。既然单词操作符不会紧紧地"粘住"附近的表达式，它们需要的括号可能就会少一些：

```
$m < $n and $m = $n;   # 写成相应的 if 语句版本会更好
```

另外还有一个优先级较低的 not 操作符（等效于逻辑非操作符!），以及较少使用的异或操作符 xor。

当然，可能你还是要用到更多的圆括号，因为优先级是一个怪兽。如果对优先级不是非常有把握，请回来使用圆括号。然而单词操作符的优先级很低，所以你通常可以想象它们会把表达式拆成两片，先做左边所有的事情，如果需要再做右边所有的事情。

尽管以逻辑操作符作为控制结构可能令人困惑，但有时候这却是大家都认可的写法。比如下面就是打开文件的习惯写法：

```
open my $fh, '<', $filename
    or die "Can't open '$filename': $!";
```

通过使用低优先级的短路 or 操作符，我们向 Perl 表达了 "open this file …… or die" 的意思。如果文件打开成功，就会返回真，此时 or 就不必执行了；但如果文件打开失败，or 就还得去执行右边的部分，也就是丢出信息并通过 die 终止程序。

所以，用这些操作符作为控制结构是 Perl 习惯用语的一部分，也就是 Perl 约定俗成的表达方法。适当使用的话，程序会更具威力；否则，你的程序将会难以维护。请别滥用它们。

习题

以下习题答案参见第 323 页上的 "第 10 章习题解答" 一节：

1. [25] 编写程序，让用户不断猜测范围从 1 到 100 的秘密数字，直到猜中为止。程序应该以神奇公式int(1 + rand 100) 来随机产生秘密数字。当用户猜错时，程序应该回应 "Too hight" 或 " Too low "。若是好奇，可以参考 perlfunc 文档中关于 int 和 rand 的介绍。如果用户键入 quit 或 exit 等字样，或者键入一个空白行，程序就应该中止。当然，如果用户猜到了，程序也应该中止！

2. [10] 修改刚才的程序，打印额外的调试信息，例如程序选择的秘密数字。确保修改的部分可以用开关控制，而且调试开关即使关上也不会产生警告信息。如果在使用 Perl 5.10 或更新的版本，请使用 // 操作符，否则请使用条件操作符。

3. [10] 修改第 6 章的习题 3 的程序（环境变量列表程序），打印出那些未定义的环境变量（显示为 undefined value）。可以在程序中设定新的环境变量，来测试程序是否正确打印那些具有假值的变量。如果在使用 Perl 5.10 或更新的版本，请使用 // 操作符，否则请使用条件操作符。

第11章

Perl模块

如果有问题要解决，那么可能早已有人解决了这个问题，并且这些解决方案会开源到 Perl 综合典藏网（Comprehensive Perl Archive Network， CPAN）上。CPAN 在世界各地都有服务器与镜像站点，其中包含数以万计的开源 Perl 模块。实际上，Perl 5 的绝大部分核心功能都是以模块的形式存在的，因为Larry 把它设计为一种可扩展的语言。

我们在这里不打算教你如何编写模块，要学的话可以自己看 *Intermediate Perl* 一书。本章我们会教你如何使用现有的模块，目的只是让你开始熟悉并利用 CPAN 完成自己的任务，所提到的模块也仅仅为了方便解说，并非有意向你推销，你有自由选择模块的权利。

寻找模块

Perl 模块有两种来源：一种是随 Perl 发行版一同打包的，所以安装了 Perl 就可以用这些模块；另一种则要从 CPAN 下载，自己安装。除非特别说明，一般我们讨论的都是随 Perl 一同发布的模块。

 某些供应商会为他们自己的 Perl 发行版提供更多附加的模块。这其实就是所谓的第三方模块，即供应商附送的模块，就像小礼品一样。此外，或许还有一些附加的工具已经安装到你的操作系统中，不妨找找看。

要找寻那些没有随 Perl 发布的模块，可以到 MetaCPAN 网站上搜索。下载完整模块包之前，你可以先在线阅读详细的模块文档，或进入模块包内部，看看它所包含的文件。另外还有许多解析工具可以提供模块的全方位信息供你参考。

在开始寻找模块前，请先检查下本地是否已经安装好了。我们可以借助命令 *perldoc* 打开模块的文档查看。比如 Digest::SHA 模块会和标准 Perl 一起发布安装（稍后我们会使用它），所以默认总能阅读该模块的文档：

```
$ perldoc Digest::SHA
```

试试看没有装过的模块，应该会看到错误提示：

```
$ perldoc Llamas
No documentation found for "Llamas".
```

模块文档可能以其他格式（比如 HTML）存放在你的系统中。如果能读到文档，就说明该模块已经安装到位。

另外，用 Perl 提供的 cpan 命令也可以取得指定模块的详细信息：

```
$ cpan -D Digest::SHA
```

安装模块

如果想要安装系统上没有的模块，一般来说，需要先下载打包发布的模块包，解压缩后在 shell 中运行一系列编译安装命令。具体步骤和注意事项可以查阅模块包中的 *README* 文件或 *INSTALL* 文件。

如果模块使用 Perl 自带的 ExtUtils::MakeMaker 封装打包，可以用下面的流程安装：

```
$ perl Makefile.PL
$ make install
```

如果你没有权限安装模块到系统全局目录，可以在 *Makefile.PL* 后面加上 INSTALL_BASE 参数，指定以你的用户身份可写的安装目录：

```
$ perl Makefile.PL INSTALL_BASE=/Users/fred/lib
```

有些 Perl 模块开发者要求用另一个模块 Module::Build 来编译并安装他们的作品，流程大致如下：

```
$ perl Build.PL
$ ./Build install
```

和之前一样，你可以指定自己的安装目录：

```
$ perl Build.PL --install_base=/Users/fred/lib
```

有些模块的工作依赖于其他模块，所以必须先安装好这些前置模块，才能继续编译安装。与其自己手动一个个安装模块，不如用 Perl 自带的 CPAN.pm。你可以在命令行启用 CPAN.pm 的 shell 交互方式：

```
$ perl -MCPAN -e shell
```

 扩展名".pm"表示"Perl 模块（Perl Module）"，为了与其他概念相区分，通常谈到一些流行的模块时都会带上".pm"。在这里，"CPAN"和"CPAN 模块"所指代的不同，为示区别，我们把后者称为"CPAN.pm"。

就算这样，写起来还是有些麻烦，所以很久之前本书的作者之一写了个名为 *cpan* 的小小的脚本程序，是 Perl 自带的，通常在安装 *perl* 命令及其他相关工具时一并安装到系统。用这个脚本程序安装模块，只需提供模块名清单即可：

```
$ cpan Module::CoreList LWP CGI::Prototype
```

另外还有一个非常轻巧的工具 *cpanm*（它是 *cpanminus* 的简写），不过它目前还不是 Perl 自带的工具。它被设计为零配置、轻量级的 CPAN 客户端，能完成绝大多数人的日常工作。你可以从 *http://cpanmin.us* 下载并使用它。

有了 *cpanm* 后，只要给出要安装的模块名清单即可：

```
$ cpanm DBI WWW::Mechanize
```

安装到自己的目录

Perl 模块安装过程中最常困扰人们的是，CPAN 工具默认会把新模块安装到与 *perl* 解释器相同的目录中，但你可能没有往这个系统级别的目录写文件的权限。

对初学者来说，最容易的解决办法是用 local::lib 模块安装新模块到自己的用户目录下。目前这个模块还不是 Perl 自带的，所以你得自己从 CPAN 下载安装。这个模块会自动修改某些环境变量，借此修改 CPAN 客户端安装模块的位置。在命令行上加载该模块而不做任何操作，就能列出它所改动的所有环境变量：

```
$ perl -Mlocal::lib
export PERL_LOCAL_LIB_ROOT="/Users/fred/perl5";
```

```
export PERL_MB_OPT="--install_base /Users/fred/perl5";
export PERL_MM_OPT="INSTALL_BASE=/Users/fred/perl5";
export PERL5LIB="...";
export PATH="/Users/fred/perl5/bin:$PATH";
```

 只管照我们给出的命令尝试好了，虽然我们还没介绍过命令行开关方面的知识，不过所有相关内容都在 perlrun 文档中，请自行查阅。

如果在 *cpan* 客户端使用 -I 开关，就会参照上面列出的环境变量安装指定的模块：

    $ **cpan -I Set::CrossProduct**

相比之下，*cpanm* 则要聪明一些。如果你已经设置了那些 local::lib 会帮你设置的环境变量的话，它会直接按照这些设定安装。如果没有，它会检查默认的安装路径是否拥有写权限。如果没有写权限，它会自动帮你加载 local::lib 模块。

稍有经验的用户会配置他们的 CPAN 客户端，这样以后就一直将模块安装到指定目录。你可以在 CPAN.pm 配置文件中设定下面这些参数，以后使用 CPAN.pm shell 时就会自动安装新模块到指定的私有目录。为了兼容，你需要配置两个设定，一个给 ExtUtils::Makemaker 用，一个给 Module::Build 用：

    $ **cpan**
    cpan> o conf makepl_arg INSTALL_BASE=/Users/fred/perl5
    cpan> o conf mbuild_arg "--install_base /Users/fred/perl5"
    cpan> o conf commit

注意，这里设定的是和 local::lib 给出的相同目录。在 CPAN.pm 配置文件中加上这些内容后，每次安装模块都会自动附加这些安装参数。

在选定安装 Perl 模块的路径之后，还要告诉应用程序到哪里才能找到这些模块文件。如果用的是 local::lib，只需在程序内部加载该模块：

    # 在你的 Perl 程序内部
    use local::lib;

如果你将它们安装在其他地方，可以使用编译指令 lib 指定这个路径：

    # 也是在你的 Perl 程序内部
    use lib qw(/Users/fred/perl5);

从 Perl 5.26 开始，当前目录不再是模块搜索路径的一部分。在此版本以前，Perl 会在当前工作目录中查找模块（这可能并非程序所在的位置！）。如果你的程序更改了其工作目录,加载更多模块将在该目录中查找,而不是程序启动时的目录。这是一个明显的安全漏洞,因此已经得到了修正。

大多数人可能希望在与他们的程序相同的目录中查找模块——通常是在他们编写这些模块而不是下载它们时。在这种情况下,Perl 附带的 FindBin 模块可以提供帮助。它知道如何找到程序的目录,然后可以使用该目录将模块目录添加到搜索路径:

```
use FindBin qw($Bin);
use lib "$Bin/../lib";
```

这些内容足以让你起步了。我们在 *Intermediate Perl* 中对此进行了更多讨论,你还可以在其中学习如何开发自己的模块。当然,还可以阅读 perlfaq8 文档中的相关内容。

使用简易模块

假设你的程序里有个包含路径的长文件名,比如 */usr/local/bin/perl*,你希望取出文件的基名(basename)而不包括目录。这其实很简单,文件的基名就是最后一个斜线之后的内容(此例中为 *perl*):

```
my $name = "/usr/local/bin/perl";
(my $basename = $name) =~ s#.*/##;
```

和你之前看到的一样,Perl 会先在圆括号中进行赋值,然后进行替换操作:将任何结尾为斜线的字符串(也就是文件路径的目录部分)替换成空字符串,这样就只剩下基名了。或者采用更为简洁的写法,在替换操作中使用 /r 开关:

```
use v5.14;
my $name = "/usr/local/bin/perl";
my $basename = $name =~ s#.*/##r;
```

如果这么写,看起来好像可以正常工作。好吧,这只是看起来,实际上这么写隐含着三个问题。

首先,Unix 的文件或目录名称可能会包含换行符(这虽然不是常常发生,但确实可能发生)。由于正则表达式的点号(.)无法匹配换行符,像"/home/fred/flintstone\n/brontosaurus" 这样的文件全名便无法正常运作——此段代码会认为文件的基名是 "flintstone\n/brontosaurus"。你可以用模式的 /s 选项加以修正(如果你考虑到这种微妙而又罕见的情况的话),写成:s#.*/##s。

第二个问题是，这段代码仅仅考虑了 Unix 下的情况。它假设目录分隔符总是 Unix 风格的斜线，而没有考虑其他系统（比如使用反斜线或冒号）的情况。也许你自己写的代码不会拿到那些系统上运作，不过大多数有用（也有些并不怎么有用）的脚本会考虑兼容性，就算拿到罕见系统上也能运作如常。

第三个也是最大的一个问题是，我们正在试图解决别人早已解决的问题。Perl 自带了相当数量的标准模块，它们作为 Perl 的扩展，增加了许多新的特性和功能。若这还不够，CPAN 上还有更多好用的模块，每周都有许多新模块加入，每天都有许多老模块更新。如果需要某些模块提供的功能，你（或者是你的系统管理员）可以去那里下载安装，然后直接使用。

我们会在本章后续部分选取一些随 Perl 一同发布的简易模块，演示它们的部分特性和用法（事实上，这些模块还可以做更多的事，这里只是抛砖引玉，大概展示一下如何使用这些简易模块）。

本书无法介绍关于模块使用的全部知识，因为你得先了解引用和对象之类的高级主题才有办法使用某些模块。这些主题（以及该如何创建模块等）都在"羊驼书"*Intermediate Perl* 里有详细精妙的阐释，而本节则可以帮你从简易模块的使用开始起步。想要进一步了解某些有趣且实用的模块，请阅读附录 B。

File::Basename 模块

在前面的例子中，我们用不可移植的方式取得文件基名。这种解决问题的方式看起来简洁，却可能因为微妙的差异而失败（比如这里就假设文件名或目录名中不会出现换行符）。并且我们还"重新发明了轮子"，解决别人早就解决过（也调试过）好几次的问题。不必感到难为情，其实我们每个人都有这样的毛病。

要从文件全名里取出基名，这里有个更好的做法，就是用Perl自带的 `File::Basename` 模块。执行 *perldoc File::Basename* 命令或通过特定平台的文档系统，你就能阅读它的使用说明。这是使用新模块的第一步（没准也会是第三步与第五步）。

熟悉一下后开始使用，先在程序开头用 use 指令声明加载该模块：

```
use File::Basename;
```

一般我们会在文件头部声明加载这些模块，这样程序维护人员比较清楚用到了哪些模块。并且，如果要在新机器上安装程序的话，预先安装部署也会简单很多。

在程序编译阶段，Perl 看到这行代码后，会尝试找寻此模块的源代码并加载进来。现在，Perl 似乎突然多出了一些新函数，在程序接下来的部分都可以随意使用这些函数了。此前的例子中我们需要的正是 basename 函数：

```
use File::Basename;

my $name = "/usr/local/bin/perl";
my $basename = basename $name;  # 返回 'perl'
```

嗯，这样虽然在 Unix 上行得通，但如果我们的程序在 MacPerl、Windows 或 VMS 等系统上运行呢？不必担心，这个模块会判断你当前用的是哪种操作系统，并且使用该系统默认的文件命名规则。（当然，这时 $name 里存放的就是属于该系统的文件名字符串了。）

此模块还提供了一些其他函数，比如 dirname 函数可以从文件全名里取得目录名称。这个模块也能让你将文件名和扩展名分开，或者更改默认的文件名规则。

仅选用模块中的部分函数

如果想在已有程序里加上 File::Basename 模块，却发现该程序中已经有个叫作 &dirname 的子程序——也就是说，程序里现有的子程序和模块里的某个函数同名。现在麻烦来了，通过使用模块而引入的 dirname 也是个 Perl 子程序，该如何与自己写的同名子程序区分开来呢？

只需在 File::Basename 的 use 声明中加上导入列表来指明要导入的函数清单，就不会自动导入所有函数了。在此，我们只需要 basename 函数：

```
use File::Basename qw/ basename /;
```

如果像底下这么写的话，就表示我们完全不要导入任何函数：

```
use File::Basename qw/ /;
```

我们也常写成空的括号表示一个都不导入：

```
use File::Basename ();
```

为什么要这么做呢？这条指令告诉 Perl，加载 File::Basename 模块，这和前面一样，但不要导入任何函数名称。导入函数的目的是要以简短的函数名使用，如 basename 和 dirname。然而，哪怕不导入这些名称，我们还是可以通过全名的方式来调用相应的函数：

```
use File::Basename qw/ /;        # 不导入函数名称

my $betty = &dirname($wilma);    # 使用我们自己的子程序 &dirname
                                 # （略去该子程序的具体内容）

my $name = "/usr/local/bin/perl";
my $dirname = File::Basename::dirname $name;  # 使用模块中的 dirname 函数
```

如你所见，模块里的 dirname 函数的全名是 File::Basename::dirname。加载模块后，无论是否导入 dirname 这种简短名称，我们都可以随时使用函数全名来调用函数。

大多数情况下，使用模块默认导入列表就行了。不过，你随时可以用自己定义的列表。一来可以略去你不需要的默认导入函数；二来还可以按需要导入那些不会自动导入的函数，因为大多数模块的默认导入列表里都会省略某些（不常使用的）函数。

没错，有些模块默认的导入列表就是特别长。所有模块的说明文档都应该列出可供导入的符号（symbol），如果有的话，但你随时都可以用自己的符号覆盖掉默认的导入列表，就像上面 File::Basename 例子里的做法一样。而空列表意味着不导入任何符号。

File::Spec 模块

现在我们可以方便地提取文件的基名了。这很有用，但我们还经常需要把基名和目录名结合起来构造新的文件全名，比如 */home/fred/ice-2.1.txt*。为基名加上前缀的做法如下：

```
use File::Basename;

print "Please enter a filename: ";
chomp(my $old_name = <STDIN>);

my $dirname  = dirname $old_name;
my $basename = basename $old_name;

$basename =~ s/^/not/;  # 给基名加上前缀
my $new_name = "$dirname/$basename";

rename($old_name, $new_name)
    or warn "Can't rename '$old_name' to '$new_name': $!";
```

看出问题在哪了吗？和前面一样，我们假设文件名遵循 Unix 的惯例，即目录名后跟着斜线，斜线后再跟着文件的基名。幸好，Perl 也提供了能够解决这个问题的模块。

你可以利用 File::Spec 模块来操作文件说明（file specification），也就是文件名、目录名以及文件系统里的其他名称。它和 File::Basename 一样会在运行时判断操作系统的类型，并采用正确规则。但 File::Spec 是面向对象的（Object Oriented，OO）模块，这点和 File::Basename 不同。

要是你从未因 OO 热潮而激动，请不必烦心。如果你了解对象是什么，那非常好，你可以使用这个 OO 模块；要是你不知道何谓对象，那也没关系，只要照样键入我们展示给你的代码，它就会正常工作，时间久了你自然就明白了。

在这个例子里，File::Spec 的说明文档告诉我们应该使用 catfile 这个方法。方法（method）是什么呢？就目前我们所关心的来说，它只不过是另一种函数而已。不同的是，你必须通过全名来调用 File::Spec 中的方法，比如：

```
use File::Spec;
.
.  # 取得 $dirname 和 $basename 的值，方法同上
.

my $new_name = File::Spec->catfile($dirname, $basename);

rename($old_name, $new_name)
    or warn "Can't rename '$old_name' to '$new_name': $!";
```

如你所见，调用方法时的全名应该由模块的名称（此处称为类（class））、一个瘦箭头（->）和方法的简短名称构成。请注意，这里用的是瘦箭头，而不是 File::Basename里的双冒号，看到瘦箭头，就说明是面向对象的写法，它的后面是要调用的方法名。

不过，既然我们通过全名来调用方法，那么模块会导入哪些符号呢？答案是什么都没有。对 OO 模块来说，这是正常的做法。这样一来，你就不必担心自己的子程序会跟 File::Spec 里的众多方法重名了。

你一定要使用这些模块吗？其实你总是可以权衡的。比方说，假设你确定自己的程序不会在 Unix 之外的系统上运行，你又完全了解 Unix 中文件名的规则，那么你也可以将这些限制硬编码在程序中。但用这些现成模块总能为你节约不少时间，轻松构造更健壮的程序，而且程序移植起来也更容易。

Path::Class 模块

虽然 File::Spec 模块能很好地处理不同系统中的文件名规则，但接口偏向底层，不

够高阶。而 Perl 自带的 Path::Class 模块则提供了更为友好的接口：

```
my $dir       = dir( qw(Users fred lib) );
my $subdir    = $dir->subdir( 'perl5' );    # Users/fred/lib/perl5
my $parent    = $dir->parent;               # Users/fred

my $windir    = $dir->as_foreign( 'Win32' ); # Users\fred\lib
```

数据库和 DBI 模块

DBI（Database Interface，数据库接口）模块并未内置于 Perl 标准发行版本中，但它却是最热门的模块之一，因为许多人或多或少需要连接某种类型的数据库。DBI 的美妙之处在于，不管哪种常见的数据库，它都使你可以用相同的接口对其进行操作，从 CSV 文件到 Oracle 之类的大型数据库服务器，无不如此。它还支持对 ODBC 的驱动操作，而且有些驱动程序是数据库厂商自行提供的。想了解完整细节，请参阅由 Alligator Descartes 和 Tim Bunce 合著的 *Programming the Perl DBI* 一书（O'Reilly 出版）。你也可以访问 DBI 官网。

安装完 DBI 之后，你还必须安装 DBD（Database Driver，数据库驱动程序）。在 Meta CPAN 上搜索一下就能得到一长串 DBD 列表。请安装与你的数据库服务器对应的驱动程序，并确定其版本与你的服务器版本匹配。

DBI 是面向对象模块，但你不必为了要用它而去了解 OO 编程的全部细节，学习文档中的例子就好了。想要连接数据库，你得用 use 加载 DBI 模块并调用它的 connect 方法：

```
use DBI;

$dbh = DBI->connect($data_source, $username, $password);
```

变量 $data_source 指定了要连接的数据库信息以及使用哪一种 DBD 作底层交互。对 PostgreSQL 数据库来说，驱动程序是 DBD::Pg，所以 $data_source 就像这样：

```
my $data_source = "dbi:Pg:dbname=name_of_database";
```

连上数据库之后，就可以进行预备查询、执行查询以及读取查询结果等一系列操作：

```
my $sth = $dbh->prepare("SELECT * FROM foo WHERE bla");
$sth->execute();
my @row_ary  = $sth->fetchrow_array;
$sth->finish;
```

完成工作后，断开与数据库的连接：

```
$dbh->disconnect();
```

当然，还有许多其他 DBI 能做的事，具体请参阅它的文档。虽然有些内容可能已经过时，不过 *Programming the Perl DBI* 一书仍然是该模块的优秀指南。

处理日期和时间的模块

能够处理日期和时间的模块有许许多多，不过眼下最受欢迎的是 Christian Hansen 编写的 Time::Moment 模块。它提供了几乎完整的用于处理日期和时间的功能。你可以从 CPAN 获取该模块。

 如果 Time::Moment 不能满足需要，可以选用 DateTime 模块，它也提供了完备的解决方案。不过这个模块复杂老道，对一般的使用来说略重，但这算是完备的代价吧。

最常见的需求是把系统中以秒数表示的当前时间（或者纪元时间）转换成一个 Time::Moment 对象：

```
use Time::Moment;
my $dt = Time::Moment->from_epoch( time );
```

或者省略参数，直接用 now 方法取得当前时间：

```
my $dt = Time::Moment->now;
```

此后，我们可以取得日期各个部分的数据：

```
printf '%4d%02d%02d', $dt->year, $dt->month, $dt->day_of_month;
```

如果有两个 Time::Moment 对象，还可以用它们进行日期计算：

```
my $dt1 = Time::Moment->new(
  year       => 1987,
  month      => 12,
  day        => 18,
  );

my $dt2 = Time::Moment->now;

my $years  = $dt1->delta_years( $dt2 );
my $months = $dt1->delta_months( $dt2 ) % 12;

printf "%d years and %d months\n", $years, $months;
```

根据这两个日期，我们得到了相距时长：

```
32 years and 8 months
```

习题

以下习题解答见第 325 页上的"第 11 章习题解答"一节。记住，你需要从 CPAN 下载安装某些模块，某些习题还要求通过查阅 CPAN 上的文档来熟悉某些模块的使用：

1. [15] 从 CPAN 安装 Module::CoreList 模块（如果你还没有的话）。输出 Perl 5.34 自带的所有模块的清单。要构建一个哈希，其键为指定 *perl* 版本自带模块的名称，可以使用下面这行代码：

    ```
    my %modules = %{ $Module::CoreList::version{5.034} };
    ```

2. [20] 编写程序，用 Time::Moment 模块计算当前日期和输入日期之间的间隔。输入日期时，在命令行依此键入表示年、月、日的数字：

    ```
    $ perl duration.pl 1960 9
    60 years, 2 months, and 20 days
    ```

第12章

文件测试

在此之前，我们已经演示过如何打开文件并输出文件内容。通常，打开文件的操作会直接创建一个新文件，如果存在同名文件的话，还会清空该文件的内容。有时你可能需要先检查一下同名文件是否存在；有时你可能需要看看给定的文件究竟存在了多久；或者，有时你可能需要比较一些文件的大小，看是否都在某个级别以上并且是否已经有一段时间无人使用。对于这类信息的取得，Perl 有一套完整的文件测试操作符可供使用。

文件测试操作符

Perl 提供了一组用于测试文件的操作符，借此返回特定的文件信息。所有这些测试操作符都写作 -X 的形式，其中 X 表示特定的测试操作（实际上还有一个字面写作 -X 的文件测试操作符，所以泛指和特指常常容易让人混淆）。绝大多数测试操作符返回布尔真/假值。虽然称它们为操作符，但实际上它们的文档却是写在 perlfunc 里的。

 要查看完整清单，可以通过命令行执行 *perldoc -f -X*。这里的 -X 就是字面上的，并非命令行开关。它表示显示所有文件测试操作符相关的文档，*perldoc* 无法单独列出其中某个测试操作符。

在运行那些会创建新文件的程序前，应先检查指定文件是否已经存在，以免意外覆盖重要电子表格或宝贵生日档案。要达到此目的，我们可以用 -e 文件测试操作符来测试文件是否存在：

```
die "Oops! A file called '$filename' already exists.\n"
  if -e $filename;
```

请注意，这个例子中 die 抛出的消息中并没有包含 $!，因为我们现在并不关心系统为何拒绝文件访问的请求。接下来的例子是要测试某个文件是否能保证持续更新。我们测试的是一个已经存在的文件句柄，而非表示文件名的字符串。假设我们需要某个程序的配置文件保持每周或每两周更新一次（也许这是一个病毒资料库）。如果文件在过去 28 天里都没变动过，显然是出了问题。这里的 -M 文件测试操作符返回的是文件最后一次修改时间到当前程序启动时刻之间的天数，说起来有点绕舌，看看实际代码就明白了，用起来还是很方便的：

```
warn "Config file is looking pretty old!\n"
  if -M CONFIG > 28;
```

第三个例子就复杂多了。假设我们的硬盘空间已满，但是不想花钱再买硬盘，于是我们决定找出最大而且很久没用到的文件，将它们移到备份磁带上。我们需要遍历文件列表，看看哪些是大于 100KB 的文件。在确定某个文件够大之后，我们还得确定它已经超过 90 天没被访问过（这样我们才确信它不太常用），才可以将它归档到备份磁带。 -s 文件操作符返回的并不是布尔真或假，而是以字节计算的文件大小（已经存在的空文件的大小可以是0字节）：

```
my @original_files = qw/ fred barney betty wilma pebbles dino bamm-bamm /;
my @big_old_files;  # 将要移到备份磁带上的既大且旧的文件列表
foreach my $filename (@original_files) {
  push @big_old_files, $filename
    if -s $filename > 100_000 and -A $filename > 90;
}
```

这段代码还有一种效率更高的写法，本章末尾会说明。

所有这些文件测试操作符看起来都是同一种形式：连字符加上一个字母，字母表示测试的意义，文件测试操作符后面跟上要测试的文件名或文件句柄。大多数文件测试操作符返回的都是布尔真/假值，少数返回的是表示特别意义的数据。要学习了解其他特例，请参阅表 12-1 并仔细阅读旁边的解释。

表12-1：文件测试操作符及其意义

文件测试操作符	意义
-r	文件或目录，对目前（有效的）用户或组来说是可读的
-w	文件或目录，对目前（有效的）用户或组来说是可写的
-x	文件或目录，对目前（有效的）用户或组来说是可执行的

表12-1：文件测试操作符及其意义（续）

文件测试操作符	意义
-o	文件或目录，由目前（有效的）用户拥有
-R	文件或目录，对实际的用户或组来说是可读的
-W	文件或目录，对实际的用户或组来说是可写的
-X	文件或目录，对实际的用户或组来说是可执行的
-O	文件或目录，由实际的用户拥有
-e	文件或目录，是存在的
-z	文件存在而且没有内容（对目录来说永远为假）
-s	文件或目录存在而且有内容（返回值是以字节为单位的文件大小）
-f	是普通文件
-d	是目录
-l	是符号链接
-S	是 socket 类型的文件
-p	是命名管道，也就是先入先出（fifo）队列
-b	是块设备文件（比如某个可挂载的磁盘）
-c	是字符设备文件（比如某个 I/O 设备）
-u	文件或目录设置了 setuid 位
-g	文件或目录设置了 setgid 位
-k	文件或目录设置了 sticky 位
-t	文件句柄是 TTY 设备（类似系统函数 isatty() 的测试；不能对文件名进行此测试）
-T	看起来像是文本文件
-B	看起来像是二进制文件
-M	最后一次被修改后至今的天数
-A	最后一次被访问后至今的天数
-C	最后一次文件节点编号（inode）变更后至今的天数

-r、-w、-x 和 -o 这几个操作符测试的是有效用户或组的 ID，看他们是否有相应的文件权限。所谓有效用户，指的是"负责"运行这个程序的人。

好学的人请注意：相应的 -R、-W、-X 及 -O 测试使用的是实际用户或组的 ID。这在你的程序以 set-ID 方式运行时相当重要。在这种情况下，它是调用程序的用户的 ID。请参阅详细介绍高级 Unix 程序设计的书，进一步了解 set-ID 程序的概念。

这些测试会查看文件的"权限位（permission bit）"，以此判断哪些操作是允许的。如果系统使用访问控制列表（Access Control List，ACL），那么测试将根据该列表进行判断。上述测试只能返回系统对操作的看法，但受实际情况限制，允许的事未必真的可行。比如说，对某个放在 CD-ROM 中的文件进行 -w 测试可能返回真，可实际上你却无法修改此文件；而对某个空文件进行 -x 测试时也可能返回真，但实际上空文件又怎么执行呢？

如果文件内容不为空，-s 会返回表示文件大小的数字，单位是字节。若仅用于条件判断，非0数字亦代表真值。

Unix 文件系统中有且仅有 7 种文件类型，分别可由以下 7 种文件测试操作符代表：-f、-d、-l、-S、-p、-b 和 -c。任何一个文件的类型都应该符合其中一种。但如果你有指向某个文件的符号链接，那么 -f 和 -l 都会为真。所以，如果你想要知道某个文件是否为符号链接，最好先进行 -l 测试（我们将在第 13 章的"链接与文件"一节学到更多关于符号链接的知识）。

文件时间测试操作符，-M、-A 和 -C（是的，都是大写），分别会返回从该文件最后一次被修改、被访问或者它的 inode 被更改后到现在的天数（inode 是文件系统的索引条目，其中记录了某个文件的所有属性信息，但文件内容除外，相关细节请参阅系统函数 stat 的文档，或找本详细介绍 Unix 内部细节的书看看）。天数的值用浮点数表示，如果两天零一秒之前被修改的文件，可能返回像 2.00001 这样的值。（这里所说的天数并不是平常所说的自然天。举例来说，假如你在凌晨 1:30 的时候检查某个曾在午夜前一小时修改过的文件，则 -M 的返回值大约是 0.1，也就是过去的小时数换算到天的数字，这是一个相对时间。）

在检查文件的时间记录时，可能得到像 -1.2 这样的负数，这表示文件最后一次被访问的时间戳是在未来 30 小时后！实际上，程序开始运行的那一刻会被记录下来作为当前时间，而在做关于时间的文件测试时是计算两者之间的时间间隔，所以负值可能表示已经运行很久的程序找到某个刚刚才被访问过的文件。也可能是谁不小心（无意或有意地）将文件时间戳设成未来某个时间。

至于 -T 和 -B，则会测试某个文件是文本文件还是二进制文件。但对文件系统有一点经验的人都知道，（至少在与 Unix 类似的操作系统下）没有任何位会告诉你它是二进制文件还是文本文件——那么 Perl 是如何办到的呢？答案是 Perl 会作弊：它先打开文件，检查开头的几千个字节，然后作出一个合理的猜测。如果它看到很多空字节、不寻常的控制字符而且还设定了高位（即第 8 位是 1）的字节，那么这个文件看起来就是二进制文件；如果文件里没有许多奇怪的东西，而且看起来像文本文件，那就猜测为文本文件。如你所料，这样总会有猜错的时候，所以这种猜测并不完美。不过，如果你只想把编译过的文件和源文件分开，或者将 HTML 文件和 PNG 文件分开，那么这两种测试操作符还算够用。

你可能会以为 -T 和 -B 返回的结果必定相反，因为文件若不是文本文件，就该是二进制文件。但是，有两种特殊情况会让测试结果相同：如果文件不存在，两者都会返回假，因为它既不是文本文件也不是二进制文件；在空文件的情况下，两者都会返回真，因为它既是空的文本文件也是空的二进制文件。

关于 -t 测试，如果被测试的文件句柄是一个 TTY 设备，测试的返回值就为真——简单来说，如果该文件可以交互，就判断为 TTY 设备，所以普通文件或管道（pipe）都可以排除在外。当 -t STDIN 返回真的时候，通常意味着可以用交互方式向用户提出一些问题；若返回值为假，那就表示输入来源是个普通文件或管道，而不是键盘。

 也许采用 IO::Interactive 模块加以判断才是更好的选择，因为实际情况可能非常繁杂多变。该模块的文档中对它能处理的各种情形有专门的阐述。

至于其他文件测试操作符，如果你不知道它们的意义也不用担心——要是你没听说过，多半也不太会用到。但如果你感兴趣的话，找一本详细介绍 Unix 程序设计的书吧。在非 Unix 系统中，这些测试都会尽力模仿 Unix 系统的实现，要是碰上某个无法实现的功能，就会返回 undef。通常你都可以猜到实际测试的结果。

如果文件测试操作符后面没写文件名或文件句柄（也就是只写了 -r 或 -s），那么默认的操作数就是 $_ 里的文件名。文件测试操作符 -t 是个例外，因为此项测试对文件名（不可能是 TTY）而言无用武之地，所以默认情况下它测试 STDIN。所以，若要测试一连串的文件名来找出哪些文件是可读的话，可以这么做：

```
foreach (@lots_of_filenames) {
  print "$_ is readable\n" if -r;  # 亦即 -r $_
}
```

但如果省略参数，请特别小心，任何接在文件测试操作符之后的，就算看起来不像，也会被当作要测试的目标。比方说，你想知道以千字节为单位（而不是以字节为单位）的文件大小，那么你可能会直接把 -s 测试的结果除以 1000（或是 1024），像这样：

```
# 文件名保存在 $_
my $size_in_K = -s / 1000;  # 糟糕!
```

当 Perl 的语法解析器看到斜线时，不会认为那是一个除法操作符。因为它在看到 -s 操作符后，就要尝试寻找它的可选操作数，也就是要测试的文件，现在它看到的是一个以斜线开头的，像是某个正则表达式，但却找不到结尾，于是报错。要避免这种问题，可在文件测试操作符的两边加上括号：

```
my $size_in_k = (-s) / 1024;  # 默认用 $_ 测试
```

当然，明确写上要测试的文件总是安全稳妥的做法：

```
my $size_in_k = (-s $filename) / 1024;
```

同一文件的多项属性测试

如果要一次测试某个文件的若干属性，可以将各个文件测试组成一个逻辑表达式。比如我们只想操作那些既可读又可写的文件，可以依此检查这两个属性并用 and 合并起来：

```
if (-r $filename and -w $filename) {
  ... }
```

这可是个非常耗费资源的操作，每次进行文件测试时，Perl 都得从文件系统中取出所有相关信息（实际上，每次 Perl 都在内部做了一次 stat 操作，下节我们就会介绍）。虽然在做-r 测试的时候，我们已经拿到了所有相关信息，可到了做 -w 测试的时候，Perl 又要去取一遍相同的信息。多浪费啊！如果是对海量文件测试各种属性，性能问题就会非常明显。

Perl 有个特别的简写可以避免这种重复劳动，那就是虚拟文件句柄_（是的，就是那个下划线字符），它会告诉 Perl 用上次查询过的文件信息来做测试。现在，Perl 只需要查询一次文件信息即可：

```
if (-r $filename and -w _) {
  ... }
```

我们并非只能在一条语句中连续使用 _。以下就是在两条 if 语句中使用的例子：

```
if (-r $filename) {
  print "The file is readable!\n";
}

if (-w _) {
  print "The file is writable!\n";
}
```

这么用的时候，必须要清楚代码最后一次查询的是否为同一个文件。若是在两个文件测试之间又调用了某个子程序，那么最后一个查询的文件可能会变化。比如说，下面的例子调用 `lookup` 子程序，在其内部对另一个文件做了一次测试。当子程序返回后，再执行文件测试时，文件句柄 _ 代表的就不是原先的 $file，而是 $other_file：

```
if (-r $filename) {
  print "The file is readable!\n";
}

lookup( $other_filename );

if (-w _) {
  print "The file is writable!\n";
}

sub lookup {
  return -w $_[0];
}
```

栈式文件测试操作符

在 Perl 5.10 之前，如果要一次测试多个文件属性，只能分开为若干独立的操作，哪怕是为了节省点力气用虚拟句柄 _ 也不例外。比如说，我们想要测试某个文件是否可读写，就必须分别做可读测试和可写测试：

```
if (-r $filename and -w _) {
  print "The file is both readable and writable!\n";
}
```

若能一次完成就好了。从 Perl 5.10 开始，我们可以使用"栈式（stack）"写法将文件测试操作符排成一列，放在要测试的文件名前：

```
use v5.10;

if (-w -r $filename) {
  print "The file is both readable and writable!\n";
}
```

这个使用栈式写法的例子和上一个例子做了相同的事，仅是语法上有所改变。注意，使用栈式写法时，靠近文件名的测试会先执行，次序为从右往左。不过通常测试次序不是很重要。

对于复杂情况来说，这种栈式文件测试特别好用。比如我们想要列出可读、可写、可执行并隶属于当前用户的所有目录，只需要按恰当的顺序摆上这些测试操作符：

```
use v5.10;

if (-r -w -x -o -d $filename) {
  print "My directory is readable, writable, and executable!\n";
}
```

对于返回真或假值以外的文件测试来说，栈式写法并不出色。像下面的例子，我们原本想要确认某个小于 512 字节的目录，可实际上会出问题：

```
use v5.10;

if (-s -d $filename < 512) {      # 错啦！千万不要这么做
  say 'The directory is less than 512 bytes!';
}
```

按其内部的实现方式展开，我们可以看到上面的例子实际上相当于如下的写法，整个合并起来的文件测试表达式成了比较运算的一个操作数：

```
if (( -d $filename and -s _ ) < 512) {
  print "The directory is less than 512 bytes!\n";
}
```

当 -d 返回假时，Perl 将假值同数字 512 作比较。比较的结果就变为真，因为假等效为数字 0，而 0 永远小于 512。为了避免这种令人困惑的写法，还是用分开的方式写比较好，这对将来维护程序的人来说也更友善：

```
if (-d $filename and -s _ < 512) {
  print "The directory is less than 512 bytes!\n";
}
```

stat 和 lstat 函数

用前面介绍的文件测试操作符已经可以获取某个文件或文件句柄的各种常用属性，但这只是一部分，还有许多其他属性信息没有对应的文件测试操作符。比如说，没有任何文件测试操作符会返回文件链接数或该文件拥有者的 ID（uid）。想知道文件所有其他相关信息，请使用 stat 函数。此函数能返回和同名的 Unix 系统调用 stat 近乎一样丰富的文件信息（总之比你想知道的还多）。

在非 Unix 系统上，stat、lstat 以及文件测试操作符都应该返回"可能范围内最接近的值"。比如，没有用户 ID 的系统（也就是以 Unix 观点来看，该系统刚好只有一个"用户"）可能会返回0，以表示用户及组 ID，将唯一的用户当成系统管理员。如果 stat 或 lstat 执行失败，便会返回空列表。如果文件测试操作符的底层系统调用失败（或者在该系统上无法取得），则该测试通常会返回 undef。请参阅 perlport 文档里各种系统上预期结果的最新数据。

函数 stat 的参数可以是文件句柄（包括虚拟文件句柄_），或是某个会返回文件名的表达式。如果 stat 函数执行失败（通常是因为无效的文件名或是文件不存在），它会返回空列表；要不然就返回一个含 13 个数字元素的列表，具体意义见下面由标量变量构成的列表：

```
my($dev, $ino, $mode, $nlink, $uid, $gid, $rdev,
  $size, $atime, $mtime, $ctime, $blksize, $blocks)
    = stat($filename);
```

这些变量名代表 stat 函数返回的列表中对应的数据，你应该抽出点时间看看 stat(2) 文档里的详细说明。不过在这里，我们会简单列出比较重要的几个：

$dev 和 $ino

即文件所在设备的编号与文件的 inode 编号。这两个编号决定了文件的唯一性，就好比身份证一样。即使它具有多个不同的文件名（使用硬链接创建），设备编号和 inode 编号的组合依然是独一无二的。

$mode

文件的权限位集合以及其他信息位。如果你曾用 Unix 命令 *ls -l* 查看过详细（冗长）的文件列表，你会看到其中每一行都是由类似 -rwxr-xr-x 这样的字符串开始的。这个权限信息保存在 $mode 变量内。

$nlink

文件或目录的（硬）链接数，也就是这个条目有多少个真实名称。这个数值对目录来说总会是 2 或更大的数字，对文件来说则（通常）是 1。我们会在第 13 章介绍如何为文件创建链接，那时可以了解更多有关链接的信息。在 *ls -l* 的结果中，权限位之后的数字就是文件链接数。

$uid 和 $gid

表示文件拥有者的用户 ID 及组 ID 的数字。

$size

以字节为单位的文件大小，和 -s 文件测试的返回值相同。

`$atime`，`$mtime` 和 `$ctime`

三种表示从纪元（所谓 epoch 指测量系统时间的特定起点）算起的秒数的时间戳。某些文件系统上会有所不同，比如 *ext2*，会禁用 atime 以改善性能。

对符号链接名调用 `stat` 函数将返回符号链接指向对象的信息，而非符号链接本身的信息（除非该链接指向的对象目前无法访问）。若你需要符号链接本身的信息（多半没用），你可以用 `lstat`（它会返回同样顺序、同样意义的内容）来代替 `stat`。如果 `lstat` 的参数不是符号链接，它会和 `stat` 一样返回空列表。

就像文件测试操作符一样，`stat` 和 `lstat` 的默认操作数是 `$_`。也就是说，底层的 `stat` 系统调用会对标量变量 `$_` 里的文件名进行操作。

File::stat 模块提供了兼容 stat 且更为友好的操作接口。

localtime 函数

你能获得的时间戳值（比如从 stat 函数返回的时间戳）看起来通常会像 1454133253 这样。对大多数人来说，这样的数字实在不太方便，除非你想通过减法来比较两个时间戳的大小。所以，你可能需要将它转换成比较容易阅读的形式，比如 Sat Jan 30 00:54:13 2016 这样的字符串。Perl 可以在标量上下文中使用 localtime 函数完成这种转换：

```
my $timestamp = 1454133253;
my $date = localtime $timestamp;
```

在列表上下文中，localtime 会返回一个数字元素组成的列表，但其中有些元素并不是你想要的：

```
my($sec, $min, $hour, $mday, $mon, $year, $wday, $yday, $isdst)
  = localtime $timestamp;
```

`$mon` 是范围从 0 到 11 的月份值，很适合用来作为月份名数组的索引。`$year` 是一个自 1900 年起算的年数，所以将这个值加上 1900 就是实际的年份。`$wday` 的取值范围从 0（星期天）到 6（星期六），`$yday` 则表示目前是今年的第几天，取值范围从 0（1月1日）到 364（闰年）或 365（12月31日）。

与此相关的还有两个有用的函数。gmtime 函数和 localtime 函数一样，只不过它返回的是世界标准时间，即格林威治标准时间。如果需要从系统时钟取得当前的时间戳，可以使用 time 函数。不提供参数的情况下，不论 localtime 或 gmtime 函数，默认情况下都使用当前 time 值：

```
my $now = gmtime;  # 取得当前世界标准时间的时间戳字符串
```

关于操作时间及日期的进一步信息，请参考附录 B 中介绍的各种实用模块。

位运算操作符

如果需要逐位进行运算，比如对 stat 函数返回的权限位进行处理，就必须用到位运算操作符。这种操作符对数据执行二进制数学运算。按位与（bitwise-and）操作符，记作 &，会给出两边参数对应的位置中哪些位同时都为 1。举个例子，表达式 10 & 12 得到的值是 8。按位与操作符只有在两边相应的位均为 1 的状况下才会产生 1。因此，10（二进制为 1010）和 12（二进制为 1100）的按位与运算结果是 8（二进制 1000，也就是 10 和 12 以二进制数字表示时同时为 1 的位所组成的数字）。请参考图 12-1。

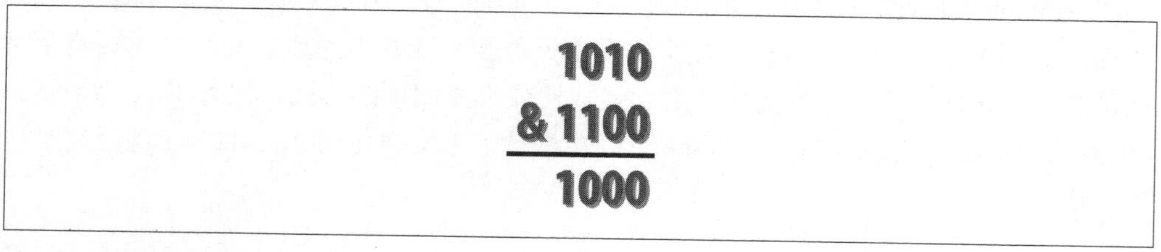

```
  1010
& 1100
  1000
```

图 12-1：按位与操作

表 12-2 列出了各种位运算操作符及其意义。

表 12-2：位运算操作符及其意义

表达式	意义
10 & 12	按位与——哪些位在两边同时为真（此例得 8）
10 | 12	按位或——哪些位在任一边为真（此例得 14）
10 ^ 12	按位异或——哪些位在任何一边为真，但在另一边为假（此例得 6）
6 << 2	按位左移——将左边操作数向左移动数位，移动位数由右边操作数指定，并以 0 来填补最低位（此例得 24）

表12-2：按位操作符及其意义（续）

表达式	意义
25 >> 2	按位右移——将左边操作数向右移动数位，移动位数由右边操作数指定，并丢弃移出的最低位（此例得 6）
~ 10	按位取反，也称为取反码——返回操作数逐位反相之后的数值（此例得 0xFFFFFFF5，但请参考后面的说明）

好吧，下面来看几个例子，看看我们如何用这些操作符对 stat 函数返回的 $mode 信息进行位操作。位操作的结果可以给 chmod 使用（我们会在第 13 章中介绍此函数）：

```
# $mode 是从配置文件 CONFIG 的 stat 信息中取出的状态值
warn "Hey, the configuration file is world-writable!\n"
  if $mode & 0002;                           # 配置文件有安全隐患
my $classical_mode = 0777 & $mode;           # 遮蔽额外的高位
my $u_plus_x = $classical_mode | 0100;       # 将一个位设为 1
my $go_minus_r = $classical_mode & (~ 0044); # 将两个位都设为 0
```

使用位字符串

所有这些按位操作符既可以操作位字符串（bitstring），也可以对整数进行操作。如果操作数都是整数，结果也会是整数（整数至少会是一个 32 位整数，但如果你的硬件支持更多位的话，就会更大。例如在 64 位的机器上，~10 的结果会是 0xFFFFFFFFFFFFFFF5，而不是 32 位机器上的 0xFFFFFFF5。）

但是如果按位操作符的两个操作数都是字符串的话，Perl 会把它当成位字符串来处理。换句话说，"\xAA" | "\x55" 的结果会是 "\xFF"。注意，这个例子里的值都是单字节的字符串，其结果是 8 个比特位上都是 1 的字节。Perl 对位字符串的长度没有限制。

这是少数 Perl 区分字符串和数字的地方。在希望做数字位运算时，给这类操作符两个字符串就会得到错误结果。Perl 5.22 开始增加了一个修复这类问题的特性，但在此之前，我们需要先弄清问题的根源。

只要 Perl 判断其中一个操作数是数字类型，那就会按照数字的位运算方式执行。看下面的代码，这里的 $number_str 看起来是数字，但按照字符串的方式被引起，所以 Perl 按照字符串方式执行位运算：

```
use v5.10;
```

```
my $number     = 137;
my $number_str = '137';
my $string     = 'Amelia';

say "number_str & string:   ", $number_str & $string;
say "number & string:       ", $number & $string;
say "number & number_str:   ", $number & $number_str;
say "number_str & string:   ", $number_str & $string;
```

注意，第一条和最后一条 say 语句是完全相同的。这里我们根本没有做什么修改变量值的地方，但最后的打印结果却很奇怪。这是怎么回事？

```
number_str & string:   ¿!%
number & string:       0
number & number_str:   137
number_str & string:   0
```

第一行的输出是 '137' & 'Amelia' 的计算结果，显然这里是按照字符串方式执行的位运算。

第二行的输出是按照 137 & 'Amelia' 执行数字位运算，结果是 0。因为其中一个操作数是数字，于是 Perl 把另一个操作数先转换为数字，结果是 0。而这两个数字的所有位都不相同，最后得到计算结果就是 0。

同样的情况发生在第三行。字符串 '137' 转换为数字 137，和另一个操作数完全相同，因为每个比特位上的内容都相同，所以最后的计算运果还是原来的数字，即 137。

然后就奇怪了。当我们重新运行第一行语句时，结果却发生了变化！虽然我们没有动手修改变量值，但在前两条语句中，Perl 相继修改了 $number_str 和 $string 的值为数字类型。在它做这件事的背后，其实偷偷保存了转换结果以备重复使用。当执行最后一个操作时，Perl 查看这两个变量是否已有转好的结果，一看都是数字，于是按照两边都是数字的方式执行位运算。$string 数字化后是 0，和之前一样，最终结果就成了 0。

其实 Perl 有一个双值变量（dualvar）的概念。标量可以同时有两个版本的值，一个数字类型的，一个字符串类型的。大部分时候这没啥问题，某些情况下反而更方便。比如系统错误变量 $! 的字符串版本是错误消息描述，数字版本是错误代号。可以参考 Scalar::Util 模块的说明。

自 Perl 5.22 开始增加了实验性的新特性（参考附录 D）以解决类似的奇怪问题。在使用操作符进行运算时，我们最好能明确操作数以何种方式参与运算，不管操作数之前曾有过什么历史。如果要执行数字位运算，启用 bitwise 特性会令位操作符将操作数统一按照数字类型计算：

```
use v5.22.0;
use feature qw(bitwise);
no warnings qw(experimental::bitwise);

my $number     = 137;
my $number_str = '137';
my $string     = 'Amelia';

say "number_str & string:  ", $number_str & $string;
say "number & string:      ", $number     & $string;
say "number & number_str:  ", $number     & $number_str;
say "number_str & string:  ", $number_str & $string;
```

这次输出的第一行不再是天书了，即使两边的操作数都是字符串，但 Perl 将它们都当成数字，最后计算结果就是 0：

```
number_str & string:  0
number & string:      0
number & number_str:  137
number_str & string:  0
```

如果要以字符串方式进行位运算，bitwise特性增加了一个新的位操作符写法，即后补一个.表示：

```
use v5.22.0;
use feature qw(bitwise);
no warnings qw(experimental::bitwise);

my $number     = 137;
my $number_str = '137';
my $string     = 'Amelia';

say "number_str &. string:  ", $number_str &. $string;
say "number &. string:      ", $number     &. $string;
say "number &. number_str:  ", $number     &. $number_str;
say "number_str &. string:  ", $number_str &. $string;
```

现在每行都按照字符串方式进行位运算了，最后得到的结果如下，只有第三行的结果还能看，因为两边都是相同的字符串 '137'，&. 操作后结果自然不变，仍旧输出该字符串：

```
number_str &. string:   ¿!%
number &. string:       ¿!%
number &. number_str:   137
number_str &. string:   ¿!%
```

习题

以下习题答案参见第 326 页上的"第 12 章习题解答"一节：

1. [15] 编写程序，从命令行取得一串文件名，并汇报这些文件是否可读、可写、可执行以及是否确实存在。（提示：如果你可以写一个函数，一次做完这些测试会很方便。）如果文件先被 *chmod* 为 0，你的程序会汇报什么？（也就是说，如果你使用 Unix 系统，chmod 0 some_file 这样的命令就会把文件标示成不可读、不可写也不可执行。）在大部分 shell 下，用星号作为参数，代表当前目录下的所有文件。也就是说，你可以用 ./ex12-2 * 这样的命令来向程序一次询问多个要测试文件的属性。

2. [10] 编写程序，从命令行参数指定的文件中找出最旧的文件并且以天数汇报它已存在了多久。若列表是空的（也就是命令行中没有提及任何文件），那么它该做什么？

3. [10] 编写程序，用栈式文件测试操作符列出命令行参数指定的所有文件，看看拥有者是否是你自己，以及它们是否可读、可写。

## 第13章

目录操作

我们在第 12 章所创建的文件通常保存在和程序文件相同的目录中，这么做有点乱。不过现在的操作系统都使用目录来组织和管理文件。Perl 让你可以直接对目录进行操作，即使是在不同的操作系统，做法也大体相同。

Perl 在各系统间保持相同操作性上花了很大力气。但我们这里还是集中注意力，按照 Unix 的历史特点讲解 Perl 对目录操作的偏好。如果你用的是 Windows 系统，应该研究下 Win32 开头的模块，它们会封装 Win32 API 以实现相同功能。

当前工作目录

程序运行时总有一个相应的工作目录，后续要做的事都是从这个目录开始。

借助标准模块之一的 Cwd 模块，我们可以看到当前的工作目录是哪个。试试看这个程序，我们称之为 *show_my_cwd*：

```
use v5.10;
use Cwd;
say "The current working directory is ", getcwd();
```

打印出来的目录应该就是程序保存的位置，这个路径与在 Unix shell 中执行 *pwd* 命令或在 Windows 命令行中执行没有参数的 *cd* 命令的结果相同。当你使用本书练习编写 Perl 程序时，运行时的工作目录就是保存程序的目录。

如果使用相对路径（指没有提供文件系统树顶端的路径）打开某个文件，Perl 会按当前目录定位这个相对路径。比如当前工作目录是 */home/fred*，运行下面的代码来读取文件，Perl 会定位到 */home/fred/relative/path.txt*：

```
# 相对于当前工作目录的文件路径
open my $fh, '<:utf8', 'relative/path.txt'
```

如果不是在 shell 或命令行终端启动程序，那它的当前工作目录可能会不同。在编辑器内部调用某个程序，那它的当前工作目录很可能跟保存程序文件的目录不同。而用 *cron* 定期启动运行的程序同样也会如此。

当前工作目录并不关心程序保存位置。下面两条命令都是运行当前目录下的 *my_program* 程序：

```
$ ./show_my_cwd
$ perl show_my_cwd
```

但你也可以从其他目录运行这个程序，只要给出程序的完整路径即可：

```
$ /home/fred/show_my_cwd
$ perl /home/fred/show_my_cwd
```

如果将程序放在 shell 可以搜索到的目录中，那就可以不加路径，直接启动程序：

```
$ show_my_cwd
```

我们可以用标准模块之一的 File::Spec 实现相对路径和绝对路径之间的相互转换。

修改工作目录

如果你不希望当前工作目录保持在程序文件所在目录，可以用 chdir 操作符修改，它的用法和 shell 里的 *cd* 命令一样：

```
chdir '/etc' or die "cannot chdir to /etc: $!";
```

由于这是一个对操作系统的调用，所以出错时会设定 $! 的值。如果 chdir 返回假，则表示修改失败，应该立即检查 $! 中的错误原因。

由 Perl 程序启动的所有进程都会继承 Perl 程序的工作目录（我们会在第 15 章谈到）。但对于调用 Perl 程序的进程比如 shell 来说，它的工作目录是无法通过 Perl 修改的。我们可以改动当前运行程序的工作目录，但无法改动父进程的工作目录，这不是 Perl 本身的局限，实际上所有 Unix、Windows 及其他操作系统都是如此安排进程间的承递关系的。

如果调用 chdir 时不加参数，Perl 会猜想你要回到自己的用户主目录并试着将工作目录设成主目录，这和在 shell 下使用不加参数的 *cd* 命令的效果相同。这是少数省略参数却不使用 $_ 变量的情况之一。chdir 会依次查找环境变量 $ENV{HOME} 和 $ENV{LOGDIR} 并根据相应设定行事。如果都没有给出预设路径，就什么都不做。

某些运行环境并未设置此类环境变量。我们可以用 File::HomeDir 模块协助设定 chdir 检查的环境变量。

以前 Perl 的做法是将表示假值的空字符串或 undef 作为参数给 chdir，回到主目录。但从 Perl 5.12 开始就撤销了这种做法。要去主目录，不给 chdir 任何参数就行。

有些 shell 支持用波浪号作为 *cd* 命令前缀来表示某个用户的主目录，比如进入用户 *fred* 的目录的命令就是 *cd ~fred*。但这是 shell 提供的功能，并非操作系统的功能，而 Perl 是直接和操作系统通信的，所以对于类似波浪号的写法，chdir 并不支持。

可以用 File::HomeDir 模块去往特定用户的主目录，它支持大部分操作系统。

文件名通配

一般来说，shell 会将命令行里的文件名模式展开成所有匹配的文件名。这就称为文件名通配（globbing）。比如把 *.pm 这个文件名模式交给 *echo* 命令，shell 会将它展开成名称相匹配的文件列表：

```
$ echo *.pm
barney.pm dino.pm fred.pm wilma.pm
```

这里的 *echo* 命令其实并不知道此刻用了文件名通配，因为 shell 会先把 *.pm 展开成一些符合条件的文件名，然后再交给它处理。这对 Perl 程序来说也是一样的。下面的程序只是简单输出所有命令行参数：

```
foreach $arg (@ARGV) {
  print "one arg is $arg\n";
}
```

运行程序时，如果只有一个带有通配符的参数，shell 会先展开该通配模式，再把结果传递给程序，这样，对程序来说，就好比是看到多个参数：

```
$ perl show-args *.pm
one arg is barney.pm
one arg is dino.pm
one arg is fred.pm
one arg is wilma.pm
```

请注意，show-args 完全不必了解如何进行文件名通配处理——放在 @ARGV 里的已经是展开好了的名称。

不过有时候在程序内部也可能需要用 *.pm 之类的模式。我们可以不花太多力气就把它展开成相匹配的文件名吗？当然！只要用 glob 操作符就行了：

```
my @all_files = glob '*';
my @pm_files = glob '*.pm';
```

其中，@all_files 会取得当前目录中的所有文件并按字母顺序排序，但不包括名称以点号开头的文件，这和 shell 中的做法完全相同。@pm_files 得到的列表与之前在命令行使用 *.pm 时的相同。

其实，任何能够在命令行上键入的模式都可以作为（唯一的）参数交给 glob 处理，如果要一次匹配多种模式，可以在参数中用空格隔开各个模式：

```
my @all_files_including_dot = glob '.* *';
```

这里，我们加上了 ".*" 参数以取得所有的文件名，无论它们是否以点号开头。另外请注意，在引号括住的字符串里，两个条目之间的空格是有意义的：它分隔了两个要进行文件名通配处理的条目。

Windows 用户可能习惯使用 *.* 这个文件名通配来代表"所有文件"。但其实它表示的是"所有名称中间包含点号的文件"，甚至对 Windows 平台上的 Perl 来说也是这个意思。

glob 操作符的效果之所以和 shell 完全相同，是因为在 Perl 5.6 之前，它只不过是在后台调用 /bin/csh 来展开文件名。因此文件名通配非常耗时，而且还可能在目录太大时（或别的情况下）崩溃。负责的 Perl 黑客会避开文件名通配处理，改用目录句柄（本章稍后会详细讨论）。不过，如果你用的是新版 Perl，就不必担心了。

Perl 内置的 glob 并非唯一选择。我们可以用 File::Glob 模块提供各式兼容和扩展的文件名通配。

文件名通配的隐式语法

虽然我们一直在介绍文件名通配，也介绍了 glob 操作符的用法，可在许多进行文件名通配处理的程序里你可能完全看不到 glob 这个词。为什么呢？那是因为大部分过去写的程序都是在 glob 操作符出现之前写的。它们使用尖括号语法来调用此功能，看起来就跟读取自文件句柄差不多：

```perl
my @all_files = <*>;    # 效果和这样的写法完全一致：my @all_files = glob "*";
```

Perl 会把尖括号内出现的变量替换成它的值，类似于双引号内字符串的变量内插，这表示在进行文件名通配之前，Perl 会把变量展开为它的当前值：

```perl
my $dir = '/etc';
my @dir_files = <$dir/* $dir/.*>;
```

此处，因为 $dir 会被展开成它当前的值，所以最终会取得指定目录下的所有文件，不管文件名称是以点号开头的还是不以点号开头的。

这样说来，假如尖括号既表示从文件句柄读取又代表文件名通配操作，那 Perl 又是如何判断取舍的呢？嗯，因为合理的文件句柄必须是严格意义上的 Perl 标识符，所以如果尖括号内是满足 Perl 标识符条件的，就作为文件句柄来读取；否则，它代表的就是文件名通配操作。比如：

```perl
my @files = <FRED/*>;   # 文件名通配操作
my @lines = <FRED>;     # 从文件句柄读取
my @lines = <$fred>;    # 从文件句柄读取
my $name = 'FRED';
my @files = <$name/*>;  # 通配模式
```

上述规则的唯一例外，就是当尖括号内仅是一个简单的标量变量（不是哈希或数组元素）时，那么它就是间接文件句柄读取（indirect filehandle read），其中变量的值就是待读取的文件句柄名称：

```perl
my $name = 'FRED';
my @lines = <$name>; # 对句柄 FRED 进行间接文件句柄读取
```

Perl 会在编译阶段决定它是文件名通配还是从文件句柄读取，因此和变量内容无关。

假如你喜欢，也可以用 readline 操作符执行间接文件句柄读取，让程序读起来更清楚些：

```
my $name = 'FRED';
my @lines = readline FRED;  # 从 FRED 读取
my @lines = readline $name; # 从 FRED 读取
```

不过，因为间接文件句柄读取并不常见，并且通常也只用在简单的标量变量上，所以很少有用到 readline 操作符的机会。

目录句柄

若想从目录取得文件名列表，还可以使用目录句柄（directory handle）。目录句柄看起来像文件句柄，使用起来也没多大差别。你可以打开它（以 opendir 代替 open），读取它的内容（以 readdir 代替 readline），然后将它关闭（以 closedir 代替 close）。只不过读到的是目录里的文件名（或其他东西的名称），而不是文件的内容。比如：

```
my $dir_to_process = '/etc';
opendir my $dh, $dir_to_process or die "Cannot open $dir_to_process: $!";
foreach $file (readdir $dh) {
  print "one file in $dir_to_process is $file\n";
}
closedir $dh;
```

和文件句柄一样，目录句柄会在程序结束时自动关闭，也会在重新打开其他目录前自动关闭。

我们可以选用裸字作为目录句柄的名称，这和文件句柄一样，但同样存在问题：

```
opendir DIR, $dir_to_process
    or die "Cannot open $dir_to_process: $!";
foreach $file (readdir DIR) {
  print "one file in $dir_to_process is $file\n";
}
closedir DIR;
```

目录句柄是个低阶操作符，有些事还需要我们额外处理，比如对返回的文件名排序。而且这个操作返回包含所有文件的列表，而非匹配特定模式的部分文件（比如之前的文件名通配示例中 *.pm 返回的）。所以如果我们只关心文件名以 *pm* 结尾的文件，就要在每次循环时自行判断并过滤：

```
while ($name = readdir $dh) {
  next unless $name =~ /\.pm\z/;
  ... 后续更多处理 ...
```

```
    }
```

注意，这里用的是正则表达式的语法，而非文件名通配。如果要处理所有名称不以点号开头的文件，可以这样过滤：

```
    next if $name =~ /\A\./;
```

或者，如果需要除了以单点表示的当前目录和以双点表示的上层目录以外的所有文件或目录，可以用下面的写法明确剔除：

```
    next if $name eq '.' or $name eq '..';
```

接下来要说明的是最让人迷惑的地方，所以请特别注意。readdir 操作符返回的文件名并不含路径，它们只是目录下的文件名而已。所以，我们不会看到 /etc/hosts，而只会见到 hosts。这是另一个与文件名通配操作的区别，很容易把人搞糊涂。

所以得加上路径才能得到文件全名：

```
    opendir my $somedir, $dirname or die "Cannot open $dirname: $!";
    while (my $name = readdir $somedir) {
      next if $name =~ /\A\./;          # 跳过名称以点号开头的文件
      $name = "$dirname/$name";         # 拼合为完整路径
      next unless -f $name and -r $name; # 只要可读文件
      ...
    }
```

为了让程序更具可移植性，可以用 File::Spec::Functions 模块构造用于本地系统的合适路径：

```
    use File::Spec::Functions;

    opendir my $somedir, $dirname or die "Cannot open $dirname: $!";
    while (my $name = readdir $somedir) {
      next if $name =~ /\A\./;            # 跳过名称以点号开头的文件
      $name = catfile( $dirname, $name );  # 拼合为完整路径
      next unless -f $name and -r $name;  # 只要可读文件
      ...
    }
```

> Path::Class 模块能完成同样任务，而且用户接口更为友好，但它不是 Perl 默认自带的模块。

若是不加路径，文件测试操作符会在当前目录下查找文件，而不是在 $dirname 指定的目录下。这是使用目录句柄时最常犯的错误。

文件和目录的操作

常常有人使用 Perl 来打理文件和目录，因为 Perl 是在 Unix 环境下成长起来，而且仍然主要为 Unix 服务，所以这一章可能看起来会比较偏向 Unix。所幸在非 Unix 系统上，Perl 也能以同样的方式工作。

删除文件

大多数时候，我们创建文件是为了让数据有个地方落脚。一旦数据过时，我们应该及时删除文件。在 Unix shell 下，我们可以键入 *rm* 命令来删除单个或多个文件：

```
$ rm slate bedrock lava
```

在 Perl 里面，我们可以用 unlink 操作符，指定要删除的文件列表：

```
unlink 'slate', 'bedrock', 'lava';

unlink qw(slate bedrock lava);
```

这会把三个文件送去比特天堂，从此消失在系统中。

链接是文件名和磁盘上文件具体存放位置之间的映射关系，但有些操作系统允许出现多个直接指向相同存储区域的文件链接。所有链接都销毁后，操作系统才回收目标存储区域。 unlink 的作用是销毁给定的文件名到存储区域的链接，如果这是最后一个链接，保存文件的存储区域自然也就被释放了。

由于 unlink 可以接受文件列表，而 glob 函数返回的也是文件列表，所以两者可以合起来用：

```
unlink glob '*.o';
```

这和在 shell 里执行 rm *.o 一次删除多个文件的效果相同，并且还不用额外启动外部的 rm 进程。省去了进程管理开销，自然删除速度也就快很多了。

unlink 的返回值是成功删除的文件数目。所以回到第一个例子，可以这样检查结果：

```
my $successful = unlink "slate", "bedrock", "lava";
print "I deleted $successful file(s) just now\n";
```

当然，如果返回值是 3，就说明所有文件都已成功删除；如果返回值是 0，那就说明一个都没删。但如果返回的值介于这两者之间该如何处理，比如返回 1 或者 2？暂时没有任何线索可以提示出问题的文件是哪些。如果一定要知道结果，把它们放到循环里依次删除并检查：

```
foreach my $file (qw(slate bedrock lava)) {
  unlink $file or warn "failed on $file: $!\n";
}
```

这样，每次删除一个文件后，返回值为 0 就表示失败，返回值为 1 就表示成功，效果上和布尔真或假值相同，然后用于控制是否执行 warn 语句提示错误。像 or warn 这样的用法和之前在第 5 章中看到的 or die 一样都是报告错误，但不是致命错误，不会立即中断程序执行。上面的代码中，我们在错误信息的最后使用了换行符，这样就不必提示报告错误的代码行号，因为这类错误是由外部资源造成的，和程序代码逻辑无关。

如果某个 unlink 执行失败，Perl 会设置 $! 变量的值为操作系统错误的相关信息，我们可以借此变量组织警告信息。只有一次处理一个文件的时候才能这么用，否则如果后续执行也出错就会覆盖之前的结果。我们不能用 unlink 删除目录，这跟 shell 下无法直接使用 rm 删除目录一样。另外有一个专门用于删除目录的函数 rmdir，我们稍后就会介绍。

在 Unix 上有个鲜为人知的事实：某个文件可能让你无法读取、写入、执行——也许它根本就是别人的文件，但你还是可以将它删除。这是因为删除文件的权限跟文件本身的权限位无关，它取决于文件所在目录的权限位。

之所以提到这个，是因为 Perl 的初学者在测试 unlink 时，常会在创建一个文件后将它 chmod 成 0（这样就无法对它进行读写），看看这是否能让 unlink 执行失败。可是结果恰好相反，文件像肥皂泡一样消失了。不过，如果你真的想看到 unlink 执行失败，只要试着删除 /etc/hosts 或类似的系统文件就行了。因为这个文件是由系统管理员控制的，所以你无法将它删除。

重命名文件

想为现有文件取个新名字？可以用 rename 函数：

```
rename 'old', 'new';
```

跟 Unix 的 *mv* 命令一样，这会将名为 *old* 的文件改为同一个目录下名为 *new* 的文件。你甚至可以将文件移到其他目录中：

```
rename 'over_there/some/place/some_file', 'some_file';
```

有些人喜欢用第 6 章的 "胖箭头" 一节里提到的胖箭头表示改名的先后:

```
rename 'over_there/some/place/some_file' => 'some_file';
```

只要运行程序的用户拥有足够权限,且原始文件和目标文件都在同一个磁盘分区上,这条命令就只是修改 some_file 的文件路径而已,磁盘上的数据不会移动。

和大部分调用操作系统功能的函数一样,rename 执行失败时返回假,并且会将操作系统返回的错误信息存到 $! 里,从而让你可以(通常也应该)用 or die(或是 or warn)来向用户汇报问题。

有一个经常会提到的问题是:如何把名称以 *.old* 结尾的文件批量改名为以 *.new* 结尾? 下面是 Perl 的拿手做法:

```
foreach my $file (glob "*.old") {
  my $newfile = $file;
  $newfile =~ s/\.old$/.new/;
  if (-e $newfile) {
    warn "can't rename $file to $newfile: $newfile exists\n";
  } elsif (rename $file => $newfile) {
    # 改名成功, 什么都不需要做
  } else {
    warn "rename $file to $newfile failed: $!\n";
  }
}
```

此程序会先检查 $newfile 是否存在,因为只要用户具有删除目标文件的权限,rename 就会高高兴兴地覆盖掉它。加上这项检查,就可以降低损失数据的几率。当然,如果你原本就是打算要覆盖掉旧文件,比如 *wilma.new*,就不必在程序里先用 -e 来测试了。

循环里的前两行程序代码可以(通常也会)合并成这样:

```
(my $newfile = $file) =~ s/\.old$/.new/;
```

这种做法会先声明 $newline 并从 $file 里取得它的初始值,然后对 $newfile 进行替换。你可以把它读成:用右边的模式将 $file 变换成 $newfile。而考虑到优先级的因素,括号是必需的。

这在 Perl 5.14 里面借助 /r 修饰符的话,可以直接在 s/// 替换时生成新文件名。形式上差不了太多,但省掉了括号:

```
use v5.14;

my $newfile = $file =~ s/\.old\z/.new/r;
```

没准有些程序员会注意到：怎么替换操作中左边的点号之前有反斜线，而右边却没有？其实这是因为两边的意义不同，左边的部分是正则表达式，右边的则可视为双引号内的字符串。所以我们需要用模式 /\.old$/ 来表示"锚定在字符串结尾的 .old"（因为不想替换掉 *betty.old.old* 这个文件名里第一次出现的 .old，所以得将锚位定在字符串结尾），但是在右边可以直接写成 .new 以作为替换字符串。

链接与文件

要进一步了解文件和目录的运作，先搞清楚 Unix 的文件和目录模型会有好处，即使你的系统跟 Unix 的运作方式稍有差异。限于篇幅，想深入了解文件系统的读者请参考详细讲解 Unix 内部细节的资料。

"挂载卷（mounted volume）"指的是硬盘驱动器（或工作原理与其相似的其他设备，例如磁盘分区、固态设备、软盘、CD-ROM 或 DVD-ROM）。它可以包含任意数量的文件和目录。每个文件都存储在编号的 inode 对应的位置中，我们可以把它想象成磁盘上的门牌号码。某个文件或许会存在 inode 613 中，而另一个则可能存在 inode 7033 中。

不过，寻找某个特定的文件时，我们得从它的目录找起。目录是一种由系统管理的特殊类型的文件。基本上目录是一份文件名和 inode 编号的对照表。目录列出来的内容当中一定会有两个特殊条目：一个是 .（称作点），代表目录本身；另一个则是 ..（称作点点），指的是目录结构中的上层目录（即目录的父目录）。图 13-1 展示了两个 inode：一个是名为 *chicken* 的文件；另一个是 Barney 的诗歌目录 */home/barney/poems*，其中包含了 *chicken* 文件。文件的 inode 编号是 613，而目录的 inode 编号是919（该目录的名称 *poems* 并没有在这张图中，因为当前目录本身的信息是被存放在上层目录中的）。目录中有三个文件条目（包括 *chicken*）和两个子目录（其中一个inode 919 指向当前目录本身）条目以及每个条目的 inode 编号。

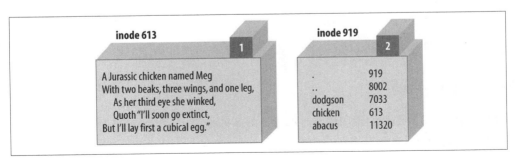

图 13-1：先有鸡再有蛋

要在指定目录中创建一个新文件时，系统会新增一个条目来记录文件名与新的 inode 编号。系统怎么知道哪个 inode 可用呢？答案是每个 inode 都有自己的链接计数（link count）。如果 inode 并未在任何目录里出现，它的链接计数就一定是0。因此，所有链接计数为0的 inode 都可以用来存放新的文件。每当 inode 被列入目录中，链接计数就会递增；当它在目录的列表里被删除时，链接计数就会递减。对上图中的文件 *chicken* 来说，inode 的链接计数是 1 ，我们把链接计数显示在 inode 数据右上方的小框里。

不过，有些 inode 会出现在多个目录的列表里。举例来说，前面提过每个目录都会有 . 这个条目，它会指回目录本身的 inode。所以任何目录的链接计数都至少是 2 ：一个链接位于它的上层目录的列表里，另一个链接位于它本身的列表里。除此之外，如果它有子目录，则每个子目录还会通过 .. 条目再增加一个链接。在表 13-1 中，目录的 inode 链接计数为 2（显示在右上角的小框）。链接计数代表的是该 inode 的真实名称的数量。那么一般文件的 inode 也可以在目录的列表里重复出现吗？当然可以。假设 Barney 在上述的目录里用 Perl 的 link 函数创建了一个新的链接：

```
link 'chicken', 'egg'
  or warn "can't link chicken to egg: $!";
```

这和在 Unix shell 命令行上键入 ln chicken egg 的效果类似。link 在成功时会返回真，失败时则会返回假并且设定 $! 的值，Barney 可以在错误信息里检查这个值。这个程序运行后，*egg* 这个名称就会指向文件 *chicken*，反之亦然。两个名称现在没有主从先后之别，而且（你大概猜到了）要仔细调查才能知道是先有鸡还是先有蛋。表13-2 展示了新的情况，图中有两个指向 inode 613 的链接。

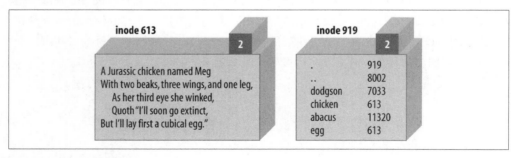

图13-2：蛋链接到鸡

所以，这两个文件名都会指向磁盘上的同一处。如果文件 *chicken* 里面有 200 字节的数据，那么 *egg* 里也会有相同的 200 字节，而且总共还是 200字节（因为这只不过是同一份文件的两个名称）。如果 Barney 为 *egg* 文件新增了一行文本，则 *chicken* 文件的结尾处也会出现相同的一行文本。现在如果 Barney 不小心（或故意）删除了 *chichen* 文件，数据并不会丢失，因为还可以用 *egg* 这个文件名来访问。反过来说，如果他删除的是 *egg* 文件，那么还可以访问 *chicken*。当然如果他把两个文件都删了，那么数据就丢失了。关于目录列表里的链接还有一条规定：在目录列表中所有 inode 指向的文件都必须在同一个挂载卷中。这样一来，即使将物理介质（可能是移动存储器）移到另一台机器上，其中的目录和文件链接仍然有效。正因为如此，rename 虽然可以将文件移到别的目录里，但是来源和目的地必须位于同一个文件系统（挂载卷）上。如果要跨磁盘移动文件，就必须重新安置 inode 的数据。对于简单的系统调用来说，这种操作实在太复杂了。

链接的另一个限制就是不能为目录创建额外的名称。这是因为目录必须按照层次排列，如果没有这条规则，*find* 和 *pwd* 之类的工具程序很快就会在文件系统丛林中迷失了。

因此，不能增加目录的链接数，也不能跨挂载卷链接。幸好，链接的这些固有限制是可以绕过的，只要使用另一种链接方式：符号链接（symbolic link）。符号链接（也叫做软链接（soft link），以便和前面所说的真正的硬链接（hard link）区分开来）是目录里的一种特殊条目，用来告诉系统实际文件放置在别的地方。假设 Barney（在那个诗歌的目录下）使用 Perl 的 symlink 函数创建了一个软链接，如下所示：

```
symlink 'dodgson', 'carroll'
  or warn "can't symlink dodgson to carroll: $!";
```

这和 Barney 在 shell 下执行 *ln -s dodgson carroll* 命令的效果相同。图 13-3 显示了执行的结果，包括 inode 7033 里的那首诗在内。

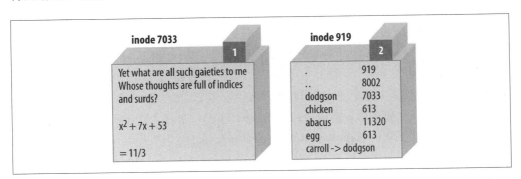

图13-3：指向 inode 7033 的符号链接

现在如果 Barney 想读取 */home/barney/poems/carroll*，由于系统会自动跟随符号链接，所以结果和直接打开 */home/barney/poems/dodgson* 相同。但是这个新名称并不是文件真正的名称，因为（如图 13-3 所示）inode 7033 的链接计数仍然只是 1 而已。符号链接只是告诉系统："你如果是来这里找 *carroll* 的话，请到 *dodgson* 那里去。"

符号链接和硬链接不同，它可以跨文件系统为目录创建链接（也就是一个新的目录名）。事实上，符号链接能指向任何文件名，而不管它放在哪个目录里，甚至可以指向不存在的文件！不过，这也意味着软链接不像硬链接那样可以防止数据被删除，因为它并不会增加 inode 的链接计数。如果 Barney 删掉了 *dodgson*，系统就不能跟随 *carroll* 这个软链接了。虽然 *carroll* 这个条目还在，但是尝试读取它会得到像 `file not found` 这样的错误。此时，以 `-l 'carroll'` 进行文件测试会返回真，而 `-e 'carroll'` 则会返回假：它是个符号链接，可实际上目标文件并不存在。

由于软链接可以指向目前还不存在的文件，所以在创建文件时也很有用。Barney 将大部分文件放在自己的主目录 */home/barney* 下，不过他也经常需要访问某个名称很长、难以键入的目录 */usr/local/opt/system/httpd/root-dev/users/staging/barney/cgi-bin*。因此他创建了 */home/barney/my_stuff* 这个符号链接来指向那个名称很长的目录，这样他要进去就很容易了。假如他（从自己的主目录）创建了 *my_stuff/bowling* 这个文件，该文件的真实名称将会是 */usr/local/opt/system/httpd/root-dev/users/staging/barney/cgi-bin/bowling*。下个星期，要是系统管理员将 Barney 的文件移到 */usr/local/opt/internal/httpd/www-dev/users/staging/barney/cgi-bin* 目录，那么 Barney 只要更改符号链接指向的目录，他和他的程序就又可以轻松地找到文件了。

在你的系统上，*/usr/bin/perl* 或 */usr/local/bin/perl* （也可能两者皆是）常会是符号链接，都指向真正的 Perl 二进制文件。假设你是系统管理员，刚编译了一份新版 Perl。旧版 Perl 当然还在运行，而你也不想因为升级导致停顿。当你准备好切换 Perl 版本时，只要更改一两个符号链接就行了。这样一来，任何以 `#!/usr/bin/perl` 开头的程序都会自动改用新版的 Perl。要是出了什么问题（虽然不大可能），只要改回原来的符号链接，就又能切到旧版 Perl。（不过因为你是个好管理员，所以会在改版之前先通知用户测试新的 */usr/bin/perl-7.2*。改版之后，你也会保留旧版的 Perl 一个月，并让所有需要这段过渡时间的用户将程序的第一行改成 `#!/usr/bin/perl-6.1`。）

软链接和硬链接都很有用，这个事实可能让人惊讶。很多非 Unix 系统没有任何链接机制，因此使用起来非常不方便。可以阅读 perlport 文档，看看这些平台的最新进展如何。

要取得符号链接指向的位置，请使用 readlink 函数。它会返回符号链接指向的路径，如果给出的文件名不是符号链接，则返回 undef：

```
my $where = readlink 'carroll';              # 得到 "dodgson"
my $perl = readlink '/usr/local/bin/perl';   # 告诉你实际的 perl 程序究竟躲在何处
```

这两种链接都可以用 unlink 移除，你现在该了解这个名字的含义了吧。unlink 只是从目录里移除该文件名的链接条目，并将它的链接计数递减，必要时再释放 inode。

创建和删除目录

要在现有目录下创建新目录是件很容易的事，只需调用 mkdir 函数即可：

```
mkdir 'fred', 0755 or warn "Cannot make fred directory: $!";
```

没错，返回值为真表示成功，失败时则会设定 $! 的值。

可第二个参数 0755 是什么意思呢？它代表目录的初始权限（将来随时可再更改）。写成八进制数值，是因为它会被解释成三位一组的 Unix 权限值，适合用八进制来表达。没错，就算在 Windows 或 MacPerl 上，你也需要略懂 Unix 的权限值，才有办法使用 mkdir 函数。0755 是个不错的设定，因为它赋予你所有常用权限，而其他人只能读取却不能更改任何内容。

注意 mkdir 函数并不要求你用八进制写这个值，它只是需要某个数字（直接量或运算结果都行）。但除非你能快速心算出八进制的 0755 等于十进制的 493，否则还是让 Perl 来算比较方便。此外，如果你不小心遗漏了前导 0，就会得到十进制的 755，这等于八进制的 1363，那是一个相当奇怪的权限组合。

正如第 2 章提过的，想当成数字来用的字符串即使以 0 开头，也不会被解释成八进制数字。所以下面这么写是行不通的：

```
my $name = "fred";
my $permissions = "0755";  # 危险……不能这么用
mkdir $name, $permissions;
```

糟糕，因为 0755 会被当成十进制数处理，所以相当于我们用奇怪的 01363 权限值创建了一个目录。要正确处理字符串，请使用 oct() 函数，它能强行把字符串当成八进制数字处理，无论它是否以 0 开头：

```
mkdir $name, oct($permissions);
```

当然，在程序中指定权限值时，不必使用字符串，直接用数字就行了。通常是在使用用户键入的权限值时才会需要额外的 oct() 函数。举例来说，假设我们从命令行取得参数：

```perl
my ($name, $perm) = @ARGV;   # 从命令行最先传入的两个参数分别是目录名称和权限
mkdir $name, oct($perm) or die "cannot create $name: $!";
```

变量 $perm 的值一开始就被当成字符串处理，所以 oct() 函数会将它正确地解释成通用的八进制表示。

想移除空目录，可以用 rmdir 函数，它的用法和 unlink 函数很像，只是每次调用只能删除一个目录：

```perl
foreach my $dir (qw(fred barney betty)) {
  rmdir $dir or warn "cannot rmdir $dir: $!\n";
}
```

如果对非空目录调用 rmdir 函数会导致失败。你可以先用 unlink 删除目录中的内容，再试着移除已经清空的目录。举例来说，假设我们需要一个目录来存放程序运行时产生的许多临时文件：

```perl
my $temp_dir = "/tmp/scratch_$$";       # 在临时文件的名称中使用了当前进程ID
mkdir $temp_dir, 0700 or die "cannot create $temp_dir: $!";
...
# 将临时目录 $temp_dir 作为所有临时文件的存放场所
...
unlink glob "$temp_dir/* $temp_dir/.*"; # 删除临时目录 $temp_dir 中所有的文件
rmdir $temp_dir;                        # 现在是空目录，可以删除了
```

 如果你真的要创建临时目录或文件，可以用 File::Temp 模块，这是随 Perl 一起发布的标准模块。

初始的临时目录名会包含当前进程的标识符，每个当前运行着的进程都有这么一个独一无二的数字代号，在 Perl 里会把这个代号存储在变量 $$ 中（类似于 shell）。这么做是为了避免和别的进程冲突，只要它们也在路径名称里包含进程标识符。（事实上，通常在进程标识符之外还会加上程序名称。所以，如果这个程序名是 *quarry*，那么目录名称多半应该像 */tmp/quarry_$$* 这样。）

在程序结尾处，最后的 unlink 应该会移除临时目录里所有的文件，然后 rmdir 函数才有办法将清空后的目录删除。不过，如果我们在临时目录里创建了子目录，那么 unlink 操作符在处理它们时将会失败，rmdir 也会跟着失败。请参考 Perl 自带的 File::Path 模块，里面的 remove_tree 函数提供了更加健壮的解决方案。

修改权限

Unix 的 chmod 命令可用来修改文件或目录的权限。Perl 里对应的 chmod 函数也能进行同样的操作：

```
chmod 0755, 'fred', 'barney';
```

和许多其他操作系统的接口函数一样，chmod 会返回成功更改的条目数量。如果只提供了一个参数，它会在失败时将 $! 设成合理的错误信息。第一个参数代表 Unix 的权限值（即使在非 Unix 的 Perl 版本里也一样）。这个值通常会写成八进制形式，理由和前面介绍 mkdir 时相同。

Unix 的 chmod 命令能接受用符号表示的权限值（例如 +x 或 go=u-w），但是 chmod 函数并不接受这类参数。

除非你从 CPAN 安装了 File::chmod 模块，这个模块能使 chmod 操作符升级，从而支持符号表示的权限值。

修改文件属主

只要操作系统允许，你可以用 chown 函数修改一系列文件的属主以及其用户组。属主和用户组会被同时更改，并且在指定时必须给出数字形式的用户标识符及组标识符。比如：

```
my $user  = 1004;
my $group = 100;
chown $user, $group, glob '*.o';
```

如果要处理的不是数字，而是像 merlyn 这样的字符串呢？答案很简单，只要用 getpwnam 函数将用户名转换成用户编号，用相应的 getgrnam 函数把用户组名转换成组编号：

```
defined(my $user = getpwnam 'merlyn') or die 'bad user';
defined(my $group = getgrnam 'users') or die 'bad group';
chown $user, $group, glob '/home/merlyn/*';
```

这里我们用 defined 函数来检查返回值是不是 undef，如果指定用户或组不存在就会返回 undef。

成功操作后，chown 函数会返回修改过的文件数量，失败的话则在 $! 中设定错误信息。

修改时间戳

某些罕见情况下，可能要修改某个文件最近的更改或访问时间以欺瞒其他程序，我们可以用 utime 函数来造假。它的前两个参数是新的访问时间和更改时间，其余参数就是要修改时间戳的文件名列表。时间格式采用的是内部时间戳的格式（也就是第 12 章的"stat 和 lstat 函数"一节中介绍的 stat 函数的返回值的格式）。

一般我们都会设为当前时间，而 time 函数正是返回这种格式的值的函数。所以，如果想修改当前目录下所有的文件，让它们看起来是在一天前改动过，最后一次访问就是现在，只要这么写：

```
my $now = time;
my $ago = $now - 24 * 60 * 60;   # 一天的秒数
utime $now, $ago, glob '*';       # 将最后访问时间改为当前时间，最后修改时间改为一天前
```

当然，你可以随意修改文件的时间戳，将它设成未来或过去的任何时间（在我们能用 64 位的时间戳之前，在 Unix 上只能设成 1970 年到 2038 年之间，其他系统则可能各有不同）。也许你可以利用这个技巧来创建某个目录，用来存放你写的时间旅行小说的手稿。

在文件有任何更动时，第三个时间戳（ctime 值）一定会被设成当前时刻，所以没有函数可以篡改它（就算用 utime 修改成功，它也会立刻被设回当前时刻）。这是因为它主要是给增量备份的程序用的：如果某个文件的 ctime 比磁带上的新，那它就该再次备份了。

习题

下面的程序可能会造成危险！请在没什么重要文件的目录下测试，以免不小心删除重要数据。

以下习题答案参见第 329 页上的"第 13 章习题解答"一节：

1. [12] 写一个程序，让用户键入一个目录名称并从当前目录切换过去。如果用户键入一行空白字符，则以用户主目录作为默认目录，所以应当会切换到他本人的主目录中。然后输出该目录的内容（不含名称以点号开头的文件）并按照英文字母

顺序排列。（提示：用目录句柄还是用文件名通配更容易呢？）如果切换目录失败则应显示警告信息，但不必输出目录内容。

2. [4] 修改前题程序，让它输出所有文件，包括名称以点号开头的文件。

3. [5] 如果你在前题使用的是目录句柄，那么请以文件名通配重写一次；如果使用的是文件名通配，那么请以目录句柄重写一次。

4. [6] 编写功能和 *rm* 类似的程序，删除在命令行上指定的任何文件（不用支持 *rm* 的所有参数）。

5. [10] 编写功能和 *mv* 类似的程序，将命令行的第一个参数重命名为第二个参数（不必实现 *mv* 的各种选项或任何额外参数）。别忘了第二个参数可以是目录；假如它是目录，请在新目录中使用相同的原始基名。

6. [7] 如果你的系统支持，写一个功能和 *ln* 类似的程序，创建从第一个命令行参数到第二个命令行参数的硬链接（不必实现 *ln* 的各种选项或任何额外参数）。如果系统不支持硬链接，那只要输出关于它本来会进行的操作的信息就行了。提示：这个程序和前一题的有点像，希望这个提醒可以节省你写程序的时间。

7. [7] 如果操作系统支持，请修改上题程序，让它接受可能出现在其他参数之前的 -s 选项。此选项表示要创建的是软链接，而非硬链接（即使系统无法使用硬链接，也请用这个程序试试看是否至少能创建软链接）。

8. [7] 如果操作系统支持，写一个程序，让它在当前目录下查找所有符号链接并输出它们的值（和 *ls -l* 的格式一样：name -> value）。

第14章

字符串与排序

在 Perl 擅长处理的问题中，约有 90% 与文本处理有关，其余 10% 则覆盖了其他领域。所以毋庸置疑，Perl 的文本处理能力很强，之前我们用正则表达式解决的那些问题就是明证。不过，有时正则表达式引擎对你而言可能太过复杂，多数时候只需要简单的字符串处理就能完成常见任务。本章我们就来围绕这个主题谈一谈。

用 index 查找子字符串

查找给定的子字符串是否出现在某个字符串中，其实就是要找出它在字符串中的位置。如果在某个比较长的字符串中，可以借助 index 函数解决这个问题。比如：

```
    my $where = index($big, $small);
```

Perl 会在长字符串中寻找短字符串首次出现的地方，并返回一个整数表示第一个字符的匹配位置，返回的字符位置是从0算起的。如果子字符串是在字符串最开始的位置找到的，那么 index 会返回 0；如果在第二个字符，则返回 1；如果 index 无法找到子字符串，就会返回–1。下面的代码中，$where 会得到 6，因为这是 wor 开始的位置：

```
    my $stuff = "Howdy world!";
    my $where = index($stuff, "wor");
```

另一种理解位置的方法，就是把它当成走到子字符串之前要跳过的字符数。因为 $where 是 6，所以我们知道，必须跳过 $stuff 的前 6 个字符，才会走到 wor。

index 函数每次都会返回首次出现子字符串的位置。不过，你可以再加上可选的第三个参数表示偏移量，来指定开始搜索的地方，这样 index 就不会从字符串的最开头寻找，而是从该参数指定的位置开始寻找子字符串：

```
my $stuff  = "Howdy world!";
my $where1 = index($stuff, "w");              # $where1 为 2
my $where2 = index($stuff, "w", $where1 + 1); # $where2 为 6
my $where3 = index($stuff, "w", $where2 + 1); # $where3 为 -1  （没找到）
```

第三个参数相当于可能的最小返回值，如果子字符串无法在该位置或其后被找到，那么 index 就会返回–1。可以把上面的代码改成使用循环，请看下面的代码，查询结果被我们保存到了数组中：

```
use v5.10;

my $stuff  = "Howdy world!";

my @where = ();
my $where = -1;
while( 1 ) {
  $where = index( $stuff, 'w', $where + 1 );
  last if $where == -1;
  push @where, $where;
}
say "Positions are @where";
```

我们会先初始化 $where 的值为 -1，因为在把起始位置传递给 index 之前要给它加 1，得到偏移量为 0，这就等于完全没有偏移，从第一个位置开始搜索。

有时需要倒过来，搜索子字符串最后出现的位置。可以用 rindex 函数来取得，它会从字符串末尾的地方开始找起。在下面的例子中，可以找到最后一个斜线，它在字符串中的位置是 4，这和 index 返回的结果是一样的：

```
my $last_slash = rindex("/etc/passwd", "/");  # 返回值为 4
```

rindex 函数也有可选的第三个参数，但这里是用来限定最大返回值：

```
my $fred = "Yabba dabba doo!";

my $where1 = rindex($fred, "abba");  # $where1 为 7
my $where2 = rindex($fred, "abba", $where1 - 1);  # $where2 为 1
my $where3 = rindex($fred, "abba", $where2 - 1);  # $where3 为 -1
```

下面是用循环实现的写法，这次不是从 -1 开始，而是根据字符串长度，从最后一个位置的下标倒着开始。因为下标是从 0 开始的，所以两者正好差一个数字：

```
use v5.10;

my $fred = "Yabba dabba doo!";
```

```
my @where = ();
my $where = length $fred;
while( 1 ) {
  $where = rindex($fred, "abba", $where - 1 )
  last if $where == -1;
  push @where, $where;
}
say "Positions are @where";
```

用 substr 操作子字符串

substr 函数用于处理较长字符串中的一小部分内容，大致用法如下：

```
my $part = substr($string, $initial_position, $length);
```

它需要三个参数：一个原始字符串、一个从0算起的起始位置（类似 index 的返回值）以及子字符串长度。找到的子字符串会被返回：

```
my $mineral = substr("Fred J. Flintstone", 8, 5);  # 返回 "Flint"

my $rock = substr "Fred J. Flintstone", 13, 1000;  # 返回 "stone"
```

substr 的第三个参数是要提取的子字符串的长度。如果位置偏后取不到那么长，那就有多少返回多少，总不能生造对吧。

所以看上面的第二行代码，要求的子字符串长度有 1000 个字符，显然超出原始字符串的结尾，Perl 不会抱怨，剩下多少给你多少。如果你希望不加限定地一直取到字符串结尾，那就省略第三个参数，比如：

```
my $pebble = substr "Fred J. Flintstone", 13;  # 返回 "stone"
```

一个较长字符串中子字符串的起始位置可以为负值，表示从字符串结尾开始倒数（比如，位置 −1 就是最后一个字符）。在下面的例子中，位置 −3 是从字符串结尾算起的第三个字符，也就是字母 i 的位置：

```
my $out = substr("some very long string", -3, 2);  # $out 为 "in"
```

如你所愿，index 与 substr 可以紧密合作。在下面的代码中，我们会取出从字符 l 开始的子字符串：

```
my $long = "some very very long string";
my $right = substr($long, index($long, "l") );
```

接下来的写法就很酷了：假如原始字符串放在变量里面，我们就可以用 substr 修改从该字符串指定位置开始的一段内容：

```
my $string = "Hello, world!";
substr($string, 0, 5) = "Goodbye";  # $string 变为 "Goodbye, world!"
```

如你所见，用来取代的（子）字符串的长度并不一定要与被取代的子字符串的长度相同，字符串会自行调整长度。

如果给定的长度是 0，那就不会移除任何东西，只往里插入文本：

```
substr($string, 9, 0) = "cruel";    # $string 变为 "Goodbye, cruel world!";
```

如果这样还不能让你眼前一亮，试试用绑定操作符 =~ 对字符串的某部分进行操作。下面的例子只会处理字符串的最后 20 个字符，将所有的 fred 替换成 barney：

```
substr($string, -20) =~ s/fred/barney/g;
```

substr 与 index 能办到的事多半也能用正则表达式办到。所以，请选择最适合解决问题的方法。但 substr 与 index 通常会快一点，因为它们没有正则表达式引擎的额外负担：它们总是区分大小写，它们不必担心元字符，而且也不会设置任何捕获变量。

如果不想给 substr 函数赋值（乍看起来有点古怪），你也可以通过传统的 4 个参数的方式来使用 substr，其中第 4 个参数是替换子字符串：

```
my $previous_value = substr($string, 0, 5, "Goodbye");
```

返回值是替换前的子字符串。当然，你总是能在空上下文中使用这个函数，不用关心它的返回值。

用 sprintf 格式化字符串

sprintf 函数与 printf 有相同的参数（可选的文件句柄参数除外），但它返回的是结果字符串，而不会直接打印出来。此函数的方便之处在于，你可以将格式化后的字符串存放在变量里以便稍后使用。此外，你也可以对结果进行额外处理，而单靠 printf 做不到这些：

```
my $date_tag = sprintf
  "%4d/%02d/%02d %2d:%02d:%02d",
  $yr, $mo, $da, $h, $m, $s;
```

在上面的例子里，$data_tag 会得到类似 "2038/01/19 3:00:08" 这样的结果。我们看到，格式字符串（即 sprintf 函数的第一个参数）在格式化某些数字前加上0，这种用法我们在第 5 章介绍 printf 时并未提及。格式化定义中数字字段的前置0表示必要时会在数字前补0以符合指定的宽度要求。如果没有前置0，那么日期与时间字符串里的数字就不会用0补足宽度，而只留下相应长度的空格，比如 "2038/ 1/19 3:0:8"。

用 sprintf 格式化金额数字

sprintf 的常见用法是格式化小数点后具有特定精度的数字，比如要把 2.49997 这个金额显示成 2.50，而不是 2.5，我们可以使用 "%.2f" 这个格式来轻松完成格式化：

```
my $money = sprintf "%.2f", 2.49997;
```

四舍五入能够使得数字精简并且易读，但绝大多数情况下应该保留原始数据的精度，只在输出时做四舍五入。

如果手头有个财务数据非常大，需要使用逗号来分隔才方便阅读，那么下面这个子程序能提供很多便利：

```
sub big_money {
  my $number = sprintf "%.2f", shift @_;
  # 下面的循环中，每次匹配到的合适位置加一个逗号
  1 while $number =~ s/^(-?\d+)(\d\d\d)/$1,$2/;
  # 在正确的位置补上美元符号
  $number =~ s/^(-?)/$1\$/;
  $number;
}
```

这个子程序用了一些前面没见过的技巧，但不难推测其含义。子程序的第一行是在对第一个（也是唯一的）参数进行格式化，让它在小数点之后刚好有两位数字。也就是说，假如参数是 12345678.9，那么 $number 就会是 "12345678.90"。

程序代码的下一行用到了 while 修饰符。就像之前在第 10 章中介绍修饰符时提到的，我们可以将它改写成一个传统 while 循环：

```
while ($number =~ s/^(-?\d+)(\d\d\d)/$1,$2/) {
  1;
}
```

 这里我们用逗号作为千位分隔符硬编码在程序中。实际业务中还会有很多场景，请参考 Number::Format 和 CLDR::Number 模块，用它们来处理更多类似事务。

这到底是在做什么？其实这里的意思是，只要这个替换运算返回真（表示成功），就去执行循环体。但是循环体里的程序代码没有任何作用！对 Perl 来说，这没关系，这不过是要让我们知道，该语句的主要目的是执行条件表达式（替换运算），而不是这个无用的循环体。这么做时习惯上会使用数值 1 来占个位子，其实任何数值都可以使用。为了改善可读性，改成以下等效写法：

```
'keep looping' while $number =~ s/^(-?\d+)(\d\d\d)/$1,$2/;
```

所以，现在我们知道替换运算是循环的真正目的。但此处的替换运算又做了什么事？别忘了，这里的 $number 是个像 "12345678.90" 这样的字符串。上面的模式会匹配字符串的第一个部分，但它不会越过小数点。（你知道为什么吗？）内存变量 $1 会是 "12345"，而 $2 会是 "678"，所以这个替换运算会让 $number 变成"12345,678.90"（别忘了，它不会匹配小数点，所以字符串后面的部分并不会改变）。

你知道模式开头的减号有什么用处么？（提示：这个减号只能在字符串中的一个地方出现。）在本节结束时，万一你还没找到答案，可以看看我们的解答。

整个替换过程并非到此为止。既然替换运算成功了，这个无事可做的循环就会再来一次。因为这次模式只能替换逗号之前的部分，所以$number会变成"12,345,678.90"。于是在每次循环执行后，替换运算就会在数字中加一个逗号。

循环的工作还没完呢。因为上一次替换成功了，所以又会重新开始循环。但由于模式必须匹配从字符串开头的至少 4 个数字，所以这一次它无法匹配任何东西，于是退出循环。

为什么我们不直接用 /g 修饰符来进行"全局"查找与替换，以省下 1 while 循环造成的麻烦与困惑呢？这是因为必须从小数点倒回处理，而不是从字符串开头依次处理，所以不能这么做。像这样将逗号插入一个数字里，只用 s///g 是没办法做到的。你想到减号的作用了吗？它让程序也可以处理负号开始的数值字符串。程序代码的下一行也有一样的效果：它会把美元符号放在正确的地方，所以 $number 会变成 "$12,345,678.90"；如果是负数，则会变成 "-$12,345,678.90"。请注意，美元符号不一定会是字符串的首字母，不然这行代码会简单许多。最后，结尾的程序代码会返回我们已经格式化得漂漂亮亮的财务数据，可以将其打印到年度报表里了。

高级排序

之前在第 3 章中介绍了如何利用内置的 sort 操作符，以 ASCII 码序对列表排序。但如果你希望按数字大小进行排序，或以不区分大小写的方式进行排序呢？你也许还想按照存储在哈希内的信息进行排序。Perl 能以任何需要的顺序来为列表排序。接下来一直到本章末，我们会介绍所有有关排序的主题以及实际的例子。

Perl 允许你建立自己的"排序规则子程序（sort-definition subroutine）"，或简称"排序子程序（sort subroutine）"，来实现自定义的排序方式。乍听到"排序子程序"这个术语，如果你上过任何一门计算机科学的课，脑海中就可能会浮现出冒泡排序、希尔排序和快速排序。然后你会说："拜托，别再谈这些了！"请放心，事情没那么复杂，其实还相当简单。Perl 其实知道怎么对列表排序，它只是不知道要用什么样的规则，所以排序子程序只是用来说明具体的规则。

为什么会有这样的需求？仔细想想，排序其实就是比较一堆东西，然后将它们按照特定规则排好队。由于不可能一次比较所有东西，所以最终一定都是两两相比，并根据两者间的顺序进行定位，最终让全体成员就位。Perl 已经知道这些步骤了，只是不知道你要如何确定两者的顺序，这就要由我们提供的排序子程序来确定了。

也就是说，排序子程序并不需要比较许多元素，只要能比较两个元素就行。如果 Perl 能确定两个元素的顺序，它就有办法（其实就是不断咨询排序子程序）返回排好序的数据。

排序子程序的定义和普通子程序几乎相同。它会被反复调用，每次都会检查要排序列表中的两个元素。

假如子程序要比较两个待排序的参数，你可能会先写出如下代码：

```
sub any_sort_sub {      # 实际上这么写不能正确工作，这里只是为了方便说明问题
  my($a, $b) = @_;      # 声明两个变量并给它们赋值
  # 在这里开始比较 $a 和 $b
  ...
}
```

但请注意，排序子程序会一次次地被调用，往往会运行上百或上千次，这取决于被排序数据的规模。在子程序开始的地方声明变量 $a 与 $b 并给它们赋值看起来只会花一丁点时间，但把这些时间乘以排序子程序被调用的次数，就可能非常可观了，这对整体性能会造成不小影响。

我们并不会这么做，事实上这么做是行不通的。其实在子程序开始之前，Perl 已经帮我们办好了这些事。实际写出的排序子程序并不会有前面例子中的第一行，$a 与 $b 都已经被自动赋值好了。当排序子程序开始运行时，$a 与 $b 会是两个来自原始列表的元素。

子程序会返回一个数字，用来表示两个元素间的大小关系（就像 C 语言中 qsort(3) 的调用机制，但调用它的是 Perl 内置的排序机制）。假如在结果列表中 $a 应该在 $b 之前，排序子程序就会返回-1；如果 $b 应该在 $a 之前，它就会返回 1。

如果 $a 与 $b 无所谓谁先谁后，则该子程序会返回 0。为什么会有这样的情况呢？也许你正在进行一个不区分大小写的排序，而被比较的两个字符串是 fred 和 Fred；或者，你正在进行一个按数字大小的排序，而这两个数字恰好相等。

现在我们可以写出下面这样的排序子程序：

```
sub by_number {
  # 排序子程序，使用 $a 和 $b 这两个变量进行比较
  if ($a < $b) { -1 } elsif ($a > $b) { 1 } else { 0 }
}
```

要使用这个排序子程序，请把它的名称（去掉 &）写在 sort 关键字与待排序的列表之间。下面的例子会把按数字大小排序好的结果列表放进 @result 里：

```
my @result = sort by_number @some_numbers;
```

我们将这个排序子程序命名为 by_number，因为这个名称描述了它的排序方式。不过更重要的是，你可以将这一行用来排序的程序代码读成 "sort by number（按数字排序）"，就好像在说英语一样。许多排序子程序的名称都是以 by_ 开头的，用以描述它们的排序方式。类似地，我们也可以把排序子程序命名为 numerically，不过这样要输入更多字符，而且还比较容易输错。

请注意，在排序子程序中，我们并不需要花力气声明并设定 $a 与 $b，如果我们这么做，该子程序反而无法正常运作。请让 Perl 帮忙设定 $a 与 $b，我们只要编写它们的比较方式。

事实上，我们可以让它更简单高效。因为常常需要用到这样的三路比较，所以 Perl 提供了一个方便的简写，飞碟操作符 <=>，它会比较两个数字并返回 -1、0 或 1，好让它们依数字大小排序。所以，我们可以把那个排序子程序写得更好看些，如下所示：

```
sub by_number { $a <=> $b }
```

因为飞碟操作符只能用来比较数字，所以很容易猜到，会有另一个相应的三路字符串比较操作符：cmp。这两个操作符非常易记且一目了然。飞碟操作符与数字比较类的操作符 >= 一脉相承，它之所以由三个字符组成，是因为它会返回三种比较结果，而两个字符的操作符则返回两种结果。同样地，cmp 操作符与字符串比较类的操作符 ge 一脉相承，它也是返回三种比较结果的操作符。当然，cmp 提供的顺序

与 sort 默认的排序规则相同。所以你不必自己编写下列子程序，因为它和 sort 默认的排序规则相同：

```
sub by_code_point { $a cmp $b }

my @strings = sort by_code_point @any_strings;
```

不过，cmp 可用来建立更复杂的排序规则，例如不区分大小写的排序：

```
sub case_insensitive { "\F$a" cmp "\F$b" }
```

这个例子中，我们比较了 $a 里的字符串（强制转换成小写）和 $b 里的字符串（强制转换成小写），以构造不区分大小写的排序规则。

不过，要知道 Unicode 字符串里面的字符有时可以用不同形式表示，为了按照实际字符意义排序，我们需要先把某种表示形式转化为统一的形式再进行比较排序。有关这方面的知识，我们放在附录 C 介绍。所以一般来说，要对 Unicode 字符串排序，都会写成下面这种样子：

```
use Unicode::Normalize;

sub equivalents { NFKD($a) cmp NFKD($b) }
```

另外需要注意的是，在比较过程中我们并没有修改被比较元素的值，我们只是用它们的值比大小而已。这一点很重要：出于性能的考虑，$a 和 $b 并非数据副本，实际上它们只是原始列表元素的临时别名。所以，如果中途改变它们的值，就会弄乱原始数据。千万别这么做，Perl 不支持也不建议这种行为。

如果排序子程序像我们的例子一样简单（大部分情况下都很简单），你就可以让程序代码更为简单，只要把排序子程序内联到排序子程序名的位置就行了。做法如下：

```
my @numbers = sort { $a <=> $b } @some_numbers;
```

事实上，在如今的 Perl 开发界，几乎不会有人写额外的排序子程序，你常常会看到这种内联的排序子程序。

假设要按数字降序进行排序，reverse 函数可以帮助我们轻松解决：

```
my @descending = reverse sort { $a <=> $b } @some_numbers;
```

这里有个小窍门。比较操作符（<=> 与 cmp）是短视的，也就是它们并不知道哪个操作数是$a，哪个操作数是 $b，只知道哪一个值在左，哪一个在右。所以，如果我们

把 $a 与 $b 对调，比较操作符每次都会得到相反结果。换句话说，下面这么做也能得到反向排序的结果：

```perl
my @descending = sort { $b <=> $a } @some_numbers;
```

稍加练习之后，你就可以一眼看出这一行在做什么。它是降序比较（因为 $b 在 $a 之前，也就是降序），而且是数字比较（因为它使用飞碟操作符，而不是 cmp）。所以，它代表以反向顺序进行数字排序。（在较新的 Perl 版本中，这两种方法并没有太明显的差别，因为 reverse 已经被当成 sort 的一个修饰符了，在处理时会做特殊优化，以避免多余的逆序操作。）

按哈希值排序

一旦熟练掌握列表排序，就会碰到按哈希值进行排序的情况。好比本书里曾出现过的三个主角昨晚跑去打保龄球，他们的积分存储在下面的哈希里。我们希望能用适当的顺序将名字打印出来，也就是积分最高的人排在最上面。所以我们需要按积分来对此哈希排序：

```perl
my %score = ("barney" => 195, "fred" => 205, "dino" => 30);
my @winners = sort by_score keys %score;
```

当然，我们实际上无法按积分来对哈希排序，这只是口头上的说法而已。哈希本身是没法排序的！虽然我们之前用 sort 对哈希键排序，但其实是对哈希键的名字进行排序（以 ASCII 码序）。现在我们仍要对哈希键排序，但要按照它们对应的哈希值排序。在这个例子里，我们需要的结果是：三个主角名的列表，按照他们的保龄球积分排序。

这个排序子程序相当容易实现。我们要的是积分的数值比较，而不是名字。换句话说，我们不该比较 $a 与 $b 这两个玩家名字，而是比较 $score{$a} 与 $score{$b} 这两个积分。如果你也想到这点了，那么答案就呼之欲出了，如下所示：

```perl
sub by_score { $score{$b} <=> $score{$a} }
```

让我们来仔细分析其运作原理。假如它第一次被调用时，Perl 把 $a 设定为 barney，而 $b 则是 fred。所以这次的比较是 $score{"fred"} <=> $score{"barney"}，查询哈希之后可知是 205 <=> 195。别忘了飞碟操作符是短视的，所以当它看到 205 在左边，而 195 在右边时，它就机械地说："不，数值顺序不对，$b 应该在 $a 之前。"所以它会告诉 Perl，fred 应该在 barney 之前。

接下来第二次调用时，$a 仍然是 barney，而 $b 则变成了 dino。短视的飞碟操作符看到 30 <=> 195，就会认为顺序是对的。$a 应该在 $b 之前，也就是 barney 应该在 dino 之前。最终 Perl 得到了排序的结果：fred 是冠军，barney 是亚军，然后是 dino。

为什么这里的比较将 $score{$b} 放在 $score{$a} 之前，而不是反过来呢？因为我们想要将积分按降序排列，由分数最高者依次往下排列。所以只要稍加练习，就可以一眼看出：$score{$b} <=> $score{$a} 表示按积分降序排列。

按多个键排序

我们忘记登记昨晚第四个玩家的分数了，其实哈希应该是下面样的：

```
my %score = (
  "barney" => 195, "fred" => 205,
  "dino" => 30, "bamm-bamm" => 195,
);
```

现在显然 bamm-bamm 和 barney 积分相同。所以在排序完成后，哪一个应该排在前面呢？我们不能预测，因为比较操作符在比较这两个数字时，看到两边分数相同，就会返回0。

也许这无关紧要，不过通常我们更喜欢可预测的排序。如果有多个玩家同分的话，他们当然都应该排在一起，但这些名字应该按 ASCII 码序排列。这样的排序子程序该怎么写呢？其实也很简单：

```
my @winners = sort by_score_and_name keys %score;

sub by_score_and_name {
  $score{$b} <=> $score{$a}  # 先按照分数降序排列
    or
  $a cmp $b                  # 分数相同的再按名字的 ASCII 码序排列
  } @winners
```

这里是怎么运作的？嗯，如果飞碟操作符看到两个不同的分数，那这就是我们想要的比较运算。它会返回−1或1，而这两个值都为真，所以在这里低优先级的短路操作符 or 会将表达式的其余部分跳过，并返回我们所要的比较结果（别忘了，短路操作符 or 会返回最后执行的表达式的结果）。但是，如果飞碟操作符看到两个相同的分数，它会返回 0。因为这个值为假，所以让后面的 cmp 操作符获得执行机会，于是就返回对哈希键进行字符串比较的结果。也就是说，如果同分的话，就会按字符串的顺序进行最终裁决。

我们知道，使用 by_score_and_name 这个排序子程序时，它绝不会返回 0，因为不可能存在两个相同的哈希键。所以，我们知道排列的顺序都是可预测的。也就是说，如果今天的数据和明天的数据都一样，那么今天和明天的答案也会一样。

当然，没有什么理由限制排序子程序只能做两级排序。下面列出的 Bedrock 图书馆的程序能对借阅者的 ID 编号列表进行五级排序。这个例子里的排序是根据每个借阅者的未缴罚金（用 &fines 子程序计算，在此未列出）、目前他们借阅的本数（取自 %items）、他们的姓名（先按姓排，后按名排，两者都取自哈希），最后是借阅者的 ID 编号，以防前面的信息都相同：

```
@patron_IDs = sort {
  &fines($b) <=> &fines($a) or
  $items{$b} <=> $items{$a} or
  $family_name{$a} cmp $family_name{$b} or
  $personal_name{$a} cmp $personal_name{$b} or
  $a <=> $b
} @patron_IDs;
```

习题

以下习题答案参见第 333 页上的"第 14 章习题解答"一节：

1. [10] 编写程序，读入一连串数字并将它们按数值大小排序，将结果以右对齐的格式输出。请用下列数据进行测试：

    17 1000 04 1.50 3.14159 -10 1.5 4 2001 90210 666

2. [15] 编写程序，以不区分大小写的字母顺序把下列哈希数据按姓氏排序后输出。当姓一样时，再按名排序（还是一样，不区分大小写）。也就是说，输出结果中的第一个名字应该是 Fred 的，最后一个应该是 Betty 的。所有姓相同的人应该排在一起。千万别更改原始数据。这些名字应该以他们原本的大小写形式显示：

    ```
    my %last_name = qw{
      fred flintstone Wilma Flintstone Barney Rubble
      betty rubble Bamm-Bamm Rubble PEBBLES FLINTSTONE
    };
    ```

3. [15] 编写程序，在输入字符串中找出指定子字符串出现的位置并将其输出。例如：输入字符串为"This is a test."，而子字符串是"is"，程序应该会汇报位置2和5；如果子字符串是 "a"，程序应该会汇报 8；如果子字符串是 "t"，程序将汇报什么？

第15章

进程管理

身为程序员最棒的一面，就是能运行别人的程序，不必自己动手去写。现在，我们来学习一下如何从 Perl 直接启动其他程序并管理这些子进程。

在 Perl 里有种说法："办法不止一种"，这里也是如此。这些办法可能有许多重叠或差异，且各有特色。如果你不喜欢头一种方法，大可往下读个一两页，找到比较合胃口的方式。

Perl 的可移植性非常高。本书的其他章节大都不需要用脚注来说明某个程序在 Unix 上是这样，在 Windows 上是那样，而在 VMS 上又是另外一种情况。但当你想在自己的计算机上运行别人的程序时，请注意：在 Macintosh 上能找到的程序与老式的 Cray（曾经是"超级"计算机）上的多半大不相同。本章的例子将以 Unix 环境为主，如果你使用的不是 Unix 系统，难免会碰到一些差异。

system 函数

在 Perl 中启动子进程最简单的方法是用 system 函数。比如要从 Perl 调用 Unix 的 *date* 命令，告诉 system 要运行的外部程序的名字即可：

```
system 'date';
```

这类命令来自操作系统，它们能提供什么以及如何实现都依赖操作系统。它们不是 Perl 的附带品，但 Perl 可以请求操作系统调用它们。同样作用的 Unix 命令的调用惯例及选项在不同版本、不同种类的操作系统上都会有所差异。

如果在 Windows 上执行上面的代码，会显示当前日期时间，并且继而提示输入新的日期以便更新。然后程序就挂在那边等待输入。我们可以使用 /T 开关跳过它：

```
system 'date /T';
```

你所运行的 Perl 程序称为父进程，当它运行时，system 命令根据当前进程创建一个副本，这个副本称为子进程。子进程会立即切换到要运行的外部命令上，比如这里的 *date*，它继承了原来进程中 Perl 的标准输入、标准输出以及标准错误。也就是说，由外部命令 *date* 输出的日期与时间字符串会立即传送到当前 Perl 程序的 STDOUT 句柄所指向的地方。

通常提供给 system 函数的参数就是那些在 shell 中常常键入的命令。所以当你想用 *ls -l $HOME* 之类比较复杂的命令时，只要把它全部放进参数里就行了：

```
system 'ls -l $HOME';
```

这里的 $HOME 是 shell 的环境变量，保存当前用户的主目录。它不是 Perl 变量，你不需要内插它。如果将它放在双引号内，就要保留 $ 符号给 shell 识别，所以必须转义，防止 Perl 把它当成自己的变量进行内插：

```
system "ls -l \$HOME";
```

在 Windows 上，完成类似任务的命令是 *dir*。这里的 % 是给命令行用的，不是 Perl 的什么变量。但因为哈希不会在双引号引起的字符串内进行变量内插，所以这里的 % 不需要转义：

```
system "cmd /c dir %userprofile%"
```

如果安装了 Cygwin 或者 MinGW，那么某些 Windows 命令行中的命令，其运行结果可能和你预期的有所不同。可以用 cmd /c 确认当前 Windows 版本，以作甄别。

目前 *date* 命令只是输出结果而已，但假设它成了比较健谈的命令，先问"你想知道哪个时区的时间？"该怎么办？这个询问信息会首先出现在标准输出上，接着程序从标准输入（继承自 Perl 的 STDIN）等待回应。你会看到这个问题，键入答案（比如"Zimbabwe time"），然后 *date* 才能完成它的任务。

子进程正在运行时，Perl 会很有耐心地等它结束。如果 *date* 命令耗时 37 秒，Perl 就会暂停 37 秒。然而，你可以利用 shell 提供的功能来启动后台进程：

```
system "long_running_command with parameters &";
```

这会启动 shell，而它注意到命令行结尾有一个与号，于是 shell 让后台执行 long_running_command，在进程执行完成后结束进程并立即退出。之后，Perl 发现 shell 执行完毕并返回，于是继续做别的事情。在这个例子中，long_running_command 其实是 Perl 的孙进程，Perl 无法直接控制或访问它。

Windows 没有后台运行的机制，但 *start* 可以启动外部命令，并且无需父进程等待它执行完毕：

```
system 'start /B long_running_command with parameters'
```

如果执行的命令形式简单到无需扩展，启动时不会用到 shell。在之前运行 *date* 与 *ls* 命令时，必要时 Perl 会直接从继承自 shell 的 PATH 环境变量指定的路径中搜寻命令，然后直接启动它。但如果命令中包含奇怪的字符（例如美元符号、分号、竖线等 shell 元字符），在 Unix 上 Perl 就会调用标准 Bourne Shell（*/bin/sh*）处理，在 Windows 上则使用 PERL5SHELL 环境变量指定的 shell 执行（默认是 *cmd /x/d/ c*）。

PATH 是一系列存放可执行程序的目录列表。你随时可以通过修改 $ENV{'PATH'} 的值来调整 PATH。

比如，你可以把一段简短的 shell 脚本放进参数里。下面的代码打印当前目录下所有非隐藏文件的内容：

```
system 'for i in *; do echo == $i ==; cat $i; done';
```

这里我们再次使用了单引号，因为其中的美元符号是给 shell 用的，而不应该由 Perl 解释。双引号会让 Perl 内插 $i 的值，而不是用作 shell 的变量。

在 Windows 上没有这类内插变量的问题。下面的 /R 表示递归操作，所以最后可能会得到很长的一个文件列表：

```
system 'for /R %i in (*) DO echo %i & type %i'
```

注意，我们有能力这么干，但不应该如此暴力。只要知道可行就好了，Perl 总有对应的相同效果的解决方案。而且，Perl 就是作为解决不同程序之间相互协作而存在的胶水语言，由 Perl 搞定难题才是正道。

避免使用 Shell

system 操作符也可以用多个参数来调用，这样不管你给的文本有多复杂，都不会调用 shell，比如：

```
my $tarfile = 'something*wicked.tar';
my @dirs = qw(fred|flintstone <barney&rubble> betty );
system 'tar', 'cvf', $tarfile, @dirs;
```

 system 可以使用一种叫作间接对象的写法，第一个参数后面不用逗号，例如 system { 'fred' } 'barney';。它实际上会运行程序 barney，但却骗自己程序名为 'fred'。查看 perlsec 文档或者 *Mastering Perl* 中有关安全的章节以了解更多信息。

在这个例子里，第一个参数 'tar' 是命令名称，在 shell 里可以通过 PATH 环境变量辅助定位它。接下来，后面的参数会被逐项传递给前面的命令。即使参数里出现对 shell 有意义的字符，例如 $tarfile 存储的文件名中的星号，或者 @dirs 存储的路径中的管道符号、大小于号以及与号，都不会被 shell 误解为特殊含义。所以 *tar* 命令会刚好得到 5 个参数，包括一个选项、一个打包后的文件名称以及三个要打包的目录。和下面这种存在安全问题的写法比较一下：

```
system "tar cvf $tarfile @dirs";  # 糟糕!
```

这段代码会把一大堆压缩后的数据通过管道传送给 *flintstone* 命令，然后将它放在后台运行，同时把输出信息写入名为 *betty* 的文件。这还算好，要是 @dirs 里存放的是下面这样的内容，又会发生什么：

```
my @dirs = qw( ; rm -rf / );
```

@dirs 是不是列表并不重要，因为 Perl 会简单地把它内插后变成单个参数传递给 system。

这真是有点吓人，尤其当数据来自 web 表单这样的用户输入时。所以也许你真的应该早些明确，始终用 system 的多参形式启动子进程。不过，这会同时失去 shell 提供的设定 I/O 重定向、后台进程等功能。天下没有免费午餐，有得有失，自有平衡。

另外请注意，system 的单参数调用形式基本上等效于下面这个 system 的多参数调用形式：

```
system $command_line;
```

```
system '/bin/sh', '-c', $command_line;
```

但没人会用后面这种写法，因为 Perl 已经替你这么做了。如果想要不同的 shell 来处理，比如 C shell，可以按下面改写：

```
system '/bin/csh', '-fc', $command_line;
```

多参形式对于处理文件名中带空格之类的情况尤其方便，因为绕过了 shell，所以不用担心文件名被拆散成命令行参数的不同部分，像下面这行代码一样，system 看到的就是文件名本身：

```
system 'touch', 'name with spaces.txt';
```

 有关 system 多参形式的安全特性的详细论述，请参阅 *Mastering Perl* 一书。另外建议阅读 perlsec 文档。

在 Windows 上我们可以设置环境变量 $ENV{PERL5SHELL} 的值来确定要启动的 shell。下节会见到更多环境变量，继续研读。

system 操作符的返回值是根据子进程的退出状态来决定的：

```
unless (system 'date') {
  # 返回值会是 0，表示成功
  print "We gave you a date, OK!\n";
}
```

在 Unix 里，退出值 0 代表正常，非 0 退出值则代表有问题。这是少数"虽然是 0，布尔值为假，但却表示成功，实为真"的情况，和大部分操作符遵循的布尔价值观相反。其原因在于成功没啥好说，一个 0 就能表示，错误有好多种，用不同退出码代表，所以习惯这样调配。具体到后续判断，只要 system 前加上逻辑非操作符取反，就可以用 or die 的风格：

```
!system 'rm -rf files_to_delete' or die 'something went wrong';
```

在这个例子里，若要显示错误信息则不能引入 $! 变量，因为错误多半发生在 *rm* 命令的运行时刻，不是 $! 能捕获的系统调用相关错误。

不要太过依赖这个返回值，每个命令的行为可能都有所不同，返回值的意义由它们自己说了算。有些命令成功的时候也会返回非零值，碰到这种情况，就要细加区别了。

而 system 的返回值是一个高低各 8 位的字节。"高" 8 位是程序的退出值，可以通过第 12 章介绍的位操作符将它移低 8 位后取得：

```
my $return_value     = system( ... );
my $child_exit_code = $return_value >> 8;
```

"低" 8 位包含了很多信息，其中最高的一位表示程序运行时是否发生了核心转储（core dump）。利用十六进制数和二进制数（回想下第 12 章讲的内容）可以屏蔽掉你不感兴趣的位：

```
my $low_octet       = $return_value & 0xFF; # 屏蔽过滤掉高 8 位
my $dumped_core     = $low_octet & 0b1_0000000;  # 或写成 128
my $signal_number   = $low_octet & 0b0111_1111;  # 或写成 0x7f 或 127
```

由于 Windows 没有通知进程的信号机制，所以返回值各个位上的意义会有所不同。

 可能你的系统会设置特定的错误消息到特殊变量 $^E 或 ${^CHILD_ERROR_ NATIVE}。参阅 perlrun 文档以及 POSIX 模块的文档（特别是有关 W* 宏的部分，看看如何解构信号的意义）。

环境变量

在用这里讨论的方法启动外部进程时，可能会需要设置程序的环境。前面谈到我们可以在一个特定的工作目录下启动进程，然后它会从父进程继承这个工作目录。所以我们可以通过设置好环境变量，使外部进程按此工作。

最典型的环境变量是 PATH（要是没听说过，说明你用的多半是不支持环境变量的系统）。在 Unix 类系统上，PATH 是以冒号分隔的目录列表，其元素是可执行文件的搜索路径。当你键入 *rm fred* 这样的命令时，系统会在目录列表中依次寻找 *rm* 命令。Perl（或系统）会在需要时用 PATH 来搜索可执行程序，启动之后该程序若需要调用其他程序，也会使用 PATH 来搜索。（当然如果指定了命令的全路径名，像 */bin/ echo*，就没必要在 PATH 里搜索了。但这样写对大多数人来说太不方便了。）

在 Perl 中，环境变量可通过特殊的 %ENV 哈希取得，其中每个键都代表一个环境变量。在程序开始运行时，%ENV 会保留从父进程（通常为 shell）继承而来的设定值。修改此哈希就能改变环境变量，它会被 Perl 调用的子进程继承。假如现在需要运行系统的 *make* 程序（进而运行其他程序），并且想以私有目录作为查找命令（包括 *make* 自己）的首选位置，假如还要禁用（*make* 和其他程序敏感的）IFS 环境变量，就可以这么写：

```
$ENV{'PATH'} = "/home/rootbeer/bin:$ENV{'PATH'}";
delete $ENV{'IFS'};
my $make_result = system 'make';
```

不同操作系统构造路径的方式各有不同。比如 Unix 用冒号分隔，但 Windows 用分号。这类差异往往使调用外部程序的工作令人头疼，我们必须掌握 Perl 以外的那些东西。但 Perl 知道系统在什么环境下工作，它能通过 Config 模块的 %Config 变量获知环境信息。和之前代码中硬编码 PATH 分隔符的做法不同，现在可以用 join 函数把 %Config 中的信息串接起来，构造符合当前系统的搜索路径环境变量：

```
use Config;
$ENV{'PATH'} = join $Config{'path_sep'},
    '/home/rootbeer/bin', $ENV{'PATH'};
```

新创建的进程会继承父进程的环境变量、当前工作目录、标准输入、标准输出、标准错误和另外一些"小秘密"。可以参考系统与程序设计相关的文档了解更多细节。（但你要知道，大部分系统上是无法修改父进程的环境变量的。）

exec 函数

到目前为止，我们提到的 system 函数的所有语法也都适用于 exec 函数。当然有一个重要例外，system 函数会创建子进程，子进程会在 Perl 休眠期间执行任务。而 exec 函数会使当前的 Perl 进程自己去执行任务。这有点像 goto 语句执行到一半跑去别处做事，而不是就地调用子程序处理。

例如，要运行 /tmp 目录下的 bedrock 命令并带上 -o args1 以及当前程序的参数，可以这样写：

```
chdir '/tmp' or die "Cannot chdir /tmp: $!";
exec 'bedrock', '-o', 'args1', @ARGV;
```

当我们运行到 exec 时，Perl 找到 bedrock 并且"跳进去"执行，此后，就没有 Perl 进程了，只有那个执行 bedrock 命令的进程。这样在 bedrock 执行结束时，没有 Perl 进程在等待。

为何要这样做呢？其实这个 Perl 程序的主要功能是为另一个程序的运行设定运行环境。你可以预先修改环境变量，修改当前工作目录，修改默认的文件句柄等等：

```
$ENV{PATH}  = '/bin:/usr/bin';
$ENV{DEBUG} = 1;
$ENV{ROCK}  = 'granite';

chdir '/Users/fred';
```

```
open STDOUT, '>', '/tmp/granite.out';

exec 'bedrock';
```

如果使用 system 而不是 exec，Perl 程序必须傻傻地等另一个程序运行完毕才能跟着收工，这无疑是在浪费系统资源。

话虽如此，实际上我们很少用到 exec，一般都是将它和 fork 一起使用，这稍后会介绍。因此如果吃不准到底该用 system 还是 exec，就总是用 system 好了，大多情况下都是稳妥的。

一旦启动了要执行的程序，Perl 便放手退出，无法再控制它，因此在 exec 调用之后写的任何代码都无法运行，不过如果启动过程出现错误，那么后续的捕获语句还是可以继续执行的：

```
exec 'date';
die "date couldn't run: $!";
```

用反引号捕获输出结果

无论用 system 还是 exec，所执行命令的输出都会被重定向到 Perl 的标准输出。有时候我们感兴趣的是将输出结果捕获成字符串，以便后续进一步处理。要提取该输出信息，只要用反引号代替单引号或双引号就可以了：

```
my $now = `date`;               # 捕获 date 命令的输出
print "The time is now $now";    # 换行符已经包含在捕获内容中
```

一般来说，*date* 命令能输出长度约为 30 个字符的字符串，其中含有当前的日期与时间，最后接一个换行符。当我们把 *date* 放在反引号里时，Perl 会执行这个 *date* 命令并将其标准输出结果以字符串形式捕获。在这个例子中，字符串会被赋值给 $now 变量。

这就像 Unix shell 的反引号一样，但 shell 还会做额外处理：它会将最后一个换行符移除，这样便于转交给其他程序递接处理。Perl 总是很诚实，它会直接使用接收到的真实输出。要在 Perl 中取得相同结果，我们可以对取得的字符串进行一次 chomp 操作：

```
chomp(my $no_newline_now = `date`);
print "A moment ago, it was $no_newline_now, I think.\n";
```

反引号里面的内容就相当于单个参数形式的 system 函数调用，并且按照双引号内的字符串进行解释，换句话说，我们可以在里面使用反斜线转义和变量，它们会被适当展开后执行。比如要取得一系列 Perl 函数的说明文档，可以重复执行 *perldoc* 命令，每次使用不同的参数：

```
my @functions = qw{ int rand sleep length hex eof not exit sqrt umask };
my %about;
foreach (@functions) {
  $about{$_} = `perldoc -t -f $_`;
}
```

请注意，每次循环执行时 $_ 的值都会不同，这让我们可以每次执行不同的命令并取得它的输出。另外，如果你还不熟悉这些函数，不妨趁此机会看一下说明文档，了解使用细节。

除了反引号，你还可以使用更为一般化的引起操作符 qx()，它所完成的工作是一样的：

```
foreach (@functions) {
  $about{$_} = qx(perldoc -t -f $_);
}
```

和其他一般化的引起操作符类似，选用这种写法可以避免转义被引起内容中出现的分隔符。如果要执行的命令中本身就需要包含反引号，那就可以用 qx() 避免频繁转义带来的干扰。此外，选用一般化的引起操作符还有一个好处，就是如果选用单引号作为分隔符的话，可以禁止变量内插。比如希望选用 shell 的而不是 Perl 的进程 ID变量 $$ 的时候，就可以用 qx'' 避免 Perl 内插该变量：

```
my $output = qx'echo $$';
```

接下来要说明什么情况下不该使用反引号，但这个演示本身可能存在风险。我们的建议是，如果不需要捕获输出内容，就不要使用反引号，比如下面这个例子：

```
print "Starting the frobnitzigator:\n";
`frobnitz -enable`; # 如果要忽略输出结果就没必要这么做
print "Done!\n";
```

这里的问题是，就算你不需要，Perl 也会尽力捕获该命令的输出，然后直接丢弃。这被称为无效上下文，通常应该避免让 Perl 如此执行命令（当你不会使用执行结果时）。同时，这种形式的写法也失去了以 system 的多参数形式精确控制传入参数的能力。所以，在安全与效率的双重考虑之下，请改用 system 函数。

使用反引号的命令会继承 Perl 当前的标准错误流。如果该命令将错误信息送到标准错误，就可能会显示在终端上，从而导致用户困惑，因为他并未执行 *frobnitz* 命令。如果你想要一并捕获标准输出和标准错误，就可以使用 shell 规范"将标准错误合并至标准输出"，在通常的 Unix 和 Windows shell 中写为 2>&1：

```
my $output_with_errors = `frobnitz -enable 2>&1`;
```

注意，这会让标准错误与标准输出的信息交织在一起，就像在终端上看到的那样，当然可能因为缓冲的原因有顺序上的细微差别。如果你需要分别捕获标准输出和标准错误，就得考虑使用更加麻烦的解决方案。比如使用标准 Perl 发行的模块 IPC::Open3，或者自己编程处理派生子进程相关的事宜，稍后会有展示。同样地，被执行的命令也会继承 Perl 当前使用的标准输入。通常使用反引号的命令大都不会使用标准输入，所以很少有这方面的问题。但是，如果 *date* 命令询问你要使用的时区（正如我们之前假设的那样），就会有问题，因为提示文字"which time zone"会被送至标准输出，成为被捕获内容的一部分，然后 *date* 会试着从标准输入读进数据。由于用户根本看不到提示文字，所以他不知道该输入数据！没多久，用户就会打电话给你，说你的程序卡住了。

因此，请勿使用会读取标准输入的命令。如果你不太确定它是否会从标准输入读取数据，请将标准输入重定向为从 */dev/null* 读取数据，Unix 下可这样做：

```
my $result = `some_questionable_command arg arg argh </dev/null`;
```

Windows 下可这样做：

```
my $result = `some_questionable_command arg arg argh < NUL`;
```

这样一来，被调用的 shell 就会将输入重定向到"空设备"，接着再执行那个交互式命令。这样就算它要求输入，也只会读到文件结束符。

Capture::Tiny 模块和 IPC::System::Simple 模块可以封装不同操作系统的特定细节，帮你捕获输出数据。可以从 CPAN 下载安装。

在列表上下文中使用反引号

在标量上下文中，反引号返回的是单个超级长的字符串，哪怕里面有很多行内容，计算机才不关心这些。对我们来说，要解读这样一堆信息非常困难，既然有换行符在里面，为什么不让计算机帮我们拆分开来呢？于是，在列表上下文中使用反引号，让每行输出作为一个元素返回。

比如，Unix 下的 *who* 命令会用多行文本列出当前登录到系统中的用户清单，每个用户一行，如下所示：

```
merlyn      tty/42     Dec 7  19:41
rootbeer    console    Dec 2  14:15
rootbeer    tty/12     Dec 6  23:00
```

最左边的一列是用户名，中间列是 TTY 名（也就是登录到主机的终端连接的名称），其余的列则是登录日期与时间（也许还有远程登录信息，但本例没有）。在标量上下文中，所有这些输出会被送往一个变量，所以必须自行拆开每一行：

```
my $who_text = `who`;
my @who_lines = split /\n/, $who_text;
```

但在列表上下文，则会自动取得拆成多行的数据：

```
my @who_lines = `who`;
```

现在 @who_lines 里会有多个拆分好的以换行符结尾的字符串。对这个结果调用 chomp 就可以删除所有元素末尾的换行符。不过不如换个思路，只要用 foreach 就可以逐行处理，循环中默认使用 $_ 作为控制变量：

```
foreach (`who`) {
  my($user, $tty, $date) = /(\S+)\s+(\S+)\s+(.*)/;
  $ttys{$user} .= "$tty at $date\n";
}
```

根据上面的数据，循环需要迭代三次（你的系统可能有更多人登录，因此要迭代的次数也会更多）。注意，这里还用了正则表达式进行匹配，但并没有明确使用绑定操作符（=~），而是直接针对默认的 $_ 进行匹配。这种写法干净利落，因为数据就在$_里。

我们注意到，这个正则表达式会寻找一个非空单词、数个空白字符、一个非空单词、数个空白字符，接着是剩余的所有单词，但是不包括换行符（因为点号默认不匹配换行符）。这种写法的另一个好处是，模式中每个捕获部分对应的就是 $_ 里的数据。于是在循环处理第一行时，$1 会是 merlyn，$2 会是 tty/42，$3 则是 Dec 7 19:41，一切自然而明晰。

 现在你该明白为什么点号（或者 \N ）默认不会匹配换行符了吧。它可以让我们轻松写出上面这样的模式，而不必担心最后的换行符。

不过，因为这个正则表达式是在列表上下文中进行运算的，所以如第 8 章所述，它不会像标量上下文中那样返回真假值，而是将被捕获的变量放进列表中。因此，$user 最后会得到 merlyn 这个值，其他变量则依此类推。

循环中的第二条语句只是用来存储 TTY 与日期信息，之所以对（可能是 undef 的）哈希值进行追加，是考虑到同一个用户可能有多次登录的情况（比如这个例子中的 rootbeer）。

用 IPC::System::Simple 执行外部进程

运行外部命令或捕获其输出信息向来是件棘手的活儿，而 Perl 又意在各式平台无缝运行，这些平台又都有自己的工作方式。Paul Fenwick 的 IPC::System::Simple 模块把针对特定系统的复杂操作全都封装到幕后，并提供统一简洁的接口。目前它还不是 Perl 自带的模块，所以你得从 CPAN 下载安装。

这个模块使用起来真的非常简单，好像没什么可多说的。你可以直接用它提供的同名函数取代内置的 system 函数，但幕后的处理更为健壮：

```
use IPC::System::Simple qw(system);

my $tarfile = 'something*wicked.tar';
my @dirs = qw(fred|flintstone <barney&rubble> betty );
system 'tar', 'cvf', $tarfile, @dirs;
```

它还提供了一个 systemx 函数，执行外部命令时不会通过 shell 调用，所以不会碰到 shell 导致的意外状况：

```
systemx 'tar', 'cvf', $tarfile, @dirs;
```

如果要捕获外部命令的输出，只要把 system 或 systemx 改成 capture 和 capturex 就可以了，它们的作用就好像是反引号（但更好些）：

```
my @output = capturex 'tar', 'cvf', $tarfile, @dirs;
```

为了让这些函数能在 Windows 下正常运行，Paul 做了大量工作。除了上面介绍的这些，此模块还能做很多其他事情，具体内容还请参考模块文档。这里不深入介绍的原因是，某些功能涉及我们还没提过的引用的概念，这些知识留到本系列图书的下一本 *Intermediate Perl* 再做讲述。如果你知道如何使用，我们建议你换掉内置的 Perl 函数，改用此模块提供的功能。

通过文件句柄执行外部进程

到目前为止，我们看到的方法都是由 Perl 同步控制子进程：启动一个命令，等它结束，然后也许还会捕获输出。但 Perl 其实也可以启动一个异步运行的子进程，并和它保持通信，直到子进程结束运行为止。

要启动并发运行的子进程，请将命令放在 open 调用的文件名部分，并在它前面或后面加上竖线，也就是管道符号。也有人将这种调用方式叫做"管道式打开（piped open）"。在两个参数的形式中，管道符号安放在要执行的命令的开头或者结尾：

```
open DATE, 'date|' or die "cannot pipe from date: $!";
open MAIL, '|mail merlyn' or die "cannot pipe to mail: $!";
```

第一个例子里的竖线在命令的右边，表示该命令执行时它的标准输出会连接到只读的文件句柄 DATE，就像在 shell 里执行 *date | your_program* 这个命令一样。在第二个例子里，竖线在命令的左边，所以该命令的标准输入会连接到只写的文件句柄 MAIL，就像在 shell 里执行 *your_program | mail merlyn* 这个命令一样。不论竖线在左在右，都会启动一个独立于 Perl 的进程。如果无法创建子进程，open 就会失败。如果命令不存在或没有发生错误而正常结束，在打开时通常不会有错误发生，但是在关闭时却会报错。稍后我们就会遇到这样的状况。

如果 Perl 进程比命令早结束，默认情况下，等待中的读调用会得到文件结束符，而下次写调用会收到"broken pipe"的错误信号。

三个参数的形式看起来有点奇怪，因为就只读文件句柄而言，管道符号写在了命令"占位符"的后面。其实这里定义的是文件句柄打开模式，如果需要只读文件句柄，就用 -|；如果需要只写文件句柄，就用 |-，短划线的位置就好比要执行的命令在管道传递中的位置：

```
open my $date_fh, '-|', 'date' or die "cannot pipe from date: $!";
open my $mail_fh, '|-', 'mail merlyn'
    or die "cannot pipe to mail: $!";
```

使用管道方式的 open 操作还可以使用三个以上的参数。第 4 个及其后的所有参数都将作为要执行的外部命令的参数，所以上面的写法可以拆成下面这种形式：

```
open my $mail_fh, '|-', 'mail', 'merlyn'
    or die "cannot pipe to mail: $!";
```

很遗憾，像这种列表形式的管道式 open 在 Windows 下无法工作。我们只能另外借助特定模块完成类似工作。

不管哪种写法，无论从哪点看，对后续的程序来讲都一样，它不会关心这个文件句柄到底是怎么来的，幕后究竟是一个进程还是文件，只要能和往常一样使用就可以了。所以，如果要从只读的文件句柄读取数据，仍旧使用传统方式：

```
my $now = <$date_fh>;
```

要想发送数据到 *mail* 进程（它此刻正在等待从标准输入读取发送给 merlyn 的邮件正文），只要简单的一句"打印数据到文件句柄"就能完成：

```
print $mail_fh "The time is now $now"; # 假设 $now 以换行符结尾
```

总之，可以假想成这些文件句柄都连接了魔力文件，一个包含了 *date* 命令的输出，另一个可以自动用 *mail* 命令发送邮件。

如果外部进程在连接到某个以读取模式打开的文件句柄后自行退出运行，那么这个文件句柄就会返回文件结束符，就好像已经读完了正常的文件一样。当你关闭用来写入数据到某进程的文件句柄时，该进程会读到文件结束符。所以，要提交邮件并发送，只要关闭这个文件句柄即可：

```
close $mail_fh;
die "mail: nonzero exit of $?" if $?;
```

关闭连接至进程的文件句柄，这会让 Perl 等待该进程结束以取得它的退出状态。退出状态会存入 $? 变量（联想到 Bourne Shell 里的同名变量了吗？），它的值就与 system 函数返回的数值一样：0 表示成功，非 0 值代表失败。每个结束的进程都会覆盖掉前一个返回值，所以，如果你需要这个值，请尽快保存。（如果你好奇的话，$? 变量也会存储前一次 system 或用反引号圈引的命令的退出状态。）

这些进程间的同步方式，就像 shell 中被管道连接的命令一样。如果你试着读取数据，但是没有任何数据输入，进程就会暂停（但不会消耗额外的 CPU 时间），直到送出数据的进程有数据发送为止。同样，如果写入数据的进程超出读取进程的速度，它就会减速运行，直到读取数据的进程赶上为止。进程之间会有缓冲（一般是 8KB 大小），这样可以避免相互锁定。

为什么要用文件句柄的方式来和进程打交道呢？嗯，假如要根据计算的结果来决定写到其他进程的数据，这是唯一简单的做法。可是如果只想读取，除非想在结果出现时立刻取得，否则反引号通常更易于使用。然而如果子进程不时有数据要送给父进程的话，就必须用管道了。

比如 Unix 的 *find* 命令可以依照文件属性来寻找文件位置。但如果文件数目很多的话，会耗费不少时间，尤其是可能要从根目录开始找时。虽然可以将 *find* 命令放在反引号内，但你也可以在每找到一个文件时就立即取得它的名称。这通常是比较好的做法：

```
open my $find_fh, '-|',
  'find', qw( / -atime +90 -size +1000 -print )
    or die "fork: $!";
while (<$find_fh>) {
  chomp;
  printf "%s size %dK last accessed %.2f days ago\n",
    $_, (1023 + -s $_)/1024, -A $_;
}
```

这里的 *find* 命令是要查找那些 90 天内未被存取过的，并且占用空间超过 1 000 个块的大文件，它们非常适合被归档到永久性存储介质中。在 *find* 工作时，Perl 会等待。每找到一个文件，Perl 会对每个传入的文件名作出响应并进一步显示文件的相关信息供分析。如果我们用反引号编写的话，就得等到 *find* 彻底搜完才能看到第一行输出。从任务监控角度来说，往往看到执行的最新进展才能让人放心。

用 fork 开展地下工作

除了之前介绍的高级接口外，Perl 还提供了近乎直接执行 Unix 及某些其他系统的低级进程管理系统调用的能力。如果你从来没有这样做过，不妨略过本节。虽然本章的篇幅不足以详述全部细节，但我们至少先来看看下面这条语句的低级实现：

```
system 'date';
```

如果换用低级系统调用，大致可以写成：

```
defined(my $pid = fork) or die "Cannot fork: $!";
unless ($pid) {
  # 能运行到这里的是子进程
  exec 'date';
  die "cannot exec date: $!";
}
# 能运行到这里的是父进程
waitpid($pid, 0);
```

 Windows 下并不支持 fork 这样的机制，但 Perl 会用近似办法模拟。如果希望使用操作系统本身的进程管理，可以借助 Win32::Process 或其他类似的模块。

这里检查了 fork 的返回值，它在失败时会返回 undef。如果成功了，则下一行开始就会有两个不同的进程在运行。因为只有父进程中返回的 $pid 不是 0，所以只有子进程才会执行条件语句块中的 exec 函数。父进程会略过该部分，直接执行 waitpid 函数，并在那里一直等待，直到它派生出的子进程结束（在此期间，若是其他的子进程结束执行，则会被忽略掉）。如果这些听起来像天书的话，没关系，继续使用 system 函数，你不会被朋友耻笑的。

虽说麻烦，但程序员也获得了最大控制权，可以创建任意管道、对文件句柄进行处理，也可以进一步了解子进程 ID 和父进程 ID 。但对本章来说，这些细节还是太过复杂，想要深入了解请参阅 perlipc 文档，或者阅读详细谈论系统编程的书籍。

发送及接收信号

Unix 信号是发送给进程的一条简短消息。信号无法作详尽说明，它就像汽车喇叭声一样：嗽叭声对你而言，可能代表"小心！桥断了""绿灯啦！快走""快停下！车顶上有个小孩"，或是"hello, world"。好在 Unix 信号比这些都要简单好理解一些，因为针对不同的情况会有不同的信号。虽然情况不完全相同，但大体近似。这些信号有：SIGHUP、SIGCONT、SIGINT 以及虚拟的零信号 SIGZERO（信号编号 0）。

Windows 实现的是 POSIX 信号体系的一个子集，所以有些东西可能会不太一样。

信号会用不同的名称相互区分（像 SIGINT 就代表中断信号），另外还有一个相应的整数也可用来识别（它的取值范围从 1 到 16、1 到 32 或 1 到 63，依你的 Unix 系统而定）。通常某个重大事件发生时就会发出信号，比如在终端上按下 Ctrl+C 这样的中断组合键，就会给与此终端相连的所有进程发送 SIGINT 信号。某些信号可能是由系统自动发送的，但也可能来自别的进程。

我们可以从 Perl 进程发送信号给别的进程，但得先知道目标进程的编号。要说明如何取得进程编号可能有点复杂，不过如果已经知道要发送 SIGINT 信号给进程 4201，而且我们知道 SIGINT 对应的编号是 2，那么做法简单明了：

```
kill 2, 4201 or die "Cannot signal 4201 with SIGINT: $!";
```

发送信号的命令之所以取名为"kill"，是因为发送信号的主要目的之一就是中止运行了太久的进程。你也可以用字符串 'INT' 代替 2，所以无需记住信号编号：

```
kill 'INT', 4201 or die "Cannot signal 4201 with SIGINT: $!";
```

你还可以使用 => 操作符，这样信号名称就会自动作为裸字字符串：

```
kill INT => 4201 or die "Cannot signal 4201 with SIGINT: $!";
```

在 Unix 系统上，可以执行 *kill* 命令（不是 Perl 内置的）在信号名称和编号之间进行
转换：

```
$ kill -l 2
INT
```

或者，给它信号名称，让它反过来给你信号编号：

```
$ kill -l INT
2
```

如果 -l 参数后不加任何参数，则列出所有信号名称和编号：

```
$ kill -l
 1) SIGHUP      2) SIGINT      3) SIGQUIT     4) SIGILL
 5) SIGTRAP     6) SIGABRT     7) SIGEMT      8) SIGFPE
 9) SIGKILL    10) SIGBUS     11) SIGSEGV    12) SIGSYS
13) SIGPIPE    14) SIGALRM    15) SIGTERM    16) SIGURG
17) SIGSTOP    18) SIGTSTP    19) SIGCONT    20) SIGCHLD
21) SIGTTIN    22) SIGTTOU    23) SIGIO      24) SIGXCPU
25) SIGXFSZ    26) SIGVTALRM  27) SIGPROF    28) SIGWINCH
29) SIGINFO    30) SIGUSR1    31) SIGUSR2
```

如果要中断的进程早已退出，或者是别人启动的进程，就会得到表示错误的返回值。

我们可以借助这点来判断某个进程是否还活着。有一个特殊的信号，编号为 0，它的
意思是：“只是检查一下是否可以向这个进程发送信号，但我现在不想发信号给它，
所以不要真的发送任何东西去叨扰它。”所以进程探针的写法如下：

```
unless (kill 0, $pid) {
  warn "$pid has gone away!";
}
```

捕获信号好像比发送信号要有趣些。你为什么会想要这么做呢？假设你有一个程序会
在 */tmp* 目录里创建文件。正常情况下，程序结束前就会删除这些文件。如果有人在
程序运行时按下 Ctrl+C，就会在 */tmp* 目录里留下垃圾，而这是很不礼貌的事情。要
解决这个问题，可以创建一个负责清理的信号处理程序：

```
my $temp_directory = "/tmp/myprog.$$"; # 在这个目录下创建文件
mkdir $temp_directory, 0700 or die "Cannot create $temp_directory: $!";
```

```
sub clean_up {
  unlink glob "$temp_directory/*";
  rmdir $temp_directory;
}

sub my_int_handler {
  &clean_up();
  die "interrupted, exiting...\n";
}

$SIG{'INT'} = 'my_int_handler';
...;
  # 此处是某些无关信号工作的代码
  # 时间流逝，程序在运行着，在临时目录中创建一些
  # 临时文件，但有人按下了 Ctrl+C 意图中断
...;
  # 如果没有收到中断，将会运行到此处，完成善后清理工作
&clean_up();
```

 随 Perl 一同发布的 File::Temp 模块可以自动清理它所创建的临时文件或目录。

对特殊哈希 %SIG 赋值就能设置收到信号时自动调用的善后子程序。哈希键是信号名称（注意，不用写固定的 SIG 前缀），哈希值是子程序名（注意，不需要 &）。现在只要收到 SIGINT 信号，Perl 就会暂停手上的事务并立刻执行信号处理子程序。这里子程序会清理临时文件并退出。（当然，即使没有按 Ctrl+C，也还是会在正常程序执行末尾调用 &clean_up()。）

假如信号处理子程序没有退出而是直接返回，那么程序会从先前中断的地方继续执行。如果该信号只是要中断并处理某些事情，而不是停止整个程序的话，这可能是有用的。举例来说，假设处理文件里的每行都慢到要花几秒钟的时间，而你想要在收到信号时停止处理，却不想让进行中的这一行中断，这时，只要在信号处理子程序中设定一个标记，然后在每行处理结束时检查它即可：

```
my $int_$flag = 0;
$SIG{'INT'} = 'my_int_handler';
sub my_int_handler { $int_flag = 1; }

while( ... 处理某些事务 .. ) {
  last if $int_flag;
  ...
}

exit();
```

大部分时候，Perl 会一直等到安全妥当的时机，才会动手处理进来的信号。比如 Perl 在分配内存和调整内部数据结构的阶段是不会理睬大多数的信号的。但 Perl 会立即处理 SIGILL、SIGBUS以及 SIGSEGV 这些信号，所以对程序运行而言，这些信号可能会造成不安因素。请参阅 perlipc 文档。

习题

以下习题答案参见第 336 页上的"第 15 章习题解答"一节：

1. [6] 写一个程序，让它进入某个特定（硬编码的）目录，比如系统根目录，然后执行 *ls -l* 命令获得该目录内容的详细报告。（如果你使用非 Unix 的系统，请使用该系统上相应的命令来取得详细的目录列表。）

2. [10] 修改前面的程序，让它将命令的输出送到当前目录下的 *ls.out* 文件，错误输出则送到 *ls.err* 文件。（请不必对结果文件为空的情况做任何特别处理）。

3. [8] 写一个程序，用它解析 *date* 命令的输出并判断今天是星期几。如果是工作日，输出 get to work，否则输出 go play。*date* 命令的输出中，星期一是用 Mon 来表示的。如果你因使用非 Unix 系统而没有 *date* 命令，那就做一个假的小程序，只要输出像 *date* 命令的输出结果即可。如果你保证不问下面两行小程序的原理，我们就无偿奉上：

   ```
   #!/usr/bin/perl
   print localtime( ) . "\n";
   ```

4. [15] （仅限于 Unix 系统）写一个无限循环程序，能捕获信号并输出之前收到过该信号的次数。如果收到 INT 信号就退出程序。如果可以在命令行使用 *kill* 命令，可以像下面这样发送特定信号：

   ```
   $ kill -USR1 12345
   ```

   如果你没法使用命令行工具 *kill*，那就写一个辅助程序发送信号。实际上用 Perl 的单行程序就能做到：

   ```
   $ perl -e 'kill HUP =  12345'>
   ```

## 第16章

高级Perl技巧

到目前为止，我们已经介绍了 Perl 语言的核心概念，也就是每个 Perl 用户都要必知必会的东西。此外还有些技术技巧，它们虽然并非必知必会的，但价值不菲。我们把它们当中最重要的那些收编到本章。读完本章后，你差不多就可以开始阅读 *Intermediate Perl*，进入 Perl 学习的下一个阶段。

不要被本章标题吓到，这些技巧并非特别难懂。我们所谓的"高级"，只是从初学者的角度来说。所以第一次阅读本书的时候，为了尽快上手实践 Perl，可以先跳过本章，过一两个月后，再回来带着问题继续学。就把这一章想象为超级脚注好了。

切片

我们往往只需要处理列表中的少量元素。假设 Bedrock 图书馆用一个大文件来存放借阅者信息，文件中的每一行都描述了一个读者，用 6 个字段（冒号作为分隔符）分别描述借阅者姓名、借书证号码、住址、住宅电话、工作电话和当前借阅数量。文件内容类似于：

```
fred flintstone:2168:301 Cobblestone Way:555-1212:555-2121:3
barney rubble:709918:299 Cobblestone Way:555-3333:555-3438:0
```

图书馆的某个应用程序只需要借书证号码和借阅数量，不关心其他数据。所以可以这样来获取需要的两个字段：

```
while (<$fh>) {
  chomp;
  my @items = split /:/;
  my($card_num, $count) = ($items[1], $items[5]);
```

```
    ...    # 现在可以用这两个变量来继续工作
    }
```

但 @items 数组不会有其他用处，看来是一种浪费。也许用一组标量来容纳 split 的结果会更好些：

```
    my($name, $card_num, $addr, $home, $work, $count) = split /:/;
```

好的，这确实避免了引入导致浪费的数组 @items，但我们现在又多出来 4 个不需要的标量。有人图方便，将这种占位变量命名为 $dummy_1，表示 split 出来的此位置上的元素是无用的。但 Larry 觉得这么做太麻烦，因此他引入了一种特殊的 undef 写法。如果被赋值的列表中含有 undef 的话，就干脆忽略源列表中的相应元素：

```
    my(undef, $card_num, undef, undef, undef, $count) = split /:/;
```

这不是更好么？应该说这样确实避免了引入不需要的变量，但问题是要弄清 undef 的数量，才能正确获取 $count。如果列表元素数量稍微多些，这就变得很麻烦。若要获取 stat 结果中的 mtime 值则必须写出如下的代码：

```
    my(undef, undef, undef, undef, undef, undef, undef,
      undef, undef, $mtime) = stat $some_file;
```

如果弄错了 undef 的数量，就可能错误地获得 atime 或者 ctime 的值，这会是一个很难发现的 bug。更好的办法是：Perl 可以像索引数组一样来索引列表，这就是所谓的列表切片（list slice）。这里，因为 mtime 是 stat 所返回列表的 9 号元素，可以通过下标来获取它：

```
    my $mtime = (stat $some_file)[9];
```

 其实这是第 10 个元素，但索引号为 9，因为第一个元素的索引是 0。这和数组索引号从 0 开始是一样的。参阅 perlfunc 文档，列表数字对应的意义已经给出，你不用自己再计数定位。

这里 stat 周围的圆括号是必需的，因为需要用它们产生列表上下文。如果你像下面这样写，就不会正常工作：

```
    my $mtime = stat($some_file)[9];    # 语法错误!
```

列表切片必须有以一对圆括号括起的列表，后面跟上由方括号括起的下标表达式。但函数为了引入参数而使用的函数圆括号除外。

回到 Bedrock 图书馆的例子，需要处理的列表是 split 的返回值。我们用下标 1 和 5 检索相应字段：

```
my $card_num = (split /:/)[1];
my $count = (split /:/)[5];
```

像这样在标量上下文中检索（每次取一个列表元素）也不错，但如果能避免两次调用 split，就会更加简单高效。因此让我们在列表上下文中使用列表切片一次取得两个值：

```
my($card_num, $count) = (split /:/)[1, 5];
```

这里用下标 1 和 5 来检索列表内容，返回一个有两个元素的列表。然后我们把结果赋值给两个 my 变量，这恰好是我们所期望的：一次切片成型，并轻松对两个变量赋值。

切片常常是从列表中读取少量值的最简单方法。下面的例子中我们从列表中取出第一个和最后一个值，借助下标 -1 代表最后一个元素这一事实：

```
my($first, $last) = (sort @names)[0, -1];
```

这种取得列表最小值和最大值的做法有些绕圈子，但本章的重点不是排序。更便捷的方式是用 List::Util 模块提供的函数，直接取得最小值和最大值。

切片下标可以是任意顺序的，也可重复。下面这个例子是从 10 个元素的列表中找出 5 个位置上的元素：

```
my @names = qw{ zero one two three four five six seven eight nine };
my @numbers = ( @names )[ 9, 0, 2, 1, 0 ];
print "Bedrock @numbers\n";  # 打印：Bedrock nine zero two one zero
```

数组切片

前面的例子还可以进一步简化。在进行数组切片而不是列表切片时，圆括号并非必需的。所以我们可以这样进行切片：

```
my @numbers = @names[ 9, 0, 2, 1, 0 ];
```

省略圆括号并非简写，其实是一种存取数组元素的不同写法：数组切片（array slice）。我们曾经在第 3 章中提到 @names 前面的 @ 符号表示取出"所有元素"。其实从语言学角度来看，它更像是一种复数标志，非常类似英文"cats"和"dogs"后面的字母"s"。在 Perl 中 $ 符号意味着一个东西，而 @ 符号意味着一组东西。

切片总是一个列表，所以数组切片总是使用一个 @ 符号来标识。当你看见类似 @names[...] 这样的写法时，需要以 Perl 的习惯来看开头的符号和后面的方括号。方括号意味着你要检索数组成员，@ 符号则意味着获取的是整个列表，而 $ 符号意味着获取单个元素。请参考图 16-1。

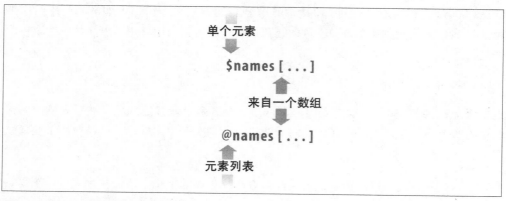

图16-1：数组切片和单个元素的区别

变量引用之前的符号（$ 或 @）决定了下标表达式的上下文。如果前面有个 $，下标表达式就会在标量上下文中运算并得到单一索引值。但如果之前有个 @ 的话，下标表达式就会在列表上下文中运算，从而得到索引列表。

这里看到的 @names[2, 5] 和 ($names[2], $names[5]) 有同样的含义。因此如果希望得到一组值，就可以用数组切片的写法。任何需要列表的地方都可以替换成更简单的数组切片。

但有一个切片可以工作但列表却不行的场景，那就是字符串内插：

```
my @names = qw{ zero one two three four five six seven eight nine };
print "Bedrock @names[ 9, 0, 2, 1, 0 ]\n";
```

如果我们想要内插 @names，就会得到数组所有成员构成的字符串，元素之间用空格隔开。如果我们要内插的是 @names[9, 0, 2, 1, 0]，就会得到指定元素构成的字符串，同样用空格隔开。让我们回到 Bedrock 图书馆的例子，假设我们的程序需要修改借阅者Slate 先生的地址和电话号码，因为他刚刚搬到了 Hollyrock 山庄的新家。如果我们在 @items 中有一个关于他的信息列表，那么就可以按如下方式简单地修改数组中的那两个元素：

```
my $new_home_phone = "555-6099";
my $new_address = "99380 Red Rock West";
@items[2, 3] = ($new_address, $new_home_phone);
```

和前面一样，数组切片可以用更简洁的方式来表示一系列元素。在这个例子里，最后一行程序代码其实就是赋值给 ($items[2], $items[3])，但更简洁高效。

哈希切片

和数组切片相似，对哈希成员也可以用哈希切片（hash slice）的方式进行检索。还记得三个选手的保龄球积分么？它们存放在 %score 哈希中。我们可以用哈希元素所构成的列表来取出这些积分，或者使用切片。这两个技巧实际上效果相当，但第二种做法更加简洁高效：

```
my @three_scores = ($score{"barney"}, $score{"fred"}, $score{"dino"});
my @three_scores = @score{ qw/ barney fred dino/ };
```

切片一定是列表，因此哈希切片也是用 @ 符号来表示。不管你是否认为我们啰嗦，我们就是想强调哈希切片和数组切片是类似的。如果看到类似 @score{ ... } 这样的代码，你需要以 Perl 的习惯来看开头的符号和后面的花括号。花括号意味着你要检索一个哈希，@ 意味着获取的是整个列表，而 $ 代表的是单个元素。请参考图 16-2 。

图16-2：哈希切片和单个元素的区别

如同我们在数组切片中所见，变量引用前的符号（可能是 $ 或 @）决定了下标表达式的上下文。如果前置 $ ，下标表达式就会在标量上下文中运算并返回单一键值。但如果前置 @ 符号，下标表达式就会在列表上下文中运算并返回一组键值。

这里自然会有人问，为什么提到哈希时并没有用百分号（ % ）？因为百分号表示整个哈希，哈希切片（就像其他切片一样）本质上是列表而不是哈希。在 Perl 中，$ 代表单个东西，@ 代表一组东西，而% 代表一整个哈希。

如同我们在数组切片中所见，在 Perl 的任何地方，你都可以使用哈希切片来代表哈希里相应的元素。下面的程序可以将这些选手的保龄球分数存入哈希，不必担心意外修改哈希中的其他元素：

```
my @players = qw/ barney fred dino /;
my @bowling_scores = (195, 205, 30);
@score{ @players } = @bowling_scores;
```

最后一行所做的事相当于对($score{"barney"}, $score{"fred"}, $score{"dino"})这个具有三个元素的列表进行赋值。

哈希切片也可以被内插进字符串。下面的例子会输出我们关注的保龄球选手的积分：

```
print "Tonight's players were: @players\n";
print "Their scores were: @score{@players}\n";
```

键-值对切片

Perl 5.20 开始引入了键-值对切片的概念，可一次取出多个键-值对。在此之前，在一个哈希切片中，我们会得到一组值：

```
my @values = @score{@players};
```

哈希名字前所使用的@表示我们需要返回一组值，这组值最后保存到数组@values内。如果要同步提取对应的键，还要额外再配对成新的哈希：

```
my %new_hash;
@new_hash{ @players } = @values;
```

或者用本章后续会介绍的 map 函数配对：

```
my %new_hash = map { $_ => $score{$_} } @players;
```

如果这就是你想要的结果，Perl 5.20 为此提供了新式语法，开头换作 % 来表示返回新的哈希：

```
use v5.20;

my %new_hash = %score{@players};
```

记住，这里变量名前的符号并非表示变量类型，我们只是用它指定提取数据的方式。这里的 % 表示按照哈希键-值对的方式返回，从而构造出一个新的分片后的哈希。

对数组也可以这么做。把数组下标当作哈希键返回：

```
my %first_last_scores = %bowling_scores[0,-1];
```

这里对数组变量使用 % 的意图已经非常清楚了。之所以我们能看出这是对数组变量的操作，是因为它后面使用 [ ] 来作为下标括号。

捕获错误

程序写出来往往会碰到各种意外，甚至无法正常工作，我们希望能在停止运行前知道究竟是什么原因导致的。其实，对错误的处理是编程工作中不可或缺的重头戏，虽然有关这方面的内容我们可以写上整整一本书，不过这里作为入门，还是先作一些粗略的介绍。如果有兴趣，可以阅读本系列的第三本书 *Mastering Perl*，我们会对 Perl 里面的错误处理做更为深入的解说。

eval 的使用

有时看上去平淡无奇的代码却能导致严重错误。以下这些比较典型的错误语句都能让程序崩溃：

```
my $barney = $fred / $dino;        # 除零错误？

my $wilma = '[abc';
print "match\n" if /\A($wilma)/;  # 非法的正则表达式？

open my $caveman, '<', $fred       # 用户提供的数据错误？
  or die "Can't open file '$fred' for input: $!";
```

有些错误比较容易看出来，有些则比较难，要把所有错误都指出来就更难了。比如上面的例子中，你要如何检查字符串 $wilma 才能确保它引入的正则表达式合法呢？好在 Perl 提供了简单的方式来捕获代码运行时可能出现的严重错误，即使用 eval 块：

```
eval { $barney = $fred / $dino };
```

现在即使 $dino 是 0，这一行也不致于让程序崩溃。只要 eval 发现在它的控制范围内出现致命错误，就会立即停止运行整个块，退出后继续运行后面的代码。注意，eval 块的末尾有一个分号。实际上，eval 只是一个表达式，而不是类似于 while 或 foreach 那样的控制结构，所以在要控制的语句块末尾必须写上分号。

eval 的返回值就是语句块中最后一个表达式的运行结果，这一点和子程序相同。所以，我们可以把语句块最后的 $barney 从 eval 里拿出来，将 eval 表达式的运行结果赋值给它。这样，声明的 $barney 变量就位于 eval 外部，便于后续使用：

```
my $barney = eval { $fred / $dino };
```

如果 eval 捕获到了错误，那么整个语句块将返回 undef。所以，你可以利用定义或操作符（//）对最终的变量设定默认值，比如 NaN（表示"Not a Number"，非数字）：

```
use v5.10;
my $barney = eval { $fred / $dino } // 'NaN';
```

当运行的 eval 块内出现致命错误时，停下来的只是这个语句块，整个程序不会崩溃。

当 eval 结束时，我们需要判断是否一切正常。如果捕获到致命错误，eval 会返回 undef，并在特殊变量 $@ 中放入错误消息，比如：Illegal division by zero at my_program line 12。如果没有错误发生，$@ 就是空的。当然，这时候通过检查 $@ 取值的真假就可以判断是否有错误发生，有错误则为真。所以，我们常常会看到 eval 语句块之后立即跟上这样一段检测代码：

```
use v5.10;
my $barney = eval { $fred / $dino } // 'NaN';
print "I couldn't divide by \$dino: $@" if $@;
```

也可以通过检查返回值来判断，只要正常工作时能返回真值就可以了。不过，其实你最好用下面这种写法，如果可以的话：

```
unless( defined eval { $fred / $dino } ) {
    print "I couldn't divide by \$dino: $@" if $@;
}
```

有时候你想测试的部分即使成功了也并没有什么有意义的返回值，所以得另外构造一个有返回值的代码块。如果 eval 捕捉到了错误，就不会执行最后一条语句，也就是单个数字形式的表达式 1：

```
unless( eval { some_sub(); 1 } ) {
    print "I couldn't divide by \$dino: $@" if $@;
}
```

在列表上下文中，捕捉到错误的 eval 会返回空列表。下面这行代码中，如果 eval 失败的话，@averages 最终只会得到两个值，因为 eval 返回的是空列表，等于不存在：

```
my @averages = ( 2/3, eval { $fred / $dino }, 22/7 );
```

eval 块和其他语句块一样，所以可以设定其中变量的作用域。所以它会对用 my 声明的词法变量圈定作用域，块内的语句数目不限，只要你需要，多少都可以。比如下面这个 eval 块对多处潜在的致命错误作了事先防范：

```
foreach my $person (qw/ fred wilma betty barney dino pebbles /) {
  eval {
    open my $fh, '<', $person
      or die "Can't open file '$person': $!";

    my($total, $count);

    while (<$fh>) {
      $total += $_;
      $count++;
    }

    my $average = $total/$count;
    print "Average for file $person was $average\n";

    &do_something($person, $average);
  };

  if ($@) {
    print "An error occurred ($@), continuing\n";
  }
}
```

这段程序中的 eval 能捕获多少致命错误？如果打开文件时出错，你会捉到它。计算平均值的时候如果除以 0，也会捉到。现在就算出现这些错误，我们都不用担心程序会停下来。eval 还监控对名为 &do_something 的子程序的调用，不管里面在做什么，只要出现致命错误，一样被控制起来。这个功能非常贴心，我们常常会用到其他人写的子程序，对于其中细节完全没有概念，但又不想因为它而导致程序崩溃。有些人故意使用 die 抛出错误消息，这样外部使用者就可以通过 eval 捕获错误并做适当处理。这部分内容我们马上就会介绍。

如果在处理 foreach 提供的列表中的某个文件时发生错误，你会得到错误消息，但程序会继续处理下一个文件而没有更多抱怨。

你甚至可以把 eval 块嵌套在另一个 eval 块里面，Perl 不会搞糊涂的。内层的 eval 负责捕获它自己块中的错误，不会把错误泄露到外层块中。当然，在内层 eval 执行完毕后，如果它捉到错误并用 die 报告的话，外层的 eval 就会捉到这个错误报告。我们可以修改上面的代码，把除以 0 错误放在内层块中单独捕获：

```
foreach my $person (qw/ fred wilma betty barney dino pebbles /) {
  eval {
    open my $fh, '<', $person
      or die "Can't open file '$person': $!";

    my($total, $count);

    while (<$fh>) {
```

```
        $total += $_;
        $count++;
    }

    my $average = eval { $total/$count } // 'NaN'; # 内层 eval
    print "Average for file $person was $average\n";

    &do_something($person, $average);
};

if ($@) {
    print "An error occurred ($@), continuing\n";
}
}
```

有 4 种类型的错误是 eval 无法捕获的。第一种是出现在源代码中的语法错误，比如没有匹配的引号，忘写分号，漏写操作符，或者非法的正则表达式等等：

```
eval {
    print "There is a mismatched quote';
    my $sum = 42 +;
    /[abc/
    print "Final output\n";
    };
```

perl 解释器的编译器会在解析源代码时捕获这类错误并在运行程序前停下来。而 eval 仅仅能捕获 Perl 运行时出现的错误。

第二种是让 perl 解释器本身崩溃的错误，比如内存溢出或者收到无法接管的信号。这类错误会让 perl 意外终止运行，既然它已经退出运行了，自然无法用 eval 捕获错误。如果对此感兴趣，请参阅 perldiag 文档中带有 (X) 代码的错误清单。

第三种 eval 块无法捕获的错误是警告，不管是由用户发出的（通过 warn 函数），还是 Perl 自己内部发出的（通过打开 -w 这个命令行选项，或者使用 use warnings 编译指令）。要让 eval 捕获警告有专门的一套机制，请参考 perlvar 文档中有关 __WARN__ 伪信号的内容。

最后一种其实也不算是错误，不过放在这里提一下比较合适。exit 操作符会立即终止程序运行，就算从 eval 块内的子程序调用它也会立即终止。我们每次需要执行 exit 的时候，就是希望它立即让程序终止运行，这可没什么好多考虑的，eval 自然也不会阻止你这样做。

这里，我们还要提醒一下使用 eval 不当而造成危险的情况。实际上，你经常会听别人说，为了安全不要在程序里用 eval。从某种意义上说，他们的意见是正确的，只有在相当关注安全时，才应该使用 eval。不过其实他们所说的只是 eval 的另一种用法，即称为"eval 字符串"的用法。这种形式的 eval 会把拿来的字符串直接当作 Perl 源代码编译，然后执行，这就好比你手工在程序里键入这段代码。请看下面的例子，任何出现在字符串中的东西都会被当作 Perl 代码来解释执行：

```perl
my $operator = 'unlink';
eval "$operator \@files;";
```

如果关键字 eval 后面紧跟的是花括号围起来的代码块，正如本节绝大多数例子那样，就无需担心——它们是安全的 eval 用法。

更高级的错误处理

每种语言都有一套自己处理错误的方式，但大多有一个称为异常（exception）的概念。具体来说，就是尝试运行某段程序，如果出现错误就抛出（throw）异常，然后等待后续负责接管处理（catch）这类异常的代码做相应处理。在 Perl 里面最基本的做法是，用 die 抛出异常，然后用 eval 接管处理。我们可以通过识别保存在 $@ 里面的错误消息来判断究竟出了什么问题：

```perl
eval {
  ...;
  die "An unexpected exception message" if $unexpected;
  die "Bad denominator" if $dino == 0;
  $barney = $fred / $dino;
  }
if ( $@ =~ /unexpected/ ) {
  ...;
  }
elsif( $@ =~ /denominator/ ) {
  ...;
  }
```

不过这类代码有诸多弊端，最明显的就是 $@ 变量的动态作用域问题了。简单来说，由于 $@ 是一个特殊变量，而你所写的 eval 也许会被包含在另一个高层的 eval 里面（很有可能你对此一无所知），那就需要确保这里出现的错误和高层出现的错误不相混淆：

我们在这里使用了 local 语法，虽然我们从未讲解过。大体上，local 能在程序中的任何地方替换变量的值，直到作用域结束。在作用域的末尾，变量能恢复其原始值。

```perl
{
local $@; # 不和高层错误相混淆
```

```
eval {
  ...;
  die "An unexpected exception message" if $unexpected;
  die "Bad denominator" if $dino == 0;
  $barney = $fred / $dino;
  };
if ( $@ =~ /unexpected/ ) {
  ...;
  }
elsif( $@ =~ /denominator/ ) {
  ...;
  }
}
```

这还不是全部，像这样比较微妙的问题很容易导致错误。Try::Tiny 模块帮你解决大部分这类问题（如果你想了解到底有哪些问题，请参阅它的文档）。该模块并未包含在标准模块库当中，所以你得自己从 CPAN 下载安装。基本用法如下：

```
use Try::Tiny;

try {
  ...; # 某些可能会抛出异常的代码
  }
catch {
  ...; # 某些处理异常的代码
  }
finally {
  ...;
  }
```

这里 try 的作用就好比是之前看到的 eval 语句。只有当出现错误时，才会运行该结构中 catch 块的部分。并且，不管是否出错，最终都会运行 finally 块中的内容，以便实施清理工作。其实我们也可以省略 catch 或 finally 块，单单用 try 容错并直接忽略出现的错误：

```
my $barney = try { $fred / $dino };
```

我们可以用 catch 处理错误。为了避免混淆 $@，Try::Tiny 把错误消息放到了默认变量 $_ 里。当然，你还是能够访问 $@ 的，只不过我们用 Try::Tiny 的目的之一就是要规避 $@ 带来的潜在干扰：

```
use v5.10;

my $barney =
  try { $fred / $dino }
  catch {
    say "Error was $_"; # 不用 $@
    };
```

不管有错没错，都会执行 finally 块里的代码。如果 @_ 参数有内容，就说明之前出现错误：

```
use v5.10;

my $barney =
  try { $fred / $dino }
  catch {
    say "Error was $_"; # 不用 $@
    }
  finally {
    say @_ ? 'There was an error' : 'Everything worked';
    };
```

用 grep 筛选列表

有时候你可能希望选出列表中的部分成员，比如选出奇数，或者筛选文件中提到了 Fred 的行。在这一节你会看到，其实列表中的那些元素只需要用 grep 操作符即可筛选出来。

让我们先试试解决第一个问题，从一大堆数字中挑出奇数。不需引入任何新技术，我们可以这样写：

```
my @odd_numbers;

foreach (1..1000) {
  push @odd_numbers, $_ if $_ % 2;
}
```

这段代码用了取余操作符 %，我们之前在第 2 章介绍过这个操作符。如果收到一个偶数，它对 2 取余会得到 0，也就是假。而奇数会得到 1，也就是真，因此只有奇数会被 push 到数组 @odd_numbers 中。

其实这段代码并没什么问题，只是不够简练高效。既然 Perl 提供了 grep 操作符，何不用它实现过滤功能：

```
my @odd_numbers = grep { $_ % 2 } 1..1000;
```

这么简短的代码得到的是一个包含 500 个奇数的列表。它是如何做到的呢？grep 的第一个参数是代码块，其中的占位变量是 $_，代码块对列表的每个元素进行计算并返回真或假值。而代码块之后的参数则是将要被筛选的元素列表。grep 操作符对列表的每个元素算出代码块的值，好像之前版本的 foreach 循环做的那样。代码块计算结果为逻辑真的那些元素将会出现在 grep 操作符返回的列表中。

在 grep 运行过程中，$_ 会轮流成为列表中每个元素的化名。这和之前看到的 foreach 循环是一样的。因此，如果在 grep 表达式中修改 $_ 的内容也会破坏原始数据。

grep 操作符和一个经典 Unix 工具同名，这个工具会使用正则表达式从文件中找出匹配成功的行。这个任务也能用 Perl 的 grep 完成，并且威力更强大些。现在我们从一个文件中取出包含 fred 的行：

```
my @matching_lines = grep { /\bfred\b/i } <$fh>;
```

grep 还有一个更为简单的写法。如果条件判断只是一个简单的表达式，而不是整个代码块，那么只要在这个表达式后面用逗号结束就可以了。下面就是刚才例子的简化版本：

```
my @matching_lines = grep /\bfred\b/i, <$fh>;
```

grep 操作符在标量上下文中返回的是符合过滤条件的元素个数。在只需要统计文件中符合特定条件的行的数量而不必关心每行内容的时候，就可以采取这种用法。原本我们会先提取符合条件的行存到 @matching_lines 数组，然后再行统计：

```
my @matching_lines = grep /\bfred\b/i, <$fh>;
my $line_count = @matching_lines;
```

现在完全可以跳过保存中间数组的过程（也就不必创建数组并分配内存），直接通过标量上下文赋值操作实现：

```
my $line_count = grep /\bfred\b/i, <$fh>;
```

用 map 把列表数据变形

除了过滤器之外，对于列表还有一项经常要做的工作，那就是把列表数据变形。举个例子，假设有一堆数字需要格式化成"金额数字"输出，就像第 14 章里面 &big_money 子程序的做法那样。你不应该修改原始数据，你需要的是用于输出的列表的修改副本。下面是传统做法：

```
my @data = (4.75, 1.5, 2, 1234, 6.9456, 12345678.9, 29.95);
my @formatted_data;

foreach (@data) {
  push @formatted_data, big_money($_);
}
```

这段代码和 grep 那节开头的代码看起来很像, 不是吗? 所以, 如果把它改写成类似 grep 示例的版本应该不会太叫人惊奇:

```
my @data = (4.75, 1.5, 2, 1234, 6.9456, 12345678.9, 29.95);

my @formatted_data = map { big_money($_) } @data;
```

map 操作符和 grep 非常相似, 因为它们有同样的参数: 一个使用 $_ 的代码块和一个待处理的列表。而且它们的工作模式也非常相似, 为每个列表成员执行一次代码块, 在代码块中用 $_ 这个别名迭代原始列表的每个成员。但 map 使用代码块中最后一个表达式的方式和 grep 不同, 它返回的不是逻辑真假值, 而是该表达式的实际计算结果, 最终返回由一系列这样的结果组成的列表。另一个重要差别是, map 语句块内最后一条表达式是在列表上下文中求值的, 所以每次可以返回一个以上的元素。

任何形式的 grep 或 map 语句都可以改写成 foreach 循环, 但中间需要借助临时数组保存数据。而实际上, 简短版本更为高效, 写起来也更方便。由于 map 或 grep 返回的结果是列表, 所以可以直接把结果传递给其他函数作为参数。下面的例子就是在提示行之后, 每行打印一个"金额数字"的做法:

```
print "The money numbers are:\n",
  map { sprintf("%25s\n", $_) } @formatted_data;
```

当然, 实际上不用临时数组 @formatted_data 也行, 直接从原始数据计算:

```
my @data = (4.75, 1.5, 2, 1234, 6.9456, 12345678.9, 29.95);
print "The money numbers are:\n",
  map { sprintf("%25s\n", big_money($_) ) } @data;
```

和我们在 grep 示例中看到的一样, 我们也可以用更简单的语法实现单条语句的 map 操作。如果列表变形时只需要一个简单表达式, 而不是一整个语句块就能完成的话, 可以直接写上这个表达式, 跟上逗号即可:

```
print "Some powers of two are:\n",
  map "\t" . ( 2 ** $_ ) . "\n", 0..15;
```

更棒的列表工具

Perl 有许多专门用于列表数据处理和计算的模块。毕竟, 许多程序说到底不过是一系列对列表数据的变形罢了。

List::Util 模块包含在标准库中, 它能提供各式高效的常见列表处理工具, 幕后都是用 C 语言实现的。

比如我们想要知道某个列表中是否有元素符合特定条件。我们不必取出所有元素，只要找到第一个符合条件的就可以结束遍历，返回结果。所以这里我们不能用 grep 实现，因为它会对列表进行完整扫描，要是原始列表相当长的话，grep 可能会多做许多无谓的工作：

```
my $first_match;
foreach (@characters) {
  if (/\bPebbles\b/i) {
    $first_match = $_;
    last;
  }
}
```

这样的代码实在太啰嗦，我们可以用 List::Util 提供的 first 子程序完成相同任务：

```
use List::Util qw(first);
my $first_match = first { /\bPebbles\b/i } @characters;
```

在第 4 章的习题中，你创建了一个名为 &total 的子程序，如果早知道 List::Util 的话，就不用费这么多事了：

```
use List::Util qw(sum);
my $total = sum( 1..1000 ); # 得到总和 500500
```

另外，第 4 章中的 &max 子程序也是如此，从列表中选出值最大的那个。这样的功能其实完全不必自己来写，直接用 List::Util 提供的版本就好了：

```
use List::Util qw(max);
my $max = max( 3, 5, 10, 4, 6 );
```

这个 max 只能处理数字，如果要对字符串作判断的话，可以用 maxstr 实现：

```
use List::Util qw(maxstr);
my $max = maxstr( @strings );
```

如果要对列表中的元素随机排序的话，可以用 shuffle 实现洗牌的效果：

```
use List::Util qw(shuffle);
my @shuffled = shuffle(1..1000); # 将列表元素乱序
```

另外还有一个模块，名为 List::MoreUtils，它提供了更多工具。但它不是 Perl 自带的，所以你得自己到 CPAN 下载安装。你可以用它检查列表中是否没有一个元素，或者有任何元素，或者所有元素都符合特定条件。每个这样的列表工具都支持类似 grep 那样的语法：

```
use List::MoreUtils qw(none any all);

if (none { $_ < 0 } @numbers) {
  print "No elements less than 0\n"
} elsif (any { $_ > 50 } @numbers) {
  print "Some elements over 50\n";
} elsif (all { $_ < 10 } @numbers) {
  print "All elements are less than 10\n";
}
```

如果需要对若干组列表同步操作的话，可以用 natatime（*N* at a time，表示 *N* 个一组同时处理）来取出对应位置上的元素：

```
use List::MoreUtils qw(natatime);

my $iterator = natatime 3, @array;
while( my @triad = $iterator->() ) {
  print "Got @triad\n";
}
```

如果要合并两个或多个列表，可以用 mesh 构造一个大型列表，交错填充原始列表中各个位置上的元素，就算其中某个列表的长度比其他的短都可以：

```
use List::MoreUtils qw(mesh);

my @abc = 'a' .. 'z';
my @numbers = 1 .. 20;
my @dinosaurs = qw( dino );

my @large_array = mesh @abc, @numbers, @dinosaurs;
```

这会先取出 @abc 中的第一个元素，然后让它成为 @large_array 中的第一个元素，再取出 @numbers 中的第一个元素并让它成为 @large_array 中接下来的元素，然后按照同样的方式引入 @dinosaurs 中的数据。接着回到 @abc 取出它的下一个元素，以此类推，直到将所有列表中的元素全部取出为止。所以最终放在 @large_array 中的列表的开头几个元素是：

```
 a 1 dino b 2  c 3 ...
```

在输出结果中我们注意到，在 2 和 c 之间有两个空格，好像中间有个消失了的元素。当 mesh 取完某个原始列表中的元素后，再轮到这个列表，就按 undef 处理。所以如果启用警告功能的话，会出现一堆使用未定义数据的警告信息。

List::MoreUtils 里面还有很多有意思的列表处理子程序，在自己实现具体算法之前，不妨先看看它的文档，如果有现成的，直接拿来用。

习题

下列习题解答请参阅第 338 页上的"第 16 章习题解答"一节:

1. [30] 编写程序,从文件中读取一组字符串(每行一个),然后让用户键入模式以便进行字符串匹配。对每一个模式,程序应该说明文件里共有多少字符串匹配成功以及分别是哪些字符串。对于所键入的每个新模式,不应重新读取文件,应该把这些字符串存放在内存里。文件名可以直接写在程序里。假如某个模式不合法(例如:括号不对称),那么程序应该汇报这些错误,并且让用户继续尝试其他模式。假如用户键入的不是模式而是空白行,那么程序就该停止运行。(如果你需要一个充满有趣字符串的文件来进行匹配,那么试试 *sample_text* 这个文件吧。你应该已经从 O'Reilly 的网站下载过这个文件了,下载方式请在前言中查找。)

2. [15] 编写程序,报告当前目录下所有文件的最后访问时间和最后修改时间,并按纪元时间秒数的格式输出。用 `stat` 取文件的时间戳信息,利用列表切片的写法提取这两项内容,然后按照下面的三列形式输出结果:

```
fred.txt      1294145029      1290880566
barney.txt    1294197219      1290810036
betty.txt     1287707076      1274433310
```

3. [15] 修改上题的程序,把时间格式改为 YYYY-MM-DD 的形式。用 `map` 逐个输出,并用 `localtime` 通过列表切片提取纪元时间的年、月、日字段。注意 `localtime` 文档中对它返回的年份和月份数字的说明。最终输出的结果应该和下面类似:

```
fred.txt      2011-10-15      2011-09-28
barney.txt    2011-10-13      2011-08-11
betty.txt     2011-10-15      2010-07-24
```

习题解答

本附录包含前面各章习题的答案。

第 1 章习题解答

1. 这个练习很简单，程序我们已经给你了。你的任务就是让它工作：

    ```
    print "Hello, world!\n";
    ```

    如果你用的是 Perl 5.10 或以上版本，可以试试 say：

    ```
    use v5.10;
    say "Hello, world!";
    ```

    如果希望在命令行尝试而不特地创建程序文件，可以用 -e 开关指定要执行的程序：

    ```
    $ perl -e 'print "Hello, World\n"'
    ```

    另外还有一个开关-l，启用后会自动在输出内容后添加换行符：

    ```
    $ perl -le 'print "Hello, World"'
    ```

    在 Windows 系统上的终端窗口是 *command.exe*（或 *cmd.exe*）启动的，它需要在指定参数时使用双引号：

    ```
    C:> perl -le "print 'Hello, World'"
    ```

对于参数内需要引号引起的部分，为了规避转义带来的麻烦，可以使用一般性的引起操作符：

```
C:> perl -le "print q(Hello, World)"
```

在 Perl 5.10 及更新版本中，可以用 -E 开关启用新特性。下面的写法引入了对 say 的支持：

```
$ perl -E 'say q(Hello, World)'
```

我们并不要求你在命令行采用这样的方式，因为对这些都未曾讲解过。除此之外，还有其他实现方式，请参阅 perlrun 文档中有关命令行开关的完整描述。

2. *perldoc* 命令是随 *perl* 一起安装到操作系统的，你应该可以直接启动。如果确实找不到 *perldoc*，试试看安装另外的安装包。比如 Ubuntu，会专门把它收纳进名叫 perl-doc 的安装包。

3. 这个程序很简单，只要之前一题会做，基本没啥困难：

```
@lines = `perldoc -u -f atan2`;
foreach (@lines) {
  s/\w<([^>]+)>/\U$1/g;
  print;
}
```

第 2 章习题解答

1. 下面是实现方法之一：

```
#!/usr/bin/perl
use warnings;
$pi = 3.141592654;
$circ = 2 * $pi * 12.5;
print "The circumference of a circle of radius 12.5 is $circ.\n";
```

正如你所看到的，此程序以典型的 #! 行开头，你的机器上的 Perl 安装路径可能会有所不同。另外，我们也启用了警告功能。

程序代码正文里的第一行会将 $pi 的值设成我们需要的 π 的值。这种使用常量的做法有许多好处：在 3.141592654 重复出现时，可以节省键入时间；避免在某处使用 3.141592654，却在另一处使用 3.14159 所造成的意外错误；你只需要检查一行程序代码，就可以避免因为不小心键入 3.141952654 而让宇宙飞船飞到别的星球去。

现在的 Perl 允许使用特别的字符表示变量名。如果告诉 Perl 源代码是以Unicode字符编写的，就可以用 π 这个字符作为变量名（参阅附录 C）：

```perl
#!/usr/bin/perl
use utf8;
use warnings;
$π = 3.141592654;
$circ = 2 * $π * 12.5;
print "The circumference of a circle of radius 12.5 is $circ.\n";
```

接下来，我们会计算出圆周长并将它保存到 $circ 中，然后以漂亮的信息将其输出。信息最后面是换行符，因为只要是合格的程序，每行的输出都该以换行符做结尾。如果没有换行符，则视 shell 的提示符而定，输出结果可能会变成这样：

```
The circumference of a circle of radius 12.5 is 78.53981635.bash-2.01$
```

既然圆周长不应该是 78.53981635.bash-2.01$，那么这应该算是程序的 bug。因此，请务必在每一行输出的结尾加上 \n。

2. 下面是实现方法之一：

```perl
#!/usr/bin/perl
use warnings;
$pi = 3.141592654;
print "What is the radius? ";
chomp($radius = <STDIN>);
$circ = 2 * $pi * $radius;
print "The circumference of a circle of radius $radius is $circ.\n";
```

此程序和前一题的类似，不过这次我们提示用户键入半径长度，然后用 $radius（半径）代替前一题里的硬编码值 12.5。事实上，如果在写第一题的程序时能够考虑更周全，当时我们也应该使用 $radius 这个变量。要注意的是，我们对输入值使用了 chomp，就算不这么做，上面的算式依然有效，因为 "12.5\n" 之类的字符串会自动转换成数字 12.5。但当我们要输出信息时，它看起来就会像这样：

```
The circumference of a circle of radius 12.5
 is 78.53981635.
```

我们发现，即使之前已经将$radius当成数字使用，但换行符还是会留在里面。因为print语句中的 $radius 和 is 中间有空格，所以输出的第二行开头也有空格。这个例子告诉我们，除非有特殊原因，否则请一律对输入值进行chomp 处理。

3. 下面是实现方法之一：

```
#!/usr/bin/perl
use warnings;
$pi = 3.141592654;
print "What is the radius? ";
chomp($radius = <STDIN>);
$circ = 2 * $pi * $radius;
if ($radius < 0) {
  $circ = 0;
}
print "The circumference of a circle of radius $radius is $circ.\n";
```

在这里我们进一步检查了有问题的半径值。即使所输入的半径值不合理，程序至少也不会返回负的圆周长。你也可以先将半径设成 0，再计算它的圆周长。办法不止一种。事实上，"办法不止一种（There is More Than One Way To Do It!）"是 Perl 的座右铭。每道习题的解答都以"下面是实现方法之一"开头，道理就在此。

4. 下面是实现方法之一：

```
print "Enter first number: ";
chomp($one = <STDIN>);
print "Enter second number: ";
chomp($two = <STDIN>);
$result = $one * $two;
print "The result is $result.\n";
```

要注意的是，这个解答里省略了 #! 那行。事实上，接下来我们一律假设你已经知道它的存在，所以不用每次都重复提它。

上面的变量名称也许取得不太好。在长一点的程序里，程序维护员可能会认为 $two 的值应该是 2。在这么短的程序里没什么关系，但如果程序很长，就该取比较有描述性的名称，像 $first_response 之类的。

在这个程序里，无论我们有没有对 $one 和 $two 这两个变量进行 chomp 都无关紧要，因为它们在赋值之后不会被当成字符串来用。可是，如果程序维护员在下星期修改程序，让它输出像The result of multiplying $one by $two is $result.\n这样的信息，那么讨厌的换行符又会回来作祟。再次强调，除非有特殊原因（像下一题的情况），否则请一律对输入值进行 chomp 处理。

5. 下面是实现方法之一：

```
print "Enter a string: ";
$str = <STDIN>;
```

```
print "Enter a number of times: ";
chomp($num = <STDIN>);
$result = $str x $num;
print "The result is:\n$result";
```

从某个角度来看，这个程序和前一题的几乎完全相同。在这里，我们也是计算字符串的重复次数，因此保留了和前一题相同的程序结构。不过，这次我们不想对第一行输入字符串进行 chomp，因为题目要求将重复的每一行分开显示。这样一来，假设用户所输入的字符串是 fred 与换行符，而重复次数为 3 时，每行的 fred 后面就都会正确地加上换行符。

程序末尾的 print 语句里，我们将换行符放在 $result 的前面，这样第一行的 fred 才会以自成一行的方式被显示出来。换句话说，我们不想让所输出的三行 fred 中只有两行对齐，如下所示：

```
The result is: fred
fred
fred
```

这次我们不必在 print 输出的结尾加上换行符，因为 $result 应该已经以换行符结尾了。

程序里的空格在大部分情况下对 Perl 都没有影响，要不要加空格是你的自由。但请小心，别拼错字了！如果程序里的 x 和它前面的变量名称 $str 间没有空格，Perl 所看到的将会是 $strx，从而导致运行失败。

第 3 章习题解答

1. 下面是实现方法之一：

    ```
    print "Enter some lines, then press Ctrl-D:\n"; # 或者试试 Ctrl-Z
    @lines = <STDIN>;
    @reverse_lines = reverse @lines;
    print @reverse_lines;
    ```

    或者，更为简单的写法：

    ```
    print "Enter some lines, then press Ctrl-D:\n";
    print reverse <STDIN>;
    ```

    除非所输入的列表在程序后面还会用到，否则大部分 Perl 程序员都会选择第二种写法。

2. 下面是实现方法之一：

```
@names = qw/ fred betty barney dino wilma pebbles bamm-bamm /;
print "Enter some numbers from 1 to 7, one per line, then press Ctrl-D:\n";
chomp(@numbers = <STDIN>);
foreach (@numbers) {
  print "$names[ $_ - 1 ]\n";
}
```

因为数组索引是从 0 数到 6，所以这里必须将索引值减 1，好让用户能够从 1 数
到 7。另外一种做法是在 @names 数组前面加上一个值来充数，像这样：

```
@names = qw/ dummy_item fred betty barney dino wilma pebbles bamm-bamm /;
```

如果你还额外检查了用户的输入是否在 1 到 7 的范围内，请给自己加分。

3.　如果想让所有的输出结果均显示在同一行，下面是实现方法之一：

```
chomp(@lines = <STDIN>);
@sorted = sort @lines;
print "@sorted\n";
```

或者，让每行分开显示：

```
print sort <STDIN>;
```

第 4 章习题解答

1.　下面是实现方法之一：

```
sub total {
  my $sum;   # 私有变量
  foreach (@_) {
    $sum += $_;
  }
  $sum;
}
```

这个子程序使用 $sum 存储到目前为止的总和。每次子程序开始执行时，
$sum 都会是新创建的变量，因此其值为 undef。之后，foreach 循环会以 $_ 作
为控制变量来逐项处理 @_ 里的参数列表。（请注意：我们再次强调参数数
组 @_ 跟 foreach 循环的默认变量 $_ 之间并没有任何自动产生的联系。）

foreach 循环第一次执行时，会将第一项参数（存储在 $_ 中）与 $sum 相加。此
时 $sum 的值还是 undef，因为它还没有被存入任何东西。但是，由于 Perl 能从
数字操作符 += 判断它是被当成数字使用，所以会把它的值当作 0，然后再将总
和存回 $sum 里。

当循环再次执行时，下一项参数也会与 $sum 相加，而这时 $sum 的值已经不是 undef 了。两者的总和又会存回 $sum 里，然后再以相同的方式处理接下来的参数。全部处理完毕之后，程序的最后一行会将 $sum 返回给调用者。

对某些人来说，这个子程序可能有缺陷。假设子程序被调用时有一个空的参数列表，像在第 4 章正文中重写的子程序 &max。这样，$sum 的值将会是 undef，也就是此子程序所返回的值。但在这个子程序里，比较恰当的做法是将空列表的总和设成 0 而非 undef。（当然，如果你认为空列表的总和应该与 (3，-5，2) 的总和有所区别，那么返回 undef 是正确的做法。）

如果不想看到未定义的返回值，办法很简单：请直接将 $sum 的初始值设为 0，而不是默认的 undef：

```
my $sum = 0;
```

如此一来，即使参数列表是空的，这个子程序也一定会返回定义过的数字。

2. 下面是实现方法之一：

```
# 记得加上前一题里 &total 子程序的代码！
print "The numbers from 1 to 1000 add up to ", total(1..1000), ".\n";
```

要注意的是，我们不能在双引号引起的字符串里直接调用子程序，所以子程序调用是 print 的另一个独立参数。总和应该是 500500，一个很好看的整数。程序的运行应该花不了多少时间，传递 1 000 个参数对 Perl 而言是常见的小事。

3. 下面是实现方法之一：

```
sub average {
  if (@_ == 0) { return }
  my $count = @_;
  my $sum = total(@_);          # &total 来自前面的习题
  $sum/$count;
}

sub above_average {
  my $average = average(@_);
  my @list;
  foreach my $element (@_) {
    if ($element > $average) {
      push @list, $element;
    }
  }
  @list;
}
```

在 average 里，如果参数列表是空的，子程序就会结束，但并没有明确写上返回值。因此调用者将会取得 undef 这个返回值，这表示空列表没有平均值。如果参数列表不是空的，那么 &total 就能帮忙计算平均值。此处并无必要使用 $sum 与 $count 这两个临时变量，但它们能让程序变得容易阅读些。

第二个子程序 above_average 会构建并返回由期望的元素构成的列表。（为何循环的控制变量是 $element，而不是 Perl 的默认变量 $_？）请注意，这个子程序对于空参数列表有不同的处理方式。

4. 要记住 greet 上一次对话的人，可以使用一个 state 变量。一开始它会是 undef，这样我们就知道 Fred 是它第一个问候的人。在这个子程序的结尾，我们把当前的 $name 保存在 $last_name 中，这样下一次我们才能记得它是什么：

```
use v5.10;

greet( 'Fred' );
greet( 'Barney' );

sub greet {
    state $last_person;

    my $name = shift;

    print "Hi $name! ";

    if( defined $last_person ) {
        print "$last_person is also here!\n";
    }
    else {
        print "You are the first one here!\n";
    }

    $last_person = $name;
}
```

5. 下面这种方法和前面的差不多，但是这次我们把所有出现过的名字都保存下来。我们不使用标量变量，而是用 @names 这个状态变量来保存所有的名字：

```
use v5.10;

greet( 'Fred' );
greet( 'Barney' );
greet( 'Wilma' );
greet( 'Betty' );

sub greet {
    state @names;
```

```
my $name = shift;

print "Hi $name! ";

if( @names ) {
    print "I've seen: @names\n";
}
else {
    print "You are the first one here!\n";
}

push @names, $name;
}
```

第 5 章习题解答

1. 下面是实现方法之一：

    ```
    print reverse <>;
    ```

    嗯，蛮简单的！能够这样写，是因为 print 的参数是所要输出的字符串列表，
    也就是在列表上下文中调用 reverse 的结果。reverse 的参数是要被倒置的字符
    串列表，也就是在列表上下文中调用钻石操作符的结果。钻石操作符所返回的列
    表是由用户选择的所有文件里的每一行所组成的。这个列表与 *cat* 命令所输出的
    结果相同。于是 reverse 会将此列表倒置，再交由 print 输出。

2. 下面是实现方法之一：

    ```
    print "Enter some lines, then press Ctrl-D:\n";  # 或者 Ctrl-Z
    chomp(my @lines = <STDIN>);

    print "1234567890" x 7, "12345\n";  # 标尺行，到第 75 个字符的地方

    foreach (@lines) {
      printf "%20s\n", $_;
    }
    ```

    此处，我们会先读取所有的文本行，再对它们进行去除换行符的处理。接下来，
    我们会输出标尺行（ruler line）。由于它是帮忙调试的工具，所以在程序写完之
    后我们通常会把它变成注释。我们可以重复键入 "1234567890"，甚至使用复制与
    粘贴来制造出各种长度的标尺行，但我们还是选择了上面这种做法，因为比较
    酷。

    接下来，foreach 循环会逐项处理列表里的每行文本，将它们交由 %20s 转换后
    输出。还有另一种做法可以一次输出全部列表，而不必使用循环：

```
my $format = "%20s\n" x @lines;
printf $format, @lines;
```

这里有个常见的错误会让每行输出只有 19 个字符。假设你对自己说："嘿，既然最后会将换行符加回去，一开始又何必对输入做 chomp 呢？"于是就省略 chomp，而把格式改成 "%20s"（不含换行符）。然后程序运行时，奇怪的事发生了：输出结果少了一个空格。问题到底出在哪里？

这种做法会在 Perl 计算需要多少个空格才有办法补齐所需字段的时候发生问题。假设用户键入的是 hello 和换行符，则 Perl 所看到的是 6 个字符而不是 5 个，因为换行符也算一个字符。所以，Perl 会输出 14 个空格以及含有 6 个字符的字符串，凑起来刚好就是你在 "%20s" 里所需要的 20 个字符。糟糕。

Perl 判断字符串长度时当然不会去看它的内容，Perl 只会检查字符数量。多余的换行符（或是其他特殊符号，像制表符或空字符）会导致意料之外的计算结果。

3. 下面是实现方法之一：

```
print "What column width would you like? ";
chomp(my $width = <STDIN>);

print "Enter some lines, then press Ctrl-D:\n";  # 或者 Ctrl-Z
chomp(my @lines = <STDIN>);

print "1234567890" x (($width+9)/10), "\n";        # 长度按需变化的标尺行

foreach (@lines) {
  printf "%${width}s\n", $_;
}
```

像这样把宽度内插至格式字符串比较难以阅读，可以改用这样的写法：

```
foreach (@lines) {
  printf "%*s\n", $width, $_;
}
```

这段程序和前一题的相似，只不过这次会先问字段宽度。在程序一开始就询问，是因为在键入文件结尾指示符之后就不能再取得输入了（至少在某些系统上是如此）。当然，在实际读取用户输入时通常会用更好的输入结尾指示符，在后面的习题解答中会看到示例。

与前一题的另一个差异是在标尺行的处理上。按照附加题里的条件，我们使用了一些数学技巧，让标尺行至少和需要的长度相同。一个额外的挑战：你能证明这里的算式是正确的吗？（提示：考虑 50 和 51 两种宽度，然后别忘了 x 对右边的

操作数是取整数，而不是四舍五入。）

我们会用表达式 "%${width}s\n" 来产生这次的格式，其中使用 $width 进行内插。花括号是必要的隔离符号，可将变量名称与后面的 s 隔开，如果没有花括号，内插的就会是错误的变量 $widths。如果你忘了怎么使用花括号，也可以使用 '%' . $width . "s\n" 这样的表达式来产生相同的格式字符串。

$width 的值是另一个需要 chomp 的例子。如果没有对字段宽度进行 chomp，最后的格式字符串看起来就会像 "%30\ns\n"，完全无效。

以前知道 printf 的人也许还会想到另一种解法。既然 printf 是从 C 语言借来的，而且 C 语言里并没有字符串变量内插，因此我们也可以使用 C 程序员的技巧。在转换字符串里，如果在应该放数字的地方出现星号（*），则可以使用参数列表里的值来替代，如下所示：

```
printf "%*s\n", $width, $_;
```

第 6 章习题解答

1.　下面是实现方法之一：

```
my %last_name = qw{
  fred flintstone
  barney rubble
  wilma flintstone
};
print "Please enter a first name: ";
chomp(my $name = <STDIN>);
print "That's $name $last_name{$name}.\n";
```

在这个程序里，我们使用 qw// 列表（以花括号为界定符号）来初始化哈希。这对于这个简单的数据集而言并没有什么问题，因为数据的值是简单的名字与姓氏的配对，因此也很容易维护。但是，如果你的数据里含有空格，例如，如果 robert de niro（罗伯特·德·尼罗）或 mary kay place（玛丽·凯·普莱斯）访问 Bedrock 的话，这种简单方法就不一定管用了。

你也可以将每一个键-值对分开设定，如下所示：

```
my %last_name;
$last_name{"fred"} = "flintstone";
$last_name{"barney"} = "rubble";
$last_name{"wilma"} = "flintstone";
```

请注意，如果你打算使用 my 来声明哈希（可能因为采用了 use strict），则必须在声明之后才可对元素进行赋值。你不能只对变量里的某部分使用 my，如下所示：

```
my $last_name{"fred"} = "flintstone";   # 糟糕!
```

换句话说，my 操作符只能声明独立的变量，不能用来声明数组或哈希里的元素。另外，请注意词法变量 $name 是在 chomp 函数调用的括号内声明的。像这种需要时再声明 my 变量的做法在 Perl 程序里十分常见。

在这段程序里，chomp也是不可或缺的。如果有人键入了"fred\n"这 5 个字符，而我们又没有对它进行chomp，程序就会去找键值为 "fred\n" 的哈希元素，但却找不到。当然，chomp并不是万能的，如果所键入的是"fred \n"（后面多了一个空格），我们就没办法以目前为止所学到的技巧来判断用户想要的其实是fred。

如果你还检查了哈希的键是否存在（使用 exists 函数），以便在用户打错字时显示说明信息，请给自己加分。

2. 下面是实现方法之一：

```
my(@words, %count, $word);       # 声明变量（可以省略）
chomp(@words = <STDIN>);

foreach $word (@words) {
  $count{$word} += 1;            # 或者 $count{$word} = $count{$word} + 1;
}

foreach $word (keys %count) {  # 或者 sort keys %count
  print "$word was seen $count{$word} times.\n";
}
```

在这里，我们一开始就声明了所有变量。这对用过 Pascal 等语言的人来说，可能会比"需要时再声明"要熟悉得多（在 Pascal 里，变量一定要在最前面声明）。当然，我们是假设 use strict 正在起作用所以才声明这些变量的。Perl 在默认情形下并不需要这种声明。

接下来，我们会在列表上下文中使用行输入操作符<STDIN>将所有输入行读进@words里，然后一次对全部输入行进行 chomp。这样一来，@words 的内容就会是由所有输入的单词所组成的列表了（假设一切顺利，则每行只有一个单词）。

现在，第一个 foreach 循环会逐项处理各个单词。该循环中包含了整个程序里最重要的一条语句，它会将 $count{$word} 的值加上 1，然后再存回 $count{$word}。你也可以不使用 += 操作符，而改用比较长的写法。不过，较短的写法会稍微有效率一点，因为 Perl 只需要在哈希里查询一次 $word 就行了。在第一个 foreach 循环里，每次出现的单词都会让 $count{$word} 的值加 1。假设第一个单词是 fred，那么 $count{"fred"} 的值就会加 1。既然这是第一次用到 $count{"fred"}，它的值自然是 undef。不过，因为我们将它当成数字来用（利用数字操作符 += 或是较长写法的 +），所以 Perl 会自动把 undef 转换为 0。相加的总和为 1，所以会将 1 存回 $count{"fred"}。

在下一次 foreach 循环执行时，假设这次的单词是 barney。我们会将 $count{"barney"} 的值加 1，让它也从 undef 变成 1。

现在，假设下一次的单词又是 fred。我们会将 $count{"fred"} 的值（也就是 1）再加上 1 而得到 2。$count{"fred"} 的值于是成为 2，表示到目前为止 fred 出现过两次。

处理完第一个 foreach 循环之后，我们已经计算出了每个单词的出现次数。哈希键就是来自输入的单词，而相应的哈希值则是单词的出现次数。

最后，第二个 foreach 循环会逐项处理各个哈希键，也就是所有互不重复的单词。在这个循环里，每个不同的单词各会出现一次，而且每次会输出像"fred was seen 3 times"这样的信息。

附加题的解答：你可以在 keys 前面加上 sort 以便按照顺序输出哈希键。在输出结果超过十几行时将结果排序通常是件好事，它可以让调试的人迅速找到想要的条目。

3. 下面是实现方法之一：

```
my $longest = 0;
foreach my $key ( keys %ENV ) {
    my $key_length = length( $key );
    $longest = $key_length if $key_length > $longest;
    }

foreach my $key ( sort keys %ENV ) {
    printf "%-${longest}s  %s\n", $key, $ENV{$key};
    }
```

在第一个 foreach 循环中，我们会遍历所有哈希键并使用 length 函数得到它们的长度。如果当前的哈希键长度比保存在 $longest 变量中的长度还长，那么我们就把更长的那个值保存在变量 $longest 中。

一旦我们遍历完所有的哈希键，就可以用 printf 函数把键和值分两列打印出来。这里使用在第 5 章的第三个练习中用过的技巧，即使用变量内插的方式将 $longest 替换进模板字符串中。

第 7 章习题解答

1. 下面是实现方法之一：

```
while (<>) {
  if (/fred/) {
    print;
  }
}
```

十分简单。本习题的重点其实是让你亲手试试例子里的各个字符串。它不会匹配 Fred，这表示正则表达式会区分大小写（我们稍后会提到如何不区分大小写）。它会匹配 frederick 和 Alfred，因为这两个字符串里都含有 fred 这 4 个字符（我们稍后会提到，如何比对独立的单词，让它不匹配 frederick 和 Alfred）。

2. 下面是实现方法之一：把第 1 题的答案里的模式改成 /[fF]red/。除此之外，也可以试试 /(f|F)red/ 或 /fred|Fred/，不过使用字符集的话性能更好。

3. 下面是实现方法之一：把第 1 题的答案里的模式改成 /\./。必须加上反斜线（因为点号是元字符），或者可以用字符集 /[.]/。

4. 下面是实现方法之一：把第 1 题的答案里的模式改成 /^[A-Z][a-z]+/。

5. 下面是实现方法之一：把第 1 题的答案里的模式改成 /(\S)\1/。\S 字符集会匹配所有的非空白字符，而括号可以让你使用反向引用 \1 来匹配紧跟着它的同样的字符。

6. 下面是实现方法之一：

```
while (<>) {
  if (/wilma/) {
    if (/fred/) {
      print;
    }
  }
}
```

此程序只有在 /wilma/ 匹配成功时才会测试 /fred/ 是否匹配。不过，fred 可以在 wilma 之前出现，也可以在它之后出现。这两项测试是互相独立的。

如果你想要省略掉第二层的 if 测试，也可以像下面这么写：

```
while (<>) {
  if (/wilma.*fred|fred.*wilma/) {
    print;
  }
}
```

之所以能这样写，是因为若不是 wilma 在 fred 之前出现，就是fred在wilma 之前出现。如果我们只写了 /wilma.*fred/，那么即使 fred and wilma flintstone 这一行中提到过 wilma 和 fred，还是不会与此模式相匹配。

知道逻辑与操作符（我们在第 10 章中介绍过）的人可以在 if 条件表达式中同时对 /fred/ 和 /wilma/ 进行匹配测试。这样会更有效率，更容易扩展，比之前给出的方法好多了。但我们还没学过逻辑与操作符：

```
while (<>) {
  if (/wilma/ && /fred/) {
    print;
  }
}
```

另一个低优先级的逻辑短路版本如下所示：

```
while (<>) {
  if (/wilma/ and /fred/) {
    print;
  }
}
```

我们把这一题当作附加题，是因为许多人在这里有理解上的障碍。我们提到了正则表达式里的"or"运算（也就是竖线符号 |），但却从来没有提到过"and"运算。这是因为正则表达式里并没有"and"运算。在 *Mastering Perl* 一书中，我们对此程序做了进一步改进，使用正则表达式的前瞻特性实现，但这些主题比较深入，哪怕对于 *Intermediate Perl* 来讲都略有超前。

第 8 章习题解答

1. 有一种很简单的做法，我们已经直接写在正文中了。其输出应为 before<match>after，如果你的输出不是这样，那就说明你绕远路了。

2. 下面是实现方法之一：

    ```
    /a\b/
    ```

（当然，可以参考模式测试程序里面的模式！）如果你的模式不幸匹配了 barney，说明你可能需要使用单词边界锚位（word-boundary anchor）。

3. 下面是实现方法之一：

```perl
#!/usr/bin/perl
while (<STDIN>) {
  chomp;
  if (/(\b\w*a\b)/) {
    print "Matched: |$`<$&>$'|\n";
    print "\$1 contains '$1'\n";          # 多输出一行
  } else {
    print "No match: |$_|\n";
  }
}
```

这是稍微修改过的模式测试程序，除了模式不同外，也额外加了一行打印 $1 的程序代码。

此处的模式在括号内使用了一对 \b 单词边界锚位，但即使写在括号外面，也完全没有任何差别。那是因为锚位只会对应到字符串中的某个位置，而不会对应到某个字符：它的宽度为零（不会被括号捕捉到）。

诚然，出于贪婪匹配的原因，第一个 \b 并非必需的。但这个锚位可以在一定程度上改善性能，并且语义明晰清楚，建议保留使用。

4. 下面这道习题的解答和前面的差不多，但是用了不同的正则表达式：

```perl
#!/usr/bin/perl

use v5.10;

while (<STDIN>) {
  chomp;
  if (/(?<word>\b\w*a\b)/) {
    print "Matched: |$`<$&>$'|\n";
    print "'word' contains '$+{word}'\n";       # 新的输出行
  } else {
    print "No match: |$_|\n";
  }
}
```

5. 下面是实现方法之一：

```perl
m!
  (\b\w*a\b)        # $1: 某个以字母 a 结尾的英文单词
  (.{0,5})          # $2: 后面接上的字符不超过 5 个
!xs                 # /x 和 /s 修饰符
```

（因为现在使用了两个内存变量，所以别忘了补上显示$2的程序代码。如果你自己又将模式修改成只使用一个内存变量，请把多余的那一整行标为注释。）如果不再成功匹配wilma，也许在模式中需要把"零个以上字符"改成"一个以上的字符"。/s修饰符可以暂时忽略，因为数据里面应该没有换行符（当然，如果有的话，/s 修饰符可能会产生不同的输出）。

6. 下面是实现方法之一：

```
while (<>) {
  chomp;
  if (/\s\z/) {
    print "$_#\n";
  }
}
```

井号（#）在这里用作标记，表示行尾的位置。

第 9 章习题解答

1. 下面是实现方法之一：

```
/($what){3}/
```

在 $what 完成内插后，会产生类似 /(fred|barney){3}/ 的模式。如果省略圆括号，模式会变成 /fred|barney{3}/，这也就等于是 /fred|barneyyy/。因此，圆括号是不可或缺的。

2. 下面是实现方法之一：

```
my $in = $ARGV[0];
if (! defined $in) {
  die "Usage: $0 filename";
}

my $out = $in;
$out =~ s/(\.\w+)?$/.out/;

if (! open $in_fh, '<', $in ) {
  die "Can't open '$in': $!";
}

if (! open $out_fh, '>', $out ) {
  die "Can't write '$out': $!";
}

while (<$in_fh>) {   s/Fred/Larry/gi;
  print $out_fh $_;
```

```
  }
```

此程序一开始会先清点它的命令行参数，预期应该要有一个。如果没有取得，就抱怨一下；如果取得，则把参数复制到 $out 并把扩展名换成 .out（其实直接把文件名附加上 .out 就行了）。

在 $in_fh 和 $out_fh 这两个文件句柄都被打开之后，才是程序最主要的部分。如果你没有使用 /g 和 /i 这两个修饰符，请自行扣半分，因为这样一来就没办法换掉所有的 fred 和所有的 Fred 了。

3. 下面是实现方法之一：

```
while (<$in_fh>) {
  chomp;
  s/Fred/\n/gi;          # 将所有的 FRED 替换为占位符
  s/Wilma/Fred/gi;       # 将所有的 WILMA 替换为 Fred
  s/\n/Wilma/g;          # 再将所有占位符替换为 Wilma
  print $out_fh "$_\n";
}
```

请把上题程序的循环换成这段循环。要进行这种互换，我们必须先找到一个"占位符"，而且必须是不会出现在数据中的。因为使用了 chomp（最后输出的时候会补上一个换行符），所以我们知道换行符（\n）是绝对不会出现在字符串中的，因此换行符就可以充当占位符。另外，NUL 字符（\0）也是不错的选择。

4. 下面是实现方法之一：

```
$^I = ".bak";              # 准备备份
while (<>) {
  if (/\A#!/) {            # 是 #! 开头的那行吗？
    $_ .= "## Copyright (C) 20XX by Yours Truly\n";
  }
  print;
}
```

运行此程序时，应该在命令行参数中指定需要更新的文件。假设你的习题文件名都以 ex 开头，比如 ex01-1、ex01-2，那么你可以这样执行命令：

```
./fix_my_copyright ex*
```

5. 为了避免重复加上版权声明，我们得分两回处理所有文件。第一回，我们会先建立一个哈希，它的键是文件名称，而它的值是什么并不重要。为了简单起见，此处将值设为 1：

```
my %do_these;
```

```
foreach (@ARGV) {
  $do_these{$_} = 1;
}
```

第二回，我们会把这个哈希当成待办事项列表逐个处理，并把已经包含版权声明行的文件移除。目前正在读取的文件名称可用 $ARGV 取得，所以可以直接把它拿来当哈希键：

```
while (<>) {
  if (/\A## Copyright/) {
    delete $do_these{$ARGV};
  }
}
```

最后的部分就跟之前所写的程序一样，但我们会事先把 @ARGV 的内容改掉：

```
@ARGV = sort keys %do_these;
$^I = ".bak";              # 准备备份
while (<>) {
  if (/\A#!/) {            # 是 #! 开头的那行吗?
    $_ .= "## Copyright (c) 20XX by Yours Truly\n";
  }
  print;
}
```

第 10 章习题解答

1. 下面是实现方法之一：

```
my $secret = int(1 + rand 100);
# 在调试时，可以去掉下面这行注释
# print "Don't tell anyone, but the secret number is $secret.\n";

while (1) {
  print "Please enter a guess from 1 to 100: ";
  chomp(my $guess = <STDIN>);
  if ($guess =~ /quit|exit|\A\s*\z/i) {
    print "Sorry you gave up. The number was $secret.\n";
    last;
  } elsif ($guess < $secret) {
    print "Too small. Try again!\n";
  } elsif ($guess == $secret) {
    print "That was it!\n";
    last;
  } else {
    print "Too large. Try again!\n";
  }
}
```

此程序的第一行会从 1 到 100 挑出一个秘密数字，运作细节如下。首先，rand 是 Perl 的随机数函数，所以 rand 100 会产生 0 以上 100 以下的随机数。也就是说，该表达式的最大值差不多是 99.999。加 1 之后，数字的范围将会是 1 到 100.999，然后使用 int 函数取出整数部分，这就是我们所需要的范围 1 到 100 的数字。

放在注释后面的程序代码可协助程序的开发与调试，也可以帮你作弊。程序的主要部分是无穷的 while 循环。执行到 last 之前，它会让我们不断猜下去。

测试数字之前先测试字符串，这一点很重要。如果我们不这样做，你猜得出用户键入 quit 时会怎么样吗？它会被解释成数字（如果启用警告功能，就会显示警告信息），因为它作为数字使用时是0，可怜的用户会收到"数字太小"的信息。这样的话，我们可能根本执行不到字符串测试的部分。

这里的无穷循环还有另外一种写法，就是使用裸块及 redo。这么写既不会执行得比较慢，也不会比较快，只是写法不同而已。一般来说，如果大部分时候会继续循环，就应该使用 while，因为它默认会继续循环。如果只有在例外状况下才会继续循环，那么裸块也许是比较好的选择。

2. 这个程序在之前的解答基础上做了少量的修改。我们需要在开发过程中打印秘密数字，所以在 $Debug 变量为真的时候调用 print。而 $Debug 的值要么来自于环境变量，要么是默认值 1。通过使用 // 操作符，我们在 $ENV{DEBUG} 未定义的时候设置它为 1：

    ```
    use v5.10;

    my $Debug = $ENV{DEBUG} // 1;

    my $secret = int(1 + rand 100);

    print "Don't tell anyone, but the secret number is $secret.\n"
        if $Debug;
    ```

    如果不用 Perl 5.10 的新特性，就必须做些额外工作：

    ```
    my $Debug = defined $ENV{DEBUG} ? $ENV{DEBUG} : 1;
    ```

3. 下面是实现方法之一，参考了第 6 章中习题 3 的答案。

    在程序开始时候，我们设置了环境变量的值。键 ZERO 和 EMPTY 对应假值（而非未定义），而键 UNDEFINED 没有值。

之后在 `printf` 的参数列表中，使用 `//` 操作符来针对 `$ENV{$key}` 为未定义值（undefined value）时打印字符串：

```
use v5.10;

$ENV{ZERO}      = 0;
$ENV{EMPTY}     = '';
$ENV{UNDEFINED} = undef;

my $longest = 0;
foreach my $key ( keys %ENV )
    {
    my $key_length = length( $key );
    $longest = $key_length if $key_length > $longest;
    }

foreach my $key ( sort keys %ENV )
    {
    printf "%-${longest}s  %s\n", $key, $ENV{$key} // "(undefined)";
    }
```

通过使用 `//`，可以确保对 ZERO 和 EMPTY 键对应的假值不作处理。

若不使用 Perl 5.10 的功能，也可以使用条件操作符：

```
printf "%-${longest}s  %s\n", $key,
    defined $ENV{$key} ? $ENV{$key} : "(undefined value)";
```

第 11 章习题解答

1. 这个答案里用了哈希引用（关于哈希引用请参阅 *Intermediate Perl* 一书），我们在此提前展示一下它的用法。只要你知道怎么用，暂时别担心运作细节。先把事情办完，再慢慢来学习和了解。

   下面是实现方法之一：

   ```
   use Module::CoreList;

   my %modules = %{ $Module::CoreList::version{5.024} };

   print join "\n", keys %modules;
   ```

   这里提供一个额外福利，使用 Perl 的 `<postderef>` 特性，可以写成下面这样：

   ```
   use v5.20;
   use feature qw(postderef);
   no warnings qw(experimental::postderef);

   use Module::CoreList;
   ```

```
my %modules = $Module::CoreList::version{5.024}->%*;

print join "\n", keys %modules;
```

更多讨论请参阅博客文章《使用后缀解构引用》（*Use postfix dereferencing*）。或者等我们出版 *Intermediate Perl*（第3版），其中我们会更新有关这部分的内容。完成本书之后我们就会着手进行那本书的新版筹备。

2. 从 CPAN 安装 Time::Moment 模块后，你只需按要求创建两个日期对象，然后将两者相减。但要注意前后顺序不要弄错：

```
use Time::Moment;

my $now = Time::Moment->now;

my $then = Time::Moment->new(
    year        => $ARGV[0],
    month       => $ARGV[1],
    );

my $years  = $then->delta_years( $now );
my $months = $then->delta_months( $now ) % 12;

printf "%d years and %d months\n", $years, $months;
```

第 12 章习题解答

1. 下面是实现方法之一：

```
foreach my $file (@ARGV) {
  my $attribs = &attributes($file);
  print "'$file' $attribs.\n";
}

sub attributes {
  # report the attributes of a given file
  my $file = shift @_;
  return "does not exist" unless -e $file;

  my @attrib;
  push @attrib, "readable" if -r $file;
  push @attrib, "writable" if -w $file;
  push @attrib, "executable" if -x $file; return "exists" unless @attrib;
  'is ' . join " and ", @attrib;  # 返回值
}
```

在这个例子里，使用子程序仍然是比较方便的做法。对于每个文件，主循环会

用一行来输出它的属性，也许它会告诉我们 'cereal-killer' is executable 或者 'sasquatch' does not exist。

上面的子程序会告诉我们某个文件的属性。当然，如果文件根本不存在，那就不需要进行其他测试了。因此我们会先测试它是否存在，如果不存在，就提早返回。

如果文件确实存在，我们将会构建一个列表用来存储文件的属性（如果你用特殊的 _ 文件句柄而非 $file，以避免重复调用系统来测试每项属性的话，请给自己加分）。要（效仿上面三个测试）加入新的测试是很简单的。但是，如果所有属性都不为真会发生什么呢？嗯，即使不能说什么别的，起码可以说文件存在，所以我们就这样做了。如果@attrib里有任何元素的话，它的值就会是真（这是在布尔上下文里，一种特殊的标量上下文）。这里的 unless 子句正是利用了这个事实。

不过，要是取得了某些属性，我们就可以用 " and " 把它们连接起来（使用 join）并且在前面加上 "is "，以造出 is readable and writable 这样的语句。这样的处理并不完美，如果有三个属性的话，它会说该文件 is readable and writable and executable。虽然句子里的 and 有点多，但还算可以接受。如果想要再加上更多其他属性的测试，而你又在意这种事情的话，也许该将它的输出改成像 is readable, writable, exeutable, and nonempty 这样。

要注意的是，如果你碰巧没有在命令行键入任何文件名，则程序将不会有任何输出。这很合理：如果你查询零个文件的信息，本来就该得到零行的结果。但是，这种做法可以跟下一题的程序作个比较。

2. 下面是实现方法之一：

```
die "No file names supplied!\n" unless @ARGV;
my $oldest_name = shift @ARGV;
my $oldest_age = -M $oldest_name;

foreach (@ARGV) {
  my $age = -M;
  ($oldest_name, $oldest_age) = ($_, $age)
    if $age > $oldest_age;
}

printf "The oldest file was %s, and it was %.1f days old.\n",
  $oldest_name, $oldest_age;
```

程序一开始会检查文件名，如果没有取得任何文件名，就会显示错误信息。这是因为程序的用途是找出最旧的文件，如果没有取得文件名，自然就不会有最旧的文件。

我们再一次用到了"高水位线"算法。第一个文件当然是目前见过的文件中最旧的。我们必须记下它的年龄，并存储在 $oldest_age 变量里。

对于每个文件，我们都会像上面那样利用 -M 文件测试来取得它们的年龄（不过，这里用的是 $_ 的默认参数）。一般所谓的文件"年龄"，通常指的是上次修改的时间，虽然你也可以做不同的解释。如果目前的文件年龄大于 $oldest_age，我们就会以列表赋值的方式同时更新文件名和年龄变量的值。尽管不一定要采取列表赋值的方式，但它确实是一次更新数个变量的好方法。

此程序中，我们将 -M 返回的年龄存进临时变量 $age 里。如果不使用临时变量，每次都直接使用 -M，又会怎样呢？首先，除非使用特殊的 _ 文件句柄，否则我们每次都得向操作系统询问文件的年龄，这可能会多花一些时间（你大概不会注意到，除非有成千上百个文件，而就算真的有这么多文件，也可能不会有什么影响）。不过更重要的是，我们应该考虑到如果有人在我们进行检查的同时更新文件的话，该怎么办？也就是说，在我们第一次使用 -M 取得某个文件的年龄时，发现它是目前为止所看到的最旧的文件。但是，在我们第二次使用 -M 之前，有人修改了那个文件，将它的时间戳设成了当前的时间。这样一来，实际存进 $oldest_age 里的却可能是系统上年龄最轻的文件。程序运行的结果就会是自该文件之后最旧的文件，而不是全部文件中最旧的。这种问题调试起来会非常困难！

程序结尾处我们以 printf 输出文件名和年龄，并将天数取到小数点后一位。假如你将年龄转换成天数、小时及分钟来显示，请给自己加分。

3. 下面是实现方法之一：

```
use v5.10;

say "Looking for my files that are readable and writable";

die "No files specified!\n" unless @ARGV;

foreach my $file ( @ARGV ) {
    say "$file is readable and writable" if -o -r -w $file;
    }
```

使用栈式文件测试操作符的前提是用 Perl 5.10 及以上版本，因此我们以 use 语句开头来确保版本正确。我们检查 @ARGV 数组，确保其中有数据供 foreach 处理，否则调用 die。

我们使用三个文件测试操作符：-o 用来检查我们是否拥有文件，-r 用来检查文件是否可读，而 -w 用来检查文件是否可写。把它们堆叠在一起成为 -o -r -w 可以一并检查是否通过，也就是我们需要的效果。

如果要用 Perl 5.10 之前的版本完成以上功能，也只是稍微多些代码而已。需要用 print 带上换行符来模拟 say，并且用短路操作符 && 来组合文件测试：

```
print "Looking for my files that are readable and writable\n";

die "No files specified!\n" unless @ARGV;

foreach my $file ( @ARGV ) {
  print "$file is readable and writable\n"
    if( -w $file && -r _ && -o _ );
  }
```

第 13 章习题解答

1. 下面是实现方法之一，使用 glob：

```
print "Which directory? (Default is your home directory) ";
chomp(my $dir = <STDIN>);
if ($dir =~ /\A\s*\z/) {          # 若是空行
  chdir or die "Can't chdir to your home directory: $!";
} else {
  chdir $dir or die "Can't chdir to '$dir': $!";
}

my @files = <*>;
foreach (@files) {
  print "$_\n";
}
```

首先，我们会显示一个简单的提示，然后取得用户想要的目录，对它进行必要的 chomp（如果没有 chomp，则会尝试转到一个名称结尾有换行符的目录。这在 Unix 上是合法的，所以 chdir 函数导致意外产生）。

接下来，如果目录名称不是空的，我们会切换到该目录下，遇到错误就中断执行。如果名称是空的，就以用户主目录来代替。

最后，使用星号的 glob 操作会返回（新）工作目录中所有的文件名，并自动按字母排序，然后逐一输出。

2. 下面是实现方法之一：

```
print "Which directory? (Default is your home directory) ";
chomp(my $dir = <STDIN>);
if ($dir =~ /\A\s*\z/) {          # 若是空行
  chdir or die "Can't chdir to your home directory: $!";
} else {
  chdir $dir or die "Can't chdir to '$dir': $!";
}

my @files = <.* *>;        ## 现在加上了 .*
foreach (sort @files) {    ## 现在排序
  print "$_\n";
}
```

和前一题有两点差别：第一，这次的 glob 操作包含了"点号星号"，它会匹配所有以点号开头的文件名；第二，我们必须对所得到的列表进行排序，因为取出的列表中，以点号开头的文件名会和不以点号开头的文件名交错排列，看起来比较凌乱，排序之后会清楚很多。

3. 下面是实现方法之一：

```
print 'Which directory? (Default is your home directory) ';
chomp(my $dir = <STDIN>);
if ($dir =~ /\A\s*\z/) {          # 若是空行
  chdir or die "Can't chdir to your home directory: $!";
} else {
  chdir $dir or die "Can't chdir to '$dir': $!";
}

opendir DOT, "." or die "Can't opendir dot: $!";
foreach (sort readdir DOT) {
  # next if /\A\./; ## 如果跳过文件名以点号开头的文件
  print "$_\n";
}
```

这个程序的结构同前两题，但是现在我们改用打开目录句柄的方式。变更工作目录之后，我们会打开当前目录，也就是 DOT 目录句柄。

为什么要用 DOT 呢？如果用户键入了像 /etc 这样的绝对目录名称，那么打开它并没有什么问题。但是，如果用户键入了像 fred 这样的相对目录名称呢？让我们来看看会发生什么事。首先，让我们 chdir 到 fred 目录，然后再用 opendir 来打开 fred。可是，这样会打开新目录里的 fred，而不是原始目录里的 fred。只有 . 总是表示"当前目录"（起码在 Unix 和类似的系统上是这样）。

readdir 函数会取得目录里所有的文件名，再由程序将它们排序并输出。如果以这种方式来做第 1 题，那么我们就应该略过文件名以点号开头的文件。要这么做，只需把 foreach 循环里的注释去掉就行了。

你也许会怀疑："为什么要先 chdir 呢？readdir 类型的函数对当前目录并不敏感，它其实可以作用在任何目录上。"最主要的动机是想让用户只按一个键，就可以转移到其 home 目录。但是，这个程序也可以作为通用文件管理器的雏形。也许接下来我们可以设计一个功能，让用户选择要备份目录里的哪些文件等。

4. 下面是实现方法之一：

```
unlink @ARGV;
```

或者，如果想在程序遇到问题时对用户提出警告，也可以这样写：

```
foreach (@ARGV) {
  unlink $_ or warn "Can't unlink '$_': $!, continuing...\n";
}
```

在这里，来自命令调用行的每个条目都会被单独地放入 $_，然后成为 unlink 的参数。如果其中出现问题，警告信息能提供线索。

5. 下面是实现方法之一：

```
use File::Basename;
use File::Spec;

my($source, $dest) = @ARGV;

if (-d $dest) {
  my $basename = basename $source;
  $dest = File::Spec->catfile($dest, $basename);
}

rename $source, $dest
  or die "Can't rename '$source' to '$dest': $!\n";
```

程序里实际做事的只有最后一行，其他的代码是为了把文件移动到目录中而存在的。先在一开始声明所用到的模块，再为命令行参数取有意义的名称。如果 $dest 是目录，我们需要从 $source 名称中取出文件基名，并将它附加到 $dest 后面。最后，一旦 $dest 经过必要的处理，rename 函数会执行实际改名的动作。

6. 下面是实现方法之一：

```
use File::Basename;
use File::Spec;

my($source, $dest) = @ARGV;

if (-d $dest) {
  my $basename = basename $source;
  $dest = File::Spec->catfile($dest, $basename);
}

link $source, $dest
  or die "Can't link '$source' to '$dest': $!\n";
```

正如题目中所提示的，此程序和前一题的十分相似，唯一的差别在于这次执行的是 link 而非 rename。如果你的系统不支持硬链接，则最后的语句可以改成这样：

```
print "Would link '$source' to '$dest'.\n";
```

7.　下面是实现方法之一：

```
use File::Basename;
use File::Spec;

my $symlink = $ARGV[0] eq '-s';
shift @ARGV if $symlink;

my($source, $dest) = @ARGV;
if (-d $dest) {
  my $basename = basename $source;
  $dest = File::Spec->catfile($dest, $basename);
}

if ($symlink) {
  symlink $source, $dest
    or die "Can't make soft link from '$source' to '$dest': $!\n";
} else {
  link $source, $dest
    or die "Can't make hard link from '$source' to '$dest': $!\n";
}
```

开头几行程序代码（在两个 use 声明之后）会先检查第一个命令行参数，如果它是 -s，就表示所要建立的是软链接，所以我们将此判断的真假值存储在 $symlink 变量中。如果检查到了 -s，我们还得将它去掉，也就是下一行程序代码所做的事。之后的数行程序代码是从上一题的解答中复制过来的。最后，依照 $symlink 的值是真是假，程序会选择建立硬链接或软链接。最后，我们还更改了 die 后面的信息，让它清楚显示出我们试图建立的是哪一种链接。

8. 下面是实现方法之一：

```
foreach ( glob( '.* *' ) ) {
  my $dest = readlink $_;
  print "$_ -> $dest\n" if defined $dest;
}
```

glob 操作所返回的每个条目都会依次作为 $_ 的值。如果该条目是软链接，那么就会由 readlink 返回一个已定义的值并且输出链接位置；如果不是，测试条件就会失败，从而使得程序略过该条目。

第 14 章习题解答

1. 下面是实现方法之一：

```
my @numbers;
push @numbers, split while <>;
foreach (sort { $a <=> $b } @numbers) {
  printf "%20g\n", $_;
}
```

程序代码的第二行实在令人困惑，不是吗？嗯，这是故意的。虽然我们建议你编写清楚易懂的程序代码，但也有人以写出复杂难解的程序为乐，所以你最好能预先做好准备。总有一天，你也会需要维护这种难懂的程序代码。

因为那一行用到了 while 修饰符，所以与下面的循环等效：

```
while (<>) {
  push @numbers, split;
}
```

这样好多了，但也许还是有点不清楚（不过，这种写法我们可以接受，它还没有复杂到"一眼难以看懂"）。while 循环每次会读入一行（从用户所要求的输入来源，也就是钻石操作符），接着（在默认的状况下）split 会以空白字符来分割该行，于是会产生一个单词列表，或者本例中的数字列表，毕竟这里的输入只不过是一系列以空白字符分隔的数字而已。这样一来，无论输入怎么排列，while 循环都会将其中所有的数字存进 @numbers 里。

接下来，foreach 循环会逐行输出排过序的列表，使用 %20g 数字格式来让它们靠右对齐。如果你使用 %20s，又会怎样呢？嗯，因为后者是字符串格式，所以它不会更改输出中的字符串。你是否注意到样本数据里同时包含了 1.50 和 1.5，以及 04 和 4 呢？如果你将它们当成字符串输出，那么多余的 0

字符还会留在输出结果里；但是 %20g 是数字格式，所以相等数字的呈现方式也会相同。这两种格式都有可能是对的，具体使用哪种要根据情况决定。

2. 下面是实现方法之一：

```perl
# 别忘了在练习用的文件和下载来的文件中改用哈希 %last_name 的另一种写法

my @keys = sort {
  "\L$last_name{$a}" cmp "\L$last_name{$b}"   # 按姓氏排序
    or
  "\L$a" cmp "\L$b"                            # 按名字排序
} keys %last_name;

foreach (@keys) {
  print "$last_name{$_}, $_\n";                # 打印：Rubble,Bamm-Bamm
}
```

对于这个程序没什么好解释的。它会依题目的要求对哈希键进行排序，然后输出。我们之所以会先输姓再输名，纯粹只为了好玩而已，题目里并没有指定要用哪种显示方式。所以此题的答案就留给你自己去解释了。

3. 下面是实现方法之一：

```perl
print "Please enter a string: ";
chomp(my $string = <STDIN>);
print "Please enter a substring: ";
chomp(my $sub = <STDIN>);

my @places;

for (my $pos = -1; ; ) {                    # 三节式for循环的技巧性用法
  $pos = index($string, $sub, $pos + 1);   # 找出下个位置
  last if $pos == -1;
  push @places, $pos;
}

print "Locations of '$sub' in '$string' were: @places\n";
```

这个程序的开头十分简单。它要求用户键入字符串，然后声明一个数组来存储子串出现的位置。但是接下来的 for 循环似乎又是个"精巧至上"的程序代码。做这种事只是为了好玩可以，但绝不应该在实际应用的程序里出现。不过，这里展示的技巧可能以后用得到，所以让我们来看看它是如何运作的。

用 my 来声明的 $pos 变量是 for 循环作用域内的私有变量，初始值为 -1。这里我们就不再卖关子了，直接告诉你它的功能是存储在较长的字符串里子字符串的出现位置。for 循环的测试和递增部分都是空的，所以这是个无穷循环（当然，

我们终究会脱离循环的，这次是用 last）。

循环体的第一行语句会从位置 $pos + 1 开始寻找子字符串的出现位置。也就是说，在循环第一次迭代，$pos 还是 -1 的时侯，会从位置 0（字符串开头）开始寻找。接着把子字符串的出现位置存入 $pos。现在，如果它是 -1，就不必再执行 for 循环了，所以我们会用 last 来脱离循环。如果 $pos 不是 -1，我们就会将位置存进 @places，然后进行下一次循环。这时，$pos + 1 会让程序在继续寻找子字符串时，从上次出现的位置的后面一格开始。如此一来，我们得到了想要的解答，一切都又恢复到了原来的平静。

如果你不想使用这种奇妙的 for 循环，也可以用下面的写法来得到相同的结果：

```
{
  my $pos = -1;
  while (1) {
    ... # 循环部分和上面代码中的相同
  }
}
```

外层的裸块限制住了 $pos 的作用域。你不一定得这么做，但在尽可能小的作用域内声明变量通常是比较好的做法。这么做能减少程序里同时"活着"的变量，让我们降低之后不小心将 $pos 这个名字用到别处的可能性。基于同样的道理，如果不将变量声明在较小的作用域里，通常就应该给它取较长的名字，以避免之后不小心重复用到。在这个程序里，$substring_position 就是一个不错的名字。

另一方面，如果你想让程序代码成为迷津（你该要脸红了！），同一个程序也可以写成如下所示的大怪物（我们也脸红了！）：

```
for (my $pos = -1; -1 !=
  ($pos = index
    +$string,
    +$sub,
    +$pos
    +1
  );
push @places, (((((+$pos))))) {
    'for ($pos != 1; # ;$pos++) {
      print "position $pos\n";#;';#' } pop @places;
}
```

这份更刁钻古怪的程序代码可以代替原本程序里奇妙的 for 循环。到了这里，你的知识应该已经足以解读出它的意义了。现在，你也可以写出自己的迷津程序，让朋友吃惊，使敌人困惑。请将这份力量用以为善，不要作恶。

对了，假设你在 This is a test. 里寻找 t 的话，结果会是什么呢？它出现在 10 和 13 这两个位置；它并不会出现在位置 0，因为它会区分大小写。

第 15 章习题解答

1. 下面是实现方法之一：

```
chdir '/' or die "Can't chdir to root directory: $!";
exec 'ls', '-l' or die "Can't exec ls: $!";
```

第一行程序代码会将当前工作目录切换到根目录，它的名称总是固定的。第二行使用了多参数的 exec 函数来将结果传送到标准输出。我们也可以使用单参数的形式，但上面的做法并没什么不好。

2. 下面是实现方法之一：

```
open STDOUT, '>', 'ls.out' or die "Can't write to ls.out: $!";
open STDERR, '>', 'ls.err' or die "Can't write to ls.err: $!";
chdir '/' or die "Can't chdir to root directory: $!";
exec 'ls', '-l' or die "Can't exec ls: $!";
```

程序的前两行会重新打开 STDOUT 与 STDERR 并将它们重定向到当前工作目录下的两个文件里（在切换工作目录之前）。接下来，在工作目录切换之后，将会执行显示目录清单的命令，并把数据传送到之前打开的两个文件里。

最后一个 die 所显示的信息会出现在哪里呢？当然，它会跑到 *ls.err* 里，因为在那时 STDERR 已经被定向到该文件里了。chdir 后面的 die 也会将信息传送到 *ls.err* 里。可是，如果在第二行上无法重新打开 STDERR，错误信息又会在哪里出现呢？它会在原本的 STDERR 上出现。这是因为当 STDIN、STDOUT、STDERR 这三个标准文件句柄重新打开失败时，原先的文件句柄仍然会继续打开着。

3. 下面是实现方法之一：

```
if (`date` =~ /\AS/) {
  print "go play!\n";
} else {
  print "get to work!\n";
}
```

因为 Saturday（周六）和 Sunday（周日）都是以 S 开头，而且 *date* 命令的输出结果又是以"今天是星期几"作为开始，所以这个程序十分简单，只要检查 *date* 命令的输出，看看它是否以 S 开头就行了。还有许多更复杂的做法可以获得相同的结果，其中大部分我们都介绍过了。

不过，如果要实际应用这个程序，我们大概会将模式换成 /\A(Sat|Sun)/。它会稍微慢一点点，但几乎没什么影响；再说，这对程序维护员而言要好懂多了。

4. 要捕捉某些信号，就要设置信号处理句柄。像本书之前展示的技术那样，我们需要做一些重复性的工作。对每一个信号处理句柄子程序，我们都设置一个 state 类型的变量，这样每次调用子程序时都可以访问之前累计的数字。我们用 foreach 循环依次为存放在 %SIG 中的信号关联信号处理句柄。最后创建一个无限循环，让程序一直等在那边准备接收信号：

```
use v5.10;

sub my_hup_handler  { state $n; say 'Caught HUP: ',  ++$n }
sub my_usr1_handler { state $n; say 'Caught USR1: ', ++$n }
sub my_usr2_handler { state $n; say 'Caught USR2: ', ++$n }
sub my_int_handler  { say 'Caught INT. Exiting.'; exit }

say "I am $$";

foreach my $signal ( qw(int hup usr1 usr2) ) {
    $SIG{ uc $signal } = "my_${signal}_handler";
    }

while(1) { sleep 1 };
```

我们需要另外打开一个终端会话，从而手工发送信号给这个程序：

```
$ kill -HUP 61203
$ perl -e 'kill HUP = 61203'>
$ perl -e 'kill USR2 = 61203'>
```
该程序的输出显示每次信号来到时我们已经见过的次数：

```
$ perl signal_catcher
I am 61203
Caught HUP: 1
Caught HUP: 2
Caught USR2: 1
Caught HUP: 3
Caught USR2: 2
Caught INT. Exiting.
```

第 16 章习题解答

1. 下面是实现方法之一：

```perl
my $filename = 'path/to/sample_text';
open my $fh, '<', $filename
  or die "Can't open '$filename': $!";
chomp(my @strings = <$fh>);
while (1) {
  print 'Please enter a pattern: ';
  chomp(my $pattern = <STDIN>);
  last if $pattern =~ /\A\s*\Z/;
  my @matches = eval {
    grep /$pattern/, @strings;
  };
  if ($@) {
    print "Error: $@";
  } else {
    my $count = @matches;
    print "There were $count matching strings:\n",
      map "$_\n", @matches;
  }
  print "\n";
}
```

此程序使用 eval 块来捕捉使用正则表达式时可能发生的错误。在 eval 块里，grep 会筛选出字符串列表中匹配模式的字符串。

一旦 eval 执行完毕，程序会汇报错误信息或显示匹配的字符串。请注意，为了在每个字符串后面加上换行符，我们使用 map 补回换行符，还原原始字符串。

2. 这个程序非常简单。有许多种取得文件列表的方法，不过我们现在关心的只是当前工作目录内的文件，所以用 glob 提取就好了。我们通过 foreach 把取得的每个文件名存到默认的控制变量 $_ 中，同时因为 stat 默认也是使用这个变量的，所以能省下很多事。在 stat 操作外围加上圆括号来取列表切片：

```perl
foreach ( glob( '*' ) ) {
  my( $atime, $mtime ) = (stat)[8,9];
  printf "%-20s %10d %10d\n", $_, $atime, $mtime;
  }
```

我们查阅 stat 的文档后知道，位于第 9 和第 10 位置上的就是我们需要的时间戳。文档作者已经非常贴心标注了每个位置上的字段意义，所以不用我们费力数就能知道该用哪个下标。

如果不想用 $_，当然也可以自己指定控制变量：

```
foreach my $file ( glob( '*' ) ) {
  my( $atime, $mtime ) = (stat $file)[8,9];
  printf "%-20s %10d %10d\n", $file, $atime, $mtime;
  }
```

3. 这道题的解答是在前题基础上继续的。这里的解题关键是，用 `localtime` 把纪元时间转换成 YYYY-MM-DD 这样的日期格式。在把解答整合到完整程序之前，让我们先来看看如何完成这个格式转换工作。假设时间戳放在 `$_` 里面（它是 map 的控制变量）。

我们从 `localtime` 文档查到相应字段的索引：

```
my( $year, $month, $day ) = (localtime)[5,4,3];
```

我们注意到，`localtime` 返回的年份数字需要另外加上 1 900，月份数字需要另外加上 1，这样才符合我们平时的习惯，所以另外做如下调整：

```
$year += 1900; $month += 1;
```

最后，再把这些数据组合成指定的格式，并对单个数字的月与日部分添上前置零：

```
sprintf '%4d-%02d-%02d', $year, $month, $day;
```

对一组时间戳进行这样的转换，只需用 map 依次变形。请注意，`localtime` 默认不会使用 `$_` 变量，所以必须显式提供参数：

```
my @times = map {
  my( $year, $month, $day ) = (localtime($_))[5,4,3];
  $year += 1900; $month += 1;
  sprintf '%4d-%02d-%02d', $year, $month, $day;
  } @epoch_times;
```

这就是要替换之前程序中 `stat` 那行的代码，所以最终的结果应该是：

```
foreach my $file ( glob( '*' ) ) {
  my( $atime, $mtime ) = map {
    my( $year, $month, $day ) = (localtime($_))[5,4,3];
    $year  += 1900; $month += 1;
    sprintf '%4d-%02d-%02d', $year, $month, $day;
    } (stat $file)[8,9];

  printf "%-20s %10s %10s\n", $file, $atime, $mtime;
  }
```

设计本题的初衷在于引导读者使用第16章中提到的各个技术要点。当然除此之外还有其他实现方式，而且还更容易些。比如 Perl 自带的 POSIX 模块，它有一个 strftime 子程序，可以像 sprintf 那样把时间格式化为特定格式的字符串，它所接收的时间参数和 localtime 返回的内容完全一致，所以用 map 串联起来变形的话，写起来更为简洁：

```
use POSIX qw(strftime);

foreach my $file ( glob( '*' ) ) {
  my( $atime, $mtime ) = map {
    strftime( '%Y-%m-%d', localtime($_) );
    } (stat $file)[8,9];

  printf "%-20s %10s %10s\n", $file, $atime, $mtime;
  }
```

超越"小骆驼"

本书已经讲了很多知识点，但难免还有我们没有提及的内容。在这个附录里，我们将会多谈谈 Perl 能做什么，并提供深入了解 Perl 的参考资料。接下来要介绍的内容是崭新的，因此在你阅读本书时，可能部分内容已经有了更新。这也是为什么我们常常建议你自己查阅最新文档的原因。我们并不期望每位读者都仔细阅读本附录，但最好能快速浏览一遍，这样以后某人对你说"你根本不能在项目 X 里用 Perl，因为 Perl 不能实现 Y 功能"时，你可以好整以暇地予以反击。

有一点很重要，这里提过之后接下来就不用反复提醒了：我们没有介绍的其他重要特性会放到 *Intermediate Perl* （也就是 O'Reilly 的"羊驼书"）中详加阐述。你绝对应该读一读"羊驼书"，尤其是在（独自或与他人合作）写出上百行程序代码时。没准你已经对 Fred 与 Barney 的故事感觉厌烦了，想要知道另一个世界中的 7 个人在海难中漂流到荒岛上之后的求生故事。

在 *Intermediate Perl* 之后，还可以去看 *Mastering Perl* （也就是 O'Reilly 的"小羊驼书"）。这本书涵盖了日常 Perl 编程中遇到的问题，例如性能检测和调试、配置文件、日志等等，还介绍了如何分析他人代码并最终将它们与自己的应用程序集成。

在 *Perl New Features* 一书中，brian 介绍了这些年来（从 Perl 5.10 直到最新版本）逐步添加的功能。因为这是一本电子书，所以为最新版本的 Perl 而更新会很容易。

此外，还有许多很棒的书可以读。不过根据你所用的 Perl 版本，请在花钱买书之前先看一下 perlfaq2 或者 perlbook 里面推荐的书目，免得买来不知所云或者内容过时的书。

更多文档

Perl 自带的文档乍看似乎浩如烟海，不过你可以用关键字在文档中搜索。搜索特定主题时，从 perltoc（总目录）和 perlfaq（常见问答集）这两节开始会比较好。在大部分的系统上，*perldoc* 命令应能查到 Perl 核心包、已安装的模块以及相关程序的使用说明（包括 *perldoc* 本身）。也可以到在线阅读最新版本 Perl 的文档。

正则表达式

没错，正则表达式的功能比我们所提到的还多。Jeffrey Friedl 的著作 *Mastering Regular Expressions* 是我们读过的在这方面最出色的技术书籍之一。该书有一半内容是讨论一般的正则表达式，另一半内容则是讨论 Perl 的正则表达式，以及其他语言当中采用的兼容 Perl 正则表达式（Perl-Compatible Regular Expressions，PCRE）的内容。该书深入介绍了正则表达式引擎内部的运作方式，并解释了为什么某些模式的写法会比其他写法更好、更有效率。所有想要认真学习 Perl 的人都应该看看这本书。此外，也请参阅 perlre 文档（以及更新版本 Perl 中加入的 perlretut 和 perlrequick 文档）。当然，*Intermediate Perl* 和 *Mastering Perl* 中也有很多关于正则表达式的内容。

包

包可以让你对源代码划分多个名字空间。想象一下，有 10 个程序员正在合力开发某个大型项目。你在开发这个项目时使用了 `$fred`、`@barney`、`%betty`、`&wilma` 等全局变量，如果我不小心也用了这些变量名，会有什么后果呢？包会让我们分别保存这些变量名，我可以访问你的 `$fred`，当然你同样也可以访问我所定义的这些变量而不会有意外发生。如果你想让 Perl 更灵活，使用包是必要的，它也可以让我们管理更大型的程序。*Intermediate Perl* 对包也有详细的探讨。

扩展 Perl 的功能

在 Perl 相关的论坛中常见的忠告之一就是："不要重新发明轮子。"你可以拿其他人已经写过的程序代码来用。最常见的方式就是利用某个函数库或模块来扩展 Perl 的功能。有许多模块会跟着 Perl 一起安装，至于其他模块则可以在 CPAN 找到。当然，你也可以编写一些属于自己的函数库或模块。

像 Inline::C 这样的模块可以让你轻易地把现有的 C 代码串接到 Perl 里面使用。

编写自己的模块

有时候如果找不到需要的模块，我们可以用 Perl 或其他程序语言（常常是 C 语言）写一个新模块。*Intermediate Perl* 详细解说了如何编写、测试以及发布 Perl 模块。

数据库

如果你手上有一个数据库，Perl 可以访问并操作它。我们之前已经在第 11 章中看到过有关 DBI 模块的简要用法了。

Perl 可以直接访问某些系统数据库，有时需要借助某些模块。这样的数据库包括 Windows 系统上的注册表（保存软硬件的设置）、Unix 系统上的密码数据库（列出了用户名、用户号以及相关信息）以及域名数据库（用于将 IP 地址和主机名相互转换）。

数学

Perl 几乎能处理所有你能想象得到的任何数学计算。PDL（Perl Data Language，Perl 数据语言）模块提供了各种强大的快捷计算和处理数学的工具。

Perl 为所有的基础数学计算（求平方根、余弦、对数、绝对值以及很多其他计算）都提供了系统内置的函数，可以直接使用，具体可参阅 perlfunc 文档。其他像正切或底为 10 的对数等函数都未提供，因为它们可以由基础函数直接构造出来，或者由相关模块加载进来直接使用（参考 POSIX 模块，它提供了许多常用的数学函数）。

虽然 Perl 核心并不直接支持复数，但有相应的模块可用来处理。比如 Math::Complex，它会重载普通数学计算操作符和函数的工作方式，使乘法操作符 * 及平方根函数 sqrt 都更新为支持复数计算的版本。

我们还可以用无比巨大的数字参与计算以及保持无比高的精度。比如计算 2 000 的阶乘，或推算 π 之后的 10 000 个数字。请参考 Math::BigInt 和 Math::BigFloat 模块。

列表与数组

Perl 有许多特性，可以让人们非常容易地对整个列表或数组进行处理。

在第 16 章中，我们曾讨论过列表处理操作符 map 和 grep。限于篇幅，我们无法介绍它们的全部功能。请参阅 perlfunc 文档，里面有进一步的信息及范例。也可以参考 *Intermediate Perl* 来获取更多使用 map 与 grep 的方式。

位与块

我们可以用 vec 操作符处理由位组成的数组，即位串（bitstring）。你可以设定第 123 位的值，清除第 456 位的值，或检查第 789 位的值。位串的大小没有上限。vec 操作符的块长度可以设成 2 的乘幂，这在你需要把字符串视为由半字节（nybble）所组成的数组时很有用。请参阅 perlfunc 文档或阅读 *Mastering Perl* 一书。

格式化

Perl 的格式化功能可让你轻易制作出具有自动页首、格式固定的报表。事实上，这是 Larry 当初开发 Perl 的主要原因之一：作为一种实用摘录及报告语言。不幸的是它的功能十分有限。使用格式化最让人心碎的，莫过于发现格式化功能无法满足日新月异的需求。如果真是如此，程序输出部分就得从头写起，换成使用格式化以外的方式。不过话又说回来了，如果你确定格式化能满足目前及未来的所有需求，它还是个相当酷的功能。请参阅 perlform 文档。

网络与进程间通信

Perl 可以支持系统上运行的程序相互间通信。本节将展示几种常见方式。

System V 的进程间通信

Perl 支持所有 System V 进程间通信的标准函数，包括消息队列（message queue）、信号量（semaphore）、共享内存（shared memory）等。当然，Perl 的数组和 C 语言中的不同，并不是存储在连续的内存块中，因此共享内存无法直接共享 Perl 数据。不过，有些模块可以帮忙转译数据，让 Perl 的数据看起来像存储在共享内存里。请参阅 perlfunc 和 perlipc 文档。

套接字

Perl 对 TCP/IP 套接字（socket）提供了完整支持，所以只要用 Perl 就可以写出 Web 服务器、Web 浏览器、Usenet 新闻服务器或客户端、finger 服务器或客户端、FTP 服务器或客户端、SMTP / POP / SOAP 的服务器或客户端以及 Internet 上所用的任何协议的服务器或客户端。你可以在 Net:: 名字空间里找到很多实现这类协议的模块，并且有许多还是 Perl 自带的。

当然，你无需了解底层技术细节，因为所有常见的协议都已经有模块可用了。比如，你只要用 LWP 模块、WWW::Mechanize 模块或 Mojo::UserAgent 模块就能制作出自己的服务器或客户端程序。

安全

Perl 提供了不少与安全有关的强大性能，这些特性让 Perl 程序比相应的 C 程序更加安全。其中最重要的可能就是一般称为污染检查（taint checking）的数据流分析。当它被启用时，Perl 会记住哪些数据是来自用户或外部环境（因此不能盲目相信）。一般来说，当这些所谓"受污染（tainted）"数据对其他进程、文件或目录产生影响时，Perl 会禁止该项操作并中断程序。它并不完美，但却能有效避免安全相关的问题。还有在这里讲不完的细节，请参考 perlsec 文档或阅读 *Mastering Perl* 一书。

程序调试

Perl 自带了一个很棒的调试器，它支持断点（breakpoint）、观察点（watchpoint）、单步执行（single-stepping）以及所有命令行调试器该有的功能。它其实是用 Perl 写成的，如果它本身有缺陷，我们也不知道该如何对它进行调试。除了基本的调试器命令之外，你还可以在程序运行到一半的时候从调试器来运行 Perl 程序代码——调用子程序、改变变量甚至重新定义子程序。最新的信息，请参考 perldebug 文档或者阅读 *Intermediate Perl* 一书。

另一个调试技巧就是使用 B::Lint 模块。这个模块能对潜在的问题发出警告，而这些问题可能即使打开 -w 开关也不会发现。

命令行选项

Perl 有许多不同的命令行选项，其中有不少选项能让你直接从命令行写出有用的程序。请参阅 perlrun 文档。

内置变量

Perl 有一大堆内置变量（比如 @ARGV 和 $0），它们能提供非常有用的信息，或者帮助控制 Perl 的运作方式。请参阅 perlvar 文档。

引用

Perl 的引用跟 C 语言的指针差不多，不过工作原理比较类似 Pascal 或 Ada 里的相应功能。引用会"指向"某个内存位置，但因为没有指针运算或内存的直接分配和释放功能，所以你可以确定任何引用都是有效的。引用可以用来实现面向对象程序设计、复杂的数据结构以及其他有用的技巧。请参阅 perlreftut 和 perlref 文档。*Intermediate Perl* 一书对引用也做了详尽的解说。

复杂的数据结构

引用能够让我们用 Perl 构造复杂的数据结构。比如需要二维数组的话，就可以通过数组的引用来构造。Perl 还能构造更加有趣的数据结构，比如由哈希组成的数组、由哈希组成的哈希、由哈希的数组组成的哈希等等。请参阅解说数据结构示例的 perldsc 文档和讲解"列表的列表"的 perllol 文档。再说一次，*Intermediate Perl* 详细介绍了这部分内容，包括复杂数据的操作技巧，比如排序和统计等。

面向对象编程

没错，Perl 也有对象，并且和其他语言是术语兼容的（buzzword-compatible）。面象对象（Object-Oriented，OO）编程让你能够通过继承、覆盖以及多态等方法实现复杂的功能。不过，与某些面向对象语言不同，Perl 并不要求你一定要用面向对象的方式编程。

如果程序代码的长度大于 N 行，那么以面向对象的方式编程对程序员而言可能比较有效率（虽然运行时可能稍稍慢点）。没有人知道 N 的值确切是多少，不过我们估计它在几千左右。请阅读 perlobj 及 perlootut 文档作为入门。进一步的权威信息请参考由 Damian Conway 编写并由 Manning Press 出版的 *Object-Oriented Perl*。*Intermediate Perl* 同样详细介绍了有关对象的内容。

在写作此书时，基于 Moose 模块的元对象系统在 Perl 中非常流行。它是在原始粗放式 Perl 对象实现的基础上，按照更切合面向对象编程理念的方式构建起来的，并且提供了更富语义和逻辑的接口。

匿名子程序和闭包

乍听之下也许很奇怪，但没有名称的子程序也是很有用处的。这种子程序可以作为其他子程序的参数，或者放进数组或哈希里作为跳转表（jump table）来使用。闭包（closure）则是从 Lisp 世界引入的概念，它的意思（差不多）是具有私有数据的匿名子程序。同样，*Intermediate Perl* 和 *Mastering Perl* 也谈到了这方面的内容。

捆绑变量

捆绑变量（tied variable）是一种捆绑了额外操作方式的变量，捆绑后可用常规方式操作变量，但后端做出实际操作的是绑定时定义好的一组新的子程序。所以，我们可以创建一个实际存储在远程机器上的标量或者某个总能保持排序顺序的数组。请参阅 perltie 文档或者 *Mastering Perl*。

操作符的重载

我们可以用 overload 模块重新定义某些操作符，包括加法、连接、比较甚至是从字符串到数字的自动转换。比如，实现复数计算的模块就可以用这种方式来让复数乘以 8 得出正确的复数。

在 Perl 中使用其他语言

通过 Inline 模块，我们可以把 C 或者其他语言嵌入 Perl 里面协同工作。该模块负责将外部程序语言的内部工作机制和 Perl 无缝衔接，使用时无需关心其中细节。有些软件用其他语言写的底层库文件就此可以借调到 Perl 内作为某些模块的延展和以 Perl 方式操作的接口。

嵌入

（从某种角度来说）与动态加载技术相对的就是嵌入了。

如果你想写个非常酷的文字处理器，假设开始时是用 C++ 语言实现的。现在，你希望用户能够使用 Perl 的正则表达式来实现强大的查找并替换功能，于是将一段 Perl 程序嵌入你的程序里。接下来，你也可以将 Perl 的某些功能开放给用户。高级用户可以用 Perl 编写子程序，使之成为程序里的菜单项。他们也可以写一小段 Perl 程序来自定义文字处理器的操作。之后，你在网站上留了一个位置，让用户分享并交流这些 Perl 程序片段。这样一来，就会有上千名程序员扩展此程序的功能，而你的公司不必为此有额外支出。为了这些好处，你要付钱给 Larry 吗？完全免费，请参考 Perl 所附的授权条款。Larry 实在是个大好人，你至少该寄给他一封感谢函吧。

虽然我们还没听说过这种文字处理器，但有些人已经使用同样的技巧做出功能强大的其他程序了。其中一个例子是 Apache 的 mod_perl，它将 Perl 嵌入功能已经十分强大的 Apache Web 服务器里面。如果你也想要嵌入 Perl 到其他语言编写的项目中去，不妨参考一下 mod_perl 的做法，因为它是完全开源的，所以可以研究一下它是怎么做的。

把 find 命令转换成 Perl 程序

系统管理员的常见任务之一就是递归搜索目录树来寻找某些特定文件或目录。在 Unix 上，这通常要靠 *find* 命令来完成。这件事，我们也可以直接用 Perl 来达成。

Perl 5.20 开始自带的 *find2perl* 命令（现在转为 App::find2perl 模块提供了）所接受的参数和 *find* 命令的相同，但 *find2perl* 并不会执行搜索操作，而是输出用于进行搜索的 Perl 程序源代码。既然是源代码，你就可以根据需要自行进一步修改。

find2perl 有个很好用的参数是 *find* 没有的，那就是 -eval 选项。它后面的参数是实际的 Perl 程序代码，这段代码会在每次文件被找到时运行。当它运行时，当前工作目录将会是该文件所在的目录，$_ 的值则是找到的目录或文件的名称。

下面是 *find2perl* 的一种用法。假设你是 Unix 系统上的管理员，想要将 /tmp 目录下陈旧的文件全部删除。下面就是生成该程序的命令：

```
$ find2perl /tmp -atime +14 -eval unlink >Perl-program
```

该命令会在 /tmp 及其所有子目录里寻找 atime（最后访问时间）离现在至少 14 天的所有条目。它会对每个条目运行 Perl 的 unlink 代码，而且会将默认变量 $_ 的值当成要删除的文件名。输出结果（重定向到 *Perl-program* 这个文件里）成为执行上述任务的程序代码。接下来，只要安排它在适当时间运行就行了。

让你的程序支持命令行选项

如果想让你的程序支持命令行选项（就像 Perl 自己的 -w 警告选项之类的），可以选用现成模块并按标准惯用方式实现。请参考 Getopt::Long 及 Getopt::Std 模块的文档。

嵌入式文档

Perl 自己的说明文档是以 *pod*（plain-old documentation）格式写成的。我们可以把这种格式的文档直接嵌到程序代码内，随后在需要时把它转换成纯文本、HTML 等许多其他格式。请参考 perlpod 文档。*Intermediate Perl* 也介绍了这部分内容。

打开文件句柄的其他方式

打开文件句柄时还有许多别的模式可供使用。请参阅 perlopentut 文档。Perl 内置的 open 的功能十分完备，所以它有一份专门的说明文档。

图形用户界面（GUI）

Perl 支持许多 GUI 工具包。请到 CPAN 查阅 Tk、Wx 等模块的文档。

更多……

只要看看 CPAN 上的模块列表，你就可以找到各种不同用途的模块，从产生图表及图像到下载电子邮件，从计算贷款分期付款到预测日落时间。新的模块不断涌现，所以你现在看到的 Perl 又比我们写作本书时强大多了。我们不可能一直跟上新的模块，所以就到此为止吧。

附录C

Unicode入门

本附录并非关于 Unicode 的完整介绍，我们只是为了帮助你在学习本书时能理解 Unicode 相关部分的内容。之所以说 Unicode 有点难，不光是因为它对字符串有了全新的理解，有大量调整的词汇表，也因为历史原因，很多计算机语言对它的支持一直不够完善。Perl 5.6 以后的版本在 Unicode 方面已经有了非常大的改善，虽然还不是十分完美，不过也算是你能找得到的最好的对 Unicode 的支持了。

Unicode

Unicode 字符集（Unicode Character Set， UCS）是字符（characters）到代码点（code point）的抽象关系映射。它和字符在内存中的特定表示方法没有关系，也就是说，我们在谈论字符时可以不用考虑操作系统的区别，它们在任何一个平台上都总是同一个实体。而我们讲的编码（encode），是指将字符的代码点按照特定形式存储到内存中的方式，由它建立起抽象字符映射和计算机物理实现之间的桥梁。你可能认为谈到存储时应该使用"字节（byte）"这个术语，不过在我们谈论 Unicode 时应该用术语"8 位位组（octet）"（参见图 C-1）。不同的编码方式存储字符的方式不同。反过来说，把 8 位位组按照既定的编码方式转换成字符的过程就称为解码（decode）。其实你不用担心这些底层细节，Perl 已经帮你处理好所有这些内部事务了。

图C-1：代码点只是字符代号，并非存储内容。编码就是把字符转换为存储 8 位位组的过程

当我们谈到代码点的时候，我们会用十六进制数字表示，如(U+0158)，这个代码点表示字符Ř。代码点还有名字，像这个字符的名字就是 "LATIN CAPITAL LETTER R WITH CARON"。不止如此，代码点还能判断知晓有关它本身的一些信息。它知道自己是大写字符还是小写字符，是字母还是数字，或者属于空格一类的空白字符等等。并且如果存在的话，它还知道对应于自己的大写版本、标题版本（title case）、小写版本是什么字符。所以在 Unicode 里面，我们不光能处理单个字符，还能同时处理一组特定类型的字符。所有这些都定义在 *perl* 自带的 Unicode 数据文件中。到 Perl 的库目录中找找看名为 *unicore* 的目录，Perl 就是依赖它完成各种 Unicode 字符操作的。

UTF-8 和它的朋友们

Perl 里面推荐使用的是 UTF-8 编码，它是 "UCS Transformation Format 8-bit" 的简写。这个编码的定义是某天晚上 Rob Pike 和 Ken Thompson 在新泽西州共进晚餐时写在餐垫背面的。这只是 Unicode 编码的一种实现方式，但由于它没有其他编码方式的种种缺陷，所以变得极为流行。不过要是你用 Windows 的话，最好选用 UTF-16 编码。对于这种编码，我们没什么特别想说的，那就遵从妈妈的"沉默是金"的教导好了。

不妨读一读 Rob Pike 自己讲的关于发明 UTF-8 编码的故事。

让所有参与者达成共识

要让所有工具和系统都设置好使用 Unicode 往往并不那么简单，因为每一个使用到 Unicode 字符的系统都需要知道原来用的是什么编码方式，才能按照这种方式正确显示或者处理。任何一个环节的步调不一致，都会产生类似乱码那样的效果，同时又很难推断具体问题出在哪个环节。如果程序输出的是 UTF-8 编码的字符，那么显示这个结果的终端软件必须知道这一点才能正确显示。如果给 Perl 程序的输入数据是 UTF-8 编码的字符，那么 Perl 程序也必须知道这一点，才能对输入的字符串作正确的解析和处理。如果存放 UTF-8 数据到数据库，那么数据库也必须知道这一点，在保存和提取数据时都按照这个编码方式进行操作。在编写 Perl 程序时，如果希望 *perl* 解释器把源代码中的字符当作 UTF-8 编码的字符来解析的话，也同样需要设定编辑器，让其按照 UTF-8 编码的方式保存程序源文件。

我们不知道你正在用的是哪一款终端软件，我们也不打算把所有终端软件的配置方法全都列在这里。不过对大多数终端软件来说，试试看到偏好设置里找一下有关编码方面的设定，多半都很简单。

除了对终端的编码设置，各种程序也需要知道最终放在终端里显示的该用什么编码。大多数程序会参考名字以 `LC_*` 开头的环境变量，也有一些会参考自己事先约定名字的环境变量：

```
LESSCHARSET=utf-8
LC_ALL=en_US.UTF-8
```

如果输出内容过长，使用分页程序（比如 *less*、*more*、*type* 等）显示却发现字符显示不正常的话，请阅读它们各自的文档，看看应该如何设定才能让它们知道正确的字符编码。

谜样的字符

如果长久以来你都习惯用 ASCII 编码看待字符的话，那么现在改用 Unicode 就要换换脑筋了。举个例子，请问 é 和 é 有什么差别？光是看恐怕很难说出不同来，就算你读的是本书电子版也很难判断究竟有何不同，说不定在本书出版过程中不小心"修掉了"它们之间的差别。你甚至可能不相信这里有所不同，不过事实确实如此。前者是单个字符，而后者却是两个字符。对人来说，它们都表示相同的字素（grapheme），或者说字形（glyph），不管计算机是用什么方式表示这个字素的，但最终指代的都是同一个东西。我们通常只关心最终这个显示出来的字素，它才是最终影响读者并对读者产生意义的东西。

在 Unicode 出现以前，常见的字符集会把 é 这样的字素定义为原子（atom），或者说单个实体（single entity），就比如前面这段文字中的第一个字符示例（相信我们）。不过，Unicode 还有一个表示字素的方式，就是使用表示读音或其他衍生注解意义的记号（mark）字符和一个普通的非记号（nonmark）字符组合而成。第二个字符示例 é 就是由非记号字符 e（U+0065，LATIN SMALL LETTER E）和一个表示字母上方的小撇的记号字符 ′（U+0301，COMBINING ACUTE ACCENT）组成。这两个字符共同构成了最终我们看到的字素。事实上，这也正是我们不能一以概之地称之为字符而要改称之为字素的原因。同一个字素的构成方式可能不止一种，也许只用了一个字符，也许组合了多个字符。可能有点过于学究气了，不过这里讲的都是基础，理解了这些才能更好地理解接下来对 Unicode 的处理，知其所以然。

如果世界可以从头来过，Unicode 也许不必同时维护单个字符版本的 é 字符，毕竟组合的方式更加灵活。但出于历史原因，单个字符的版本早已存在，Unicode 不得不考虑向后兼容，并采取一切努力善待这类字符。对 ASCII 编码来讲，它的字符序号和 Unicode 的字符代码点完全一致，都是从 0 到 255 的那一段。所以，把 ASCII 字符串当作 UTF-8 编码来处理完全没事，不过在 UTF-16 里就不是这样了，这种编码对所有字符都采取两个字节的形式定义。

单个字符版本的 é 可以称作组合（composed）字符，因为它是用一个代码点表示两个或多个字符。它把非记号字符和记号字符合并成单个字符（U+00E9，LATIN SMALL LETTER E WITH ACUTE），最终只用一个代码点来表示。而表示同一个字素的两个字符则构成了相应的分解（decomposed）版本。

那么，为何我们在意这两种不同的表示方法呢？要是用不同的字符表示同一个字素，我们该怎么正确按照实际的字素意义来排序呢？Perl 的 sort 函数关心的仅仅是字符层面上的事，而不会过问字素，所以 "\x{E9}" 和 "\x{65}\x{301}" 这两个逻辑上都表示 é 的字符串，是不会在排序结果中排在相邻位置上的。而我们总是期望按 é 字素的意义排序，不管它到底是用哪种方式表示的，组合字符也好，分解字符也好，都一样。但计算机看到的只是字符，它并不知道其中的意义，所以不会按照人们需要的方式进行排序。我们马上向你展示解决方案，另外不妨请你一并读下第 14 章。

使用 Unicode 编写源代码

如果你想要在编写源代码时使用 UTF-8 字符，需要告诉 *perl* 解释器你的程序源文件是以 UTF-8 编码的。只要打开 utf8 编译指令就可以了，它的唯一任务就是告诉 *perl* 按照正确方式解析源代码。比如，下面代码中的字符串就用到了若干 Unicode 字符：

```perl
use utf8;

my $string = "Here is my 🐦 résumé»;
```

甚至还可以在变量名或子程序名中使用 Unicode 字符：

```perl
use utf8;

my %résumés = (
    Fred => 'fred.doc',
    ...
    );

sub π () { 3.14159 }
```

utf8 编译指令的唯一任务就是告诉 *perl* 解释器按照 UTF-8 编码方式解析源代码。它不会帮你做其他任何辅助性的工作。只要你决定开始用 Unicode 工作，那就最好一直留着这个编译指令，除非有很好的理由不这么做。

输入键盘上没有的字符貌似是个挑战。我们可以使用 r12a 的 Unicode 代码转换器和 UniView 9.0.0 在线转换，或者下载诸如 UnicodeChecker 这样的程序帮助找出要用的字符。

更加谜样的字符

事情还可以变得更为离奇，虽然大多数人不会特别在意。请问，ﬁ 和 fi 之间又有什么差别呢？只要排版员没有对此进行"优化"，第一个其实是由分开的 f 和 i 组成的，第二个是两者合在一起构成的连字（ligature），一般定义为字素，方便读者辨识。字符 f 上面的部分看起来好像要强加在字符 i 上面的点所在的私人空间里一样，看起来有点丑陋。我们实际上并不是机械阅读一个单词中的每个字母，而是将其作为一个整体来识别；连字在我们的模式识别方面算是更加优化。所以排版师干脆将这两个字元组合起来。你可能从未注意到这些细节，不过你可以在本段找到几个例子，如果你读的是关于字体编排的书籍，这种情况应该会更多一些（但通常不会是电子书，因为它们通常不太考虑如何改进排版的观感）。

O'Reilly 的自动排版系统不会把我们的 ﬁ 转换为对应的连字，我们只能自己手工键入。不加转换的文档流转工作可能处理起来要快些（faster），而与此同时，我们在普通正文中混杂（shuffle）一些连字也不会有什么问题。食指交叉，希望最后付印时它们还在哦！（译注：为了印证作者所言非虚，原文 faster 和 shuffle这两个词，暗暗使用了形式相近的连字 st 和 ff 代替中间的部分。）

这和 é 的组合形式、分解形式相类似，但略有不同。é 的两种表示方法实际上可说是完全等价（canonically equivalent）的，因为不管如何构造这个字素，最终的视觉呈现和字素意义都是相同的。但 fi 和 fi 的视觉呈现并不相同，所以它们是不完全等价（compatibility equivalent）的。不管是完全等价还是不完全等价，我们都不需要关心如何分解为方便排序的普通形式（见图 C-2）。参见 Unicode Standard Annex 第 15 条 "Unicode Normalization Forms"，进一步了解其中细节。

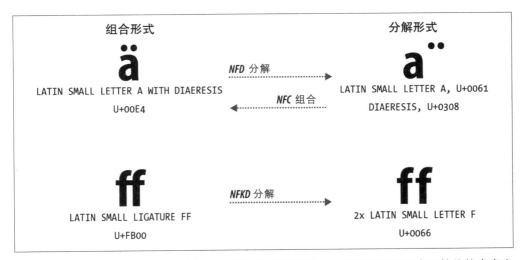

图C-2：我们可以分解并重新组合完全等价的字素表示形式，但只能分解不完全等价的字素表示形式

比如你想要检查字符串中是否包含 é 或者 fi，但并不关心原始用的是哪种字符表示形式。首先，需要将字符串分解为普通形式，这好比是在做归一化。要分解 Unicode 字符串，得用 Perl 自带的 Unicode::Normalize 模块，它提供了两个分解字符串的函数。你可以用 NFD（Normalization Form Decomposition）子程序把完全等价形式的字素转换为对应的分解形式。另外，也可以用 NFKD（Normalization Form Kompatibility Decomposition）子程序分解不完全等价的字素。下面例子中的字符串包含了组合字符，之后再以不同方式分解后匹配。包含 "oops" 字眼的消息应该不会被输出，而包含 "yay" 字眼的消息会在匹配后被输出：

```
use utf8;
use Unicode::Normalize;
```

```
# U+FB01        - fi 连字
# U+0065 U+0301 - 分解形式的 é
# U+00E9        - 组合形式的 é

binmode STDOUT, ':utf8';

my $string =
    "Can you \x{FB01}nd my r\x{E9}sum\x{E9}?";

if( $string =~ /\x{65}\x{301}/ ) {
    print "Oops! Matched a decomposed é\n";
}
if( $string =~ /\x{E9}/ ) {
    print "Yay! Matched a composed é\n";
}

my $nfd  = NFD( $string );
if( $nfd =~ /\x{E9}/ ) {
    print "Oops! Matched a composed é\n";
}
if( $nfd =~ /fi/ ) {
    print "Oops! Matched a decomposed fi\n";
}

my $nfkd = NFKD( $string );
if( $string =~ /fi/ ) {
    print "Oops! Matched a decomposed fi\n";
}
if( $nfkd =~ /fi/ ) {
    print "Yay! Matched a decomposed fi\n";
}
if( $nfkd =~ /\x{65}\x{301}/ ) {
    print "Yay! Matched a decomposed é\n";
}
```

你应该看到了，NFKD 形式总是能匹配分解形式的字符，因为 NFKD() 既能分解完全等价形式，也能分解不完全等价形式。而 NFD 形式则无法处理不完全等价形式：

```
Yay! Matched a composed é
Yay! Matched a decomposed fi
Yay! Matched a decomposed é
```

所以这里提示我们需要注意的是：你可以对完全等价形式分解或重新组合，但却不能对不完全等价形式重新组合。如果把连字 *fi* 分解开来，会得到两个独立的字素 f 和 i，但反过来，重新组合时谁也不能断定这两个连在一起的字符本意是某个字素，还是原本就是分开的两个独立字符。这也就是说，完全等价和不完全等价的不同之处在于：完全等价的分解和组合形式看起来总是相同的。

用 Perl 处理 Unicode

本节是关于 Perl 程序中 Unicode 常见用法的快速小结。这并不是完整指南，甚至有些细节是我们故意略去不讲的。关于 Unicode 的处理实际上是一个很大的主题，我们并不想在一开始就吓到你。请先从本附录开始，学一点基本的东西，到碰到实际问题时，再求助于本附录末尾列出的文档。

谜样字符也有名字

除了代码点外，Unicode 字符还有属于自己的名字。如果要输入的字符很难通过键盘键入，又不记得对应的代码点，那就用它的名字好了（虽然要输入的内容也不少）。Perl 自带的 `charnames` 模块就是用来支持通过名字表示 Unicode 字符的。只要在双引号上下文中把名字放在 `\N{...}` 里面：

```
my $string = "\N{THAI CHARACTER KHOMUT}"; # 代码点为 U+0E5B
```

可能你注意到了，在匹配和替换操作的模式部分也是使用类似的双引号上下文，但我们还有一个名为 `\N` 的字符集合简写，表示除换行符以外的所有字符（参见第 8章）。虽然这里的形式相近，但一般不会出现歧义，所以就算名字相同也没关系，Perl 能够分清楚。关于 `\N` 的详细讨论，可以参阅博客文章 *Use the /N regex character class to get "not a newline"*。

从 STDIN 读并写到 STDOUT 或 STDERR

在计算机的底层，输入和输出的都只是 8 位位组。你的程序需要知道用什么编码方式对这些 8 位位组进行编码或解码。我们之前在第 5 章已经谈了很多，这里做一下总结。

对文件句柄来说，有两种指定编码方式的办法。第一个是使用 `binmode` 操作符：

```
binmode STDOUT, ':encoding(UTF-8)';
binmode $fh, ':encoding(UTF-16LE)';
```

也可以在打开文件句柄时在模式部分指定：

```
open my $fh, '>:encoding(UTF-8)', $filename;
```

如果要对所有将要打开的文件句柄设定默认编码方式，可以用 `open` 编译指令指定。我们可以把所有输入和输出文件句柄都设为 UTF-8 编码的：

```
use open IN  => ':encoding(UTF-8)';
```

```
use open OUT => ':encoding(UTF-8)';
```

也可以用一条编译指令设定：

```
use open IN  => ":crlf", OUT => ":bytes";
```

如果希望输入和输出使用同样的编码方式，可以像下面这样同时指定，这里的 IO 写上或省略都可以：

```
use open IO  => ":encoding(iso-8859-1)";
use open ':encoding(UTF-8)';
```

因为默认文件句柄已经处于打开状态，所以需要使用 :std 子编译指令来让它们改用之前设定的编码方式：

```
use open ':std';
```

如果之前没有显式定义过使用何种编码方式，上面这条语句是不会起任何作用的。在这种情况下，将编码方式作为第二个导入项：

```
use open qw(:std :encoding(UTF-8));
```

你也可以在命令行使用 -C 开关，通过后面相应的参数指定应用到标准文件句柄上的编码方式：

```
I     1    STDIN 应该是 UTF-8
O     2    STDOUT 将会用 UTF-8
E     4    STDERR 将会用 UTF-8
S     7    I + O + E
i     8    输入数据流的默认 PerlIO 层会使用 UTF-8
o    16    输出数据流的默认 PerlIO 层会使用 UTF-8
D    24    i + o
```

参阅 perlrun 文档以获取有关命令行开关的详细信息，包括这里 -C 的用法。

读写文件

我们之前在第 5 章讨论过文件读写方面的内容，这里略做总结。在打开文件时，使用三项参数形式的写法，就能明确指定按照哪种编码方式读写文件：

```
open my( $read_fh ),   '<:encoding(UTF-8)',  $filename;
open my( $write_fh ),  '>:encoding(UTF-8)',  $file_name;
open my( $append_fh ), '>>:encoding(UTF-8)', $file_name;
```

不过要记住，输入数据的编码方式并不是你决定的（至少不是在你的程序内部指定的）。除非你明确知道来源数据所使用的编码方式，否则不要指定输入句柄的编码设定。要知道，就算不作声明，实际上还是会用 :encoding 做解码工作的。

如果不知道输入数据采用何种编码方式，或者根本就无法预测的话（按编程通则中的说法来看，只要运行足够多次，就能得到所有可能的编码），不妨观察一下原始数据流中的数据，猜一个合乎情理的编码试试看，或者交给 Encode::Guess 模块来猜。此外还有一些取巧的办法，不过这里我们不再赘言。

在数据进入程序之后，就不必担心编码之类的事情了。Perl 会聪明地处理有关存储和操作的事宜。一直到你把数据写到文件（或者发送到某个套接字，或者其他什么输出句柄），才需要再次指定编码方式对数据进行编码。

处理命令行参数

正如我们之前所说的，如果要把手上的数据当作 Unicode 字符来处理的话，需要留心数据来源。特殊变量 @ARGV 就是一个特例，它的值取自命令行参数，而命令行参数在输入时参考的是本地环境设置，所以需要取得该设置并按其编码方式解码：

```
use I18N::Langinfo qw(langinfo CODESET);
use Encode qw(decode);

my $codeset = langinfo(CODESET);

foreach my $arg ( @ARGV ) {
    push @new_ARGV, decode $codeset, $arg;
}
```

处理数据库

编辑跟我们说，都到本书结尾了，要是连这个话题都要谈，一定会超出篇幅预算的！我们也知道，这么有限的篇幅很难面面俱到，不过没关系，这里要说的其实不光和 Perl 有关。于是他说那就稍微讲几句吧。说真的，有那么多的数据库服务器，对数据的处理方式又各不相同，我们无法一一道来，实在遗憾。

不管怎么说，有些数据最终还是要存到某个数据库的。Perl 里面最流行的访问数据库的模块是 DBI，它可以透明处理 Unicode 字符，也就是说，它不加干涉地直接把原始数据递交给数据库服务器存储。每种数据库都需要一个对应的驱动器模块（比如 DBD::mysql 模块），请查阅这类模块文档看看需要做哪些编码方面的设定。另外，你还要对数据库服务器、模式、表结构以及特定字段等分别做出正确的编码设定。现在你明白为什么这个话题会超出篇幅预算了吧！

进阶阅读

Perl 文档中有许多谈论 Unicode 的部分，包括 perlunicode、perlunifaq、perluniintro、perluniprops 和 perlunitut 文档等。另外，别忘了查阅你正在使用的 Unicode 模块的文档。

Unicode 官方网站上基本涵盖了各种你所感兴趣的有关 Unicode 的内容，它也是一个很好的学习起点。

本书作者之一另外写了一本由 Addison-Wesley 出版的 *Effective Perl Programming*，其中专门有一章内容讨论 Unicode 方面的问题。

附录D

实验特性

你可以完全跳过本附录，也许不知道实验特性也就不会受其困扰；或者不问究竟地直接按给出的示例代码使用，而不去担心底层的什么问题。但我们还是希望你能明白其所以然并善加使用。

许多 Perl 新特性其实并不很"新"，它们只是属于实验性的。你必须自己启用这些特性才能使用，它们在将来的新版本中可能会变化，甚至消失。实际上，Perl 5.24 去掉了两项实验特性。

这其实很明智。大家可以安装最新的 *perl* 并立即使用新特性。他们可以测试这些新特性，看看它们和其他特性之间是否能畅通协作，或者更进一步，慢慢发展出符合使用场景的习惯用法。或者，开发者也可以完全忽略新特性，不用担心向后兼容的问题。Perl 5 Porters 的人，也就是开发并维护 Perl 核心代码的人，通过观察大家如何使用这些新特性从而持续改进，待时机成熟后让它们成为固定特性。

本书应该有义务向你展示最佳的、最激动人心的实验特性，但我们不希望你完全依赖这些特性，说不定在本书出版发行后就有了变数。我们在使用新特性的时候会提示到本附录深入了解，这样就不用反复解释了。

feature 模块的文档列出了大部分新特性的简要使用描述。你可以阅读每个 Perl 版本的 perldelta 文档，了解每次的进展。我们在表 D-1 中列出了大部分新特性的最新状态。在开始之前，我们先来说下背景故事。

Perl 的简明发展史

Perl 已经历经几十年的发展，一代又一代，每代都有自己的故事。了解当时的情况有助于理解为什么 Perl 会成为现在的样子并心怀感激。

20 世纪 80 年代后期，Larry Wall 创造了 Perl 语言，尽管当时它还不叫这个名字。他基本上靠一己之力，根据 Usenet 社区上用户的反馈持续改进和设计 Perl 语言。现在的孩子应该都见不到新闻组了，那可是当时的社交媒体。最终 Larry 在 Usenet 新闻组上发布了第1版 Perl，时间是 1987 年。

之后，Perl 慢慢开始变得有意思起来，并有了关于它的第一本书。这本书就是后来的权威著作 *Programming Perl*，当时出版社选择了粉红色作为封面主色调，之后才改用蓝色。Perl 4 推出之时正好是 Perl 开始流行的爆发阶段，许多人开始投入学习，同时也有许多人放弃。坦诚地讲，这段时期成就了世人对 Perl 语言的各种期许以及愤恨失望。道之不同，各行其路。

但 Perl 4 并没有面向对象的特性，也没有妥善表示复杂数据结构的方法，甚至连词法域都没有。1993 年前后，Larry 开始 Perl 5 的设计和实现，也就是本书所讲述的主要版本。

为了让 Perl 4 能顺利过渡到 Perl 5，一群 Perl 核心大佬筹建了 Perl 5 Porters 组织，以确保 Perl 5 能被移植到数百个不同操作系统上运行。如今这个组织还在，只是换了负责的人。关于这个组织的指导政策，可以阅读他们的 perlpolicy 文档。

另外有一份 perlhist 文档，其中列出了每一版 Perl 的发布日期和当时的维护者。在 1994 年 Larry 发布 Perl 5.0 之后，其他人开始接手维护并发布后续版本。每次新版发布后，也会有人转而负责维护旧版。这种协作形式确实有点乱，但运作良好。

Perl Porters 对 Perl 5.6 及 Perl 5.8 进行了两次重大修订。Perl 开始进入成长阵痛期，其中包括转换到对 Unicode 的全面支持。从 Perl 5.004 发展到 Perl 5.005 差不多花了一年，但从 Perl 5.005 发展到 Perl 5.6 花了将近两年。后来从 Perl 5.6 发展到 Perl 5.8 就用了超过了两年的时间。总之，每次出新所花费的时间越来越久。

 注意我们这里提到的版本号 5.005 和 5.6 之间的差别。早期的 Perl 程序员会分别读作"five double-oh five"和"five point six"。我们按第二种方式读，简洁明了。

在 Perl 5.8 之后大家开始意识到，要继续推陈出新，就要对原有代码大加修改。Chip Salzenberg 当时尝试用 C++ 重新写 Perl 语言的实现，并把这个秘密项目命名为"Topaz"。遗憾的是，最后没有成功，但他在这个过程中领会到了许多东西。差不多同一时期，Larry Wall 和一干主力提出了筹建 Perl 6 的想法，希望能以合理的投入，通过彻底重写核心代码支持现代的编程理念和特性。

Perl 5.10 及后续

现在我们要忽略此时发生的历史分叉，因为不想引发争论，我们只会说后来诞生的 Perl 6（现在称为"Raku"）并没有成为 Perl 的下一个主要版本。它理应成为一门独立的语言，但那是另一本书 *Learning Perl 6* 的讨论范围。有段时间新语言分散了一些 Perl 5 开发者的精力，但后来突然间，Perl 5 开始自我复苏。2007 年末，也就是距 Perl 5 上个版本发布超过 5 年之际，Rafael Garcia-Suarez 发布了 Perl 5.10。这个版本从当时正在推进的 Perl 6 开发中借鉴了许多新特性，主要是 say（第 5 章）、state（第 4 章）、given-when 以及智能匹配（后两项实验特性在本书新版中已删去）。

Larry 的精力都转到了 Perl 6 开发。这是第一次，Larry 不再负责 Perl 5 的开发进程。Jesse Vincent 走上舞台，开始管理后 Larry 时代的 Perl，负责有节奏地发布开发版，并每年发布稳定版。

Ricardo Signes 后本接替了 Jesse 的工作并实施了更多开发和发布策略。比如新特性必须首先以实验特性的方式引入，直到它们证明自己符合大众所需之后，才能转为正式特性。在两次稳定版发布后，新特性可以改为永久特性。通过这种方式，使用者写程序时如果需要新特性就自己打开，把选择权留给了最终使用者，同时保留向后兼容性，各得其所。

Perl 5 Porters 对移除特性采取了相同流程。Perl 有许多瑕疵（无可否认，我们都知道它并不完美），有一堆废弃不用的特性和特殊变量。你知道曾有一个变量可以控制数组的起始索引吗？你不知道吧？不用担心，它已经废弃了（其实也不是，另外又有一个实验特性可以恢复它）。新的移除流程是，为即将废弃的特性做上标记，并在其被使用时发出即将废弃的警告，然后经过两次稳定版（也就是两年后），Porters 会正式将此特性移除。由于事先已经做了废弃说明，大家应该有所共识，所以不会造成混乱。是的，他们现在真的是这么干的。虽然对于旧版他们仍会提供支持，但会稍加选择。

你可以查阅官方的 Perl 支持策略文档 perlpolicy。基本上，Porters 提供最新两个稳定版的官方技术支持。如果 5.34 版是最新版本，那就只支持 5.34 版和 5.32 版。但有时候他们也会谨慎小心地更新 5.30 版或更早版本。

假设你的程序需要使用旧特性，该怎么办？很简单，保留原来的旧版 *perl* 就好了！它就是当时一直在用的 *perl*，没人会把它抢走，就让它安静地呆在那好了。要是你用的是系统级别默认提供的 *perl*，然后系统要对它升级呢？很好，现在你知道我们为什么一直强调不要依赖系统 *perl* 的原因了。那是给系统自己用的，不是给你的！你应该为应用程序安装自己的 *perl* 才对。

安装自己的 *perl* 不仅可以隔离系统升级带来的影响，而且能让它运行得更快。系统 *perl* 并非为了你的使用而调校的，它是按照对大部分人最小限制的原则编译安装的。如果你不需要某些特性，比如调试系统或多线程支持，就可以在安装自己的 *perl* 时指定编译参数来去掉它们，从而提速。当然，你也可以自行编译安装另外一个 *perl* 以支持某些特性。

安装新版 Perl

在安装新版 Perl 之前，请先检查一下当前版本是否够用。我们可以用 -v 命令行开关查看当前版本：

```
$ perl -v

This is perl 5, version 34, subversion 0 (v5.34.0)
```

如果该版本已经很新了，就没必要折腾。接下来的安装工作取决于你的自身情况和需求。

如果你的操作系统没有提供编译工具，可以选择已经编译好的二进制版本，比如 Strawberry Perl（支持 Windows 系统）或者 ActivePerl 社区版（支持 macOS、Windows、Linux 等系统）。

你可以编译自己的 *perl*。我们觉得每个人都应该至少尝试一次自己编译。要成为合格的程序员，理解计算机的工作方式、编译源代码、管理库文件等都是必修课。你可以从 CPAN 下载 *perl* 的源代码。我们差不多安装了所有版本的 Perl，然后在各版本之间做各种有趣的工作。

你可能需要安装用来编译代码的开发工具。因为在每个操作系统上都有差别，所以我们无法一一列举。如果明白了如何安装 *gcc*（这是 GNU C 的编译器），基本上你也会明白如何安装其他工具。对于 macOS 用户来说，需要安装来自Apple的"Command Line Tools for Xcode"。Windows 用户可以使用 Cygwin，它提供了 Unix 风格的编译环境。

解压源代码文件包之后，你需要配置安装目录等信息。这个过程不需要特别的权限，你可以把它安装到任何一个你能读写的目录中：

```
$ ./Configure -des -Dprefix=/path/where/you/want/perl
```

我们热衷安装各种版本的 *perl*，所以给它们统一分配了安装目录并以版本号区分：

```
$ ./Configure -des -Dprefix=/usr/local/perls/perl-5.34.0
```

然后，启动 *make* 开始安装，这要花点时间：

```
$ make install
```

在安装之前，你可能想先例行测试。如果测试步骤失败，*make* 将不会运行安装步骤：

```
$ make test install
```

安装完毕，就可以在程序的 shebang 行指定 *perl* 路径来使用它：

```
#!/usr/local/perls/perl-5.34.0/bin/perl
```

你也可以用 *perlbrew* 应用程序来安装和管理不同版本的 Perl。它基本上做了相同的事，但整个过程是自动化的。有关它的使用，请访问 *perlbrew* 官网（*http://perlbrew.pl*）。

实验特性

让我们看下具体的实验特性使用方式。我们不会对列出的特性本身做完整解说，这里的目的是让你理解新特性的一般使用。

有多种启用实验特性的方法。第一种是打开 -E 命令行开关，这是从 Perl 5.10 起引入的。就像 -e 开关的作用是指定后续参数内容为即时执行的源代码，-E 开关的作用是启用所有新特性：

```
$ perl -E "say q(Hello World)"
```

在程序内部，我们可以用 use 加上特定版本号（版本号的写法随意）来启用对应的新特性：

```
use v5.24;
use 5.24.0;
use 5.024;
```

记住，从 Perl 5.12 起，使用 use 指定版本的同时意味着打开 strict 和 warnings 这两个编译指令。

我们也可以指定最低需要的版本号，但不加载新特性到当前程序，这时候需要用 require 说明：

```
require v5.24;
```

使用 feature 模块可以只在需要某些新特性时才将其加载。用 use 加载的话，Perl 其实是在幕后帮你调用它，并加载引入了所有关联到该版本标签的新特性：

```
use feature qw(:5.10);
```

和暴力加载特定版本的所有新特性相反，我们可以指定加载某个新特性。在第 4 章中我们展示了 state 特性（自 Perl 5.10 起成为稳定特性）以及 signatures 特性（Perl 5.20 中引入的实验特性）的加载：

```
use feature qw(state signatures);
```

如果你有个早年的脚本无法在新版 Perl 环境下运行，因此想要禁用新版的所有实验特性的话，只要禁用它们即可：

```
no feature qw(:all);
```

当然，只有在支持 feature 模块的 Perl 版本下才能这样修改。如果你还在学习适应新特性的过程中，又不想贸然引入它们，也可以像上面这样将它们暂时禁用。

本书不再详加介绍 no 的用法，简单来讲它就是 use 的对立面，它表示不加载引入任何指定的东西。

关闭实验特性的警告

在启用某些实验特性后，在运行时你会看到相关警告信息。*perl* 不会在你启用特性时发出警告信息。下面这段简单的程序虽然启用了 signatures，但不会发出警告信息：

```
use v5.20;
use feature qw(signatures);
```

下面的程序使用了子程序签名：

```
use v5.20;
use feature qw(signatures);

sub division ( $m, $n ) {
  eval { $m / $n }
}
```

就算没有调用这个子程序，你也会收到警告信息：

```
The signatures feature is experimental at features.pl line 4.
```

要关闭这个警告信息，可以在特性名前加上 experimental:: ，像这样：

```
no warnings qw(experimental::signatures);
```

如果要关闭所有实验特性警告信息，省掉具体的特性名就好了：

```
no warnings qw(experimental);
```

从 Perl 5.18 开始，experimental 编译指令可以一次性启用特性并禁用其警告信息。这样写起来很整洁：

```
use experimental qw(current_sub);
```

词域内启用或禁用实验特性

如果不是很放心，你可以在有限的词域范围内启用或禁用实验特性。

下面这段程序中我们定义了自己的 say 版本。也许在 Perl 5.10 之前你就已经这样写了。而现在，你在写新代码时想用系统内置的 say。通过 feature 编译指令可以启用它所在词域范围内的实验特性：

```
require v5.10;
sub say {
  print "Someone said \"@_\"\n";
}
```

```
say( "Hello Fred!" );

{ # 这里用的是内置的say
use feature qw(say);
say "Hello Barney!";
}

say( "Hello Dino!" );
```

最终输出结果显示了同一个程序内不同版本的 say 相安无事：

```
Someone said "Hello Fred!"
Hello Barney!
Someone said "Hello Dino!"
```

这其实也意味着，对于要启用实验特性的应用程序，每一个独立文件都要各自声明，因为 Perl 将每个文件都视为一个等效词域。关于多文件程序的知识，请阅读 *Intermediate Perl* 来进一步学习。

不要依赖实验特性

实验特性新奇有趣，充满想象力和吸引力。但我们要知道，在将来的某个版本中可能就会失去它们。

对于不会发布到外部世界的代码（即使在你的小组外但仍在公司内，还算是在内部世界），想怎样使用实验特性都无可厚非。不过我们知道这世上没有不透风的墙，代码总有各种机会流转下去。如果哪天 Porters 删除了某些实验特性，你就要跟着逐项修订以兼容新版。

如果你的代码是要为外部世界的人服务的，就该知道实验特性需要最新版本 Perl 的加持才能运行。尽管大家希望所有人都在用最新版，但现实并非如此。如果你的代码让一部分人振奋，继而为了新特性而更新升级 Perl 版本，那么同样也会有人对此无动于衷，宁可弃用。你没办法两全其美。

不管你是哪个角色，请先试用实验特性，学习这些特性背后的行为和工作方式，然后告诉大家你的发现和体会。这才是实验特性存在的意义，大家来辩驳，成败看造化。

表 D-1 提供了一些主要的实验特性及引入它们的 *perl* 版本。

表D-1：Perl 的新特性

特性	引入版本	仍在实验	稳定于	文档	章节
array_base	v5.10		v5.10	perlvar	
bitwise	v5.22	✓		perlop	第 12 章
current_sub	v5.16		v5.20	perlsub	
declared_refs	v5.26	✓		perlref	
evalbytes	v5.16		v5.20	perlfunc	
fc	v5.16		v5.20	perlfunc	
isa	v5.32	✓		perlfunc	
lexical_subs	v5.18	✓		perlsub	
postderef	v5.20		v5.24	perlref	
postderef_qq	v5.20		v5.24	perlref	
refaliasing	v5.22	✓		perlref	
regex_sets	v5.18	✓		perlrecharclass	
say	v5.10		v5.10	perlfunc	第 5 章
signatures	v5.20	✓		perlsub	第 4 章
state	v5.10		v5.10	perlfunc, perlsub	第 4 章
switch	v5.10	✓		perlsyn	
try-catch	v5.34	✓		perlsyn	
unicode_eval	v5.16			perlfunc	
unicode_strings	v5.12			perlunicode	
vlb	v5.30	✓		perlre	

作者介绍

Randal L. Schwartz

Randal L. Schwartz 已经是软件行业历练了数十年的老手了，他在软件设计、系统管理、系统安全、技术写作和培训等方面拥有丰富的经验。Randal 参与编著的"必读"书籍有：*Programming Perl*、*Learning Perl* 以及 *Learning Perl on Win32 Systems* 等（全部由 O'Reilly 出版），另外还著有 *Effective Perl Programming*（由 Addison-Wesley 出版）。他还是 *WebTechniques*、*PerformanceComputing*、*SysAdmin* 以及 *Linux Magazine* 等杂志的 Perl 专栏作家。

不仅如此，他还是 Perl 新闻组的热心奉献者，从 comp.lang.perl.announce 创建伊始就负责协助管理大小事务。他以风趣的言谈和扎实的技术功底赢得了圈内的普遍赞誉（虽然有些传奇故事是他自己爆出来的也说不定）。Randal 总是想着回报 Perl 社区赋予他的一切，于是着手参与筹建 Perl Institute 基金。他还是 Perl Mogers(*perl.org*) 董事会成员，该机构是全世界范围内 Perl 开发者一致拥护的社团组织。从 1985 年起，Randal 拥有了自己运营的 Stonehenge Consulting Services 公司。可以发送邮件到 *merlyn@stonehenge.com* 和 Randal 聊聊有关 Perl 方面的话题。

brian d foy

brian d foy 是一位多产的 Perl 培训师和技术写手，他运作的 The Perl Review 旨在通过培训教育、技术咨询、代码审校等方式，帮助人们理解 Perl 的方方面面。他还是 Perl 技术大会的常客，参与编著的书籍有 *Learning Perl*、*Intermediate Perl* 以及 *Effective Perl Programming*（由 Addison-Wesley 出版），而他自己编著的有 *Mastering Perl* 和 *Learning Perl 6*。他为 Perl School 编写了 *Learning Perl Exercises*、*Perl New Features* 和 *Mojolicious Web Clients*。他在读物理学研究生时就已经是一名 Perl 用户了，从拥有第一台计算机开始便是一名 Mac 死忠用户。他创办了第一个 Perl 用户社群，即 New York Perl Mongers，继而又创办了非盈利性的 Perl Mongers 有限公司，以协助全球超过 200 个 Perl 用户社群能够顺利发展。

Tom Phoenix

Tom Phoenix 自 1982 年起就开始投身教育事业。在科学博物馆工作的 13 多年里，他多半与解剖、爆炸为伍，摆弄过高压电，接触过有趣的动物。1996 年起，他开始了在 Stonehenge Consulting Services 公司的 Perl 教学生涯。因为工作关系，他到处旅行，所以要是你在当地的 Perl Mongers 大会上碰巧遇上他也不用太过惊奇。只要时间允许，他会到 Usenet 的 comp.lang.perl.misc 和 comp.lang.perl.moderated 新闻组回答问题，或者对 Perl 的开发工作积极进言。在工作上他是 Perl 专家、黑客，在生活上他也乐于投入时间摆弄密码学，说说西班牙文。他目前定居在美国俄勒冈州波特兰市。

封面介绍

《Perl 语言入门》第 8 版的封面动物是骆马（*Lama glama*）。它是骆驼（camel）的同类，原生于安第斯（Andean）山脉附近。骆马类族群里还包括可驯养的羊驼（alpaca），以及它的野生祖先原驼（guanaco）和小羊驼（vicuña）。在远古人类栖息地找到的骨骸显示羊驼和骆马早在 4 500 年前就被驯化了。1531 年，当西班牙征服者占领了位于安第斯高地（high Andes）的印加帝国时，发现了大群的这两种动物。骆马适合高山生活，它们的血红蛋白可以携带比其他哺乳动物更多的氧气。

驼马体重最高可达 300 磅（约合 136 千克），通常作为驮兽使用。驮运货物的队伍可能由数百只动物组成，每天最多可以前进 20 英里（约合 32 千米）。骆马可以驮背 50 磅（约合 23 千克）以内的重物，但是脾气通常不好，而且会以吐口水和咬人来表达不满。对安第斯山脉的居民来说，骆马也是食用肉、织毛、兽皮及燃油的来源。它们的毛能编成绳子和毛毯，干燥后的粪便则可以作为燃料使用。

封面图片由 Karen Montgomery 创作，取材于 Lydekker 的 *Royal Natural History* 中的一幅黑白版画。